U0181991

矩阵论入门

武同锁　喻厚义　编著

科　学　出　版　社

北　京

内 容 简 介

本书共 5 章, 第 1 章是简要的预备知识, 包括线性代数(矩阵消元法、置换矩阵、Schmidt 正交化、镜面反射、分块矩阵的乘法), 以及一元多项式的互素与整除; 第 2 章是矩阵的各种分解式, 也是对大学阶段线性代数的复习与提升, 包括正规矩阵与酉相似、矩阵分解式、Moore-Penrose 广义逆以及 Hermite 半正定矩阵的唯一幂表达定理; 第 3 章是较为完整的线性变换理论, 也是本书的理论核心, 包括若干关于线性变换与矩阵的一一对应定理、根子空间分解定理以及 Jordan 标准形的简要现代处理、线性空间与线性映射(矩阵)的张量积与外幂; 第 4 章是矩阵分析, 包括向量范数及其诱导的矩阵范数、矩阵函数概要、特征值的估计 (几个圆盘定理)、非负方阵与正方阵以及三个相关的核心定理、随机矩阵. 第 4 章与第 2 章一起构成工科矩阵理论的核心内容, 技巧性强且具有重要的应用背景. 第 5 章收集了有关矩阵理论应用的一些关键词, 方便读者搜索应用. 本书配备部分具有一定难度的题目(标记*), 这些题目也是矩阵理论的重要内容; 基于这一考量, 对部分较难的题目给出了提示或解答.

本书内容的编排, 遵循由浅入深原则, 特别强调逻辑一致性; 在重视技巧性的同时, 适度强调一定的思想性.

本书可供学习过线性代数 (高等代数)、高等数学 (数学分析) 的理、工、管理等专业本科生和研究生使用, 也可供具有一定数学基础的数学爱好者使用.

图书在版编目(CIP)数据

矩阵论入门/武同锁, 喻厚义编著. —北京: 科学出版社, 2020.5
ISBN 978-7-03-064936-2

I. ①矩⋯ II. ①武⋯ ②喻⋯ III.①矩阵论-研究 IV. ①O151.21

中国版本图书馆 CIP 数据核字 (2020) 第 068153 号

责任编辑: 王丽平 李香叶 / 责任校对: 邹慧卿
责任印制: 赵 博 / 封面设计: 陈 敬

科学出版社 出版
北京东黄城根北街 16 号
邮政编码: 100717
http://www.sciencep.com

北京华宇信诺印刷有限公司印刷
科学出版社发行 各地新华书店经销

*

2020 年 5 月第 一 版   开本: 720 × 1000 B5
2024 年 9 月第四次印刷   印张: 10 1/2
字数: 200 000

定价: 78.00 元
(如有印装质量问题, 我社负责调换)

前　　言

　　矩阵理论是理工科的一门重要基础课, 一向以高技巧性而闻名, 在其他学科理论、工程技术、网络与人工智能、运筹与最优化、科学计算等诸多领域具有广泛的重要应用. 国内外已经有了大量的优秀专著或教材, 那么为什么又编撰一本同类的教材?

　　为了回答这个问题, 我们先从对思维与技巧 (ideas and tricks) 的关系理解谈起. 众所周知, 矩阵理论的技巧性非常强, 所以不介绍和重视技巧是不现实的. 但是若在数学的任一分支的教材中过分强调技巧, 恐怕不利于学科的发展和传播, 因为这不利于引起读者 (包括学生) 的兴趣. 我们认为应该适度加强在思维创新性上的训练和提高. 基于这个考量, 第 3 章 (线性变换部分) 在内容广度和深度上比一般教材做得更深入一些; 在技巧性高强的矩阵理论本身的编排和介绍上, 也适度地在思维创新性上有所加强, 比如讲清楚引进新概念的自然性、合理性和重要性. 再比如在 4.2 节, 通过自然的实例强调引进向量范数概念的迫切性与合理性; 在向量范数的基础上自然引进由其诱导出的矩阵范数; 并在内容选取上始终以诱导出的矩阵范数为核心, 而不是强调抽象的矩阵范数 (虽然后者更具有一般性). 结束范数的内容后, 后续内容选取以及安排, 围绕谱空间特别是谱半径的概念展开; 大部分选材都是以谱半径概念为纲, 这是整个矩阵分析最核心的部分. 在本书编写过程中, 我们在这方面做了一定的尝试和努力, 希望能够引起读者的浓厚兴趣, 以利于他们更进一步的自主钻研. 实际上, 矩阵理论框架十分宏大, 很多主题本身也正处在发展进程中, 要在 48 学时的短暂教学过程中做到面面俱到, 任何教师都面临艰难的选择. 我们自然要在课本 (和课堂教学) 中, 通过选取最核心、最基本的概念, 介绍最为典型的思想方法、技术手段与技巧, 将读者尽快地带进该领域; 若能在学习的过程中引起他们的浓厚兴趣, 能引导他们主动自主钻研和查询资料, 就是本书 (以及课程教学过程) 的最大成功. 本书在这方面做了一些尝试和努力, 这也是出版这个短篇教材的初衷.

　　本书的编排次序有自己的特色, 且与已有教材有较大的不同. 在内容处理上, 也有若干创新. 例如, 将矩阵分解式与 Moore-Penrose 广义逆提前到第 2 章. 对最小多项式的处理, 传统上大多使用 Jordan 标准形理论. 我们认为, 过多使用超级大定理对于训练学生的逻辑和思维能力不利. 使用一元多项式中互素的理论和分块矩阵基本技巧, 给出了最小多项式的初等处理. 对于 Jordan 标准形理论, 采用了最新的研究成果, 采取直接又初等的处理方式. 引导读者在引进矩阵乘法概念的开始, 就循序渐进地掌握分块矩阵的乘法. 分块矩阵在矩阵理论中已经被普遍应用, 为了帮助读者更好地掌握, 在预备知识部分, 加入"分块矩阵的乘法"部分, 希望有益于读者. 对于第 4 章矩阵分析, 则重点突出范数及其应用 (正矩阵与非负矩阵). 这些内容很好地体现了分析和代数的思想与技巧的融合.

本书第 1 章和第 2 章作者曾经多次在上海交通大学暑假小学期课程"数学的思维与技巧"(共 2 学分, 与数学分析老师分享课时) 讲授过, 内容比较成熟和稳定, 在暑假小学期课程上教授的效果不错; 第 3 章是作者为致远学院 (非数学专业) 本科生讲授 80 学时线性代数的标准内容之一, 也有了十几年的经历和沉淀; 对第 4 章内容的选取, 作者作了较为广泛的调研和梳理, 这章在上海交通大学研究生荣誉课程矩阵理论上讲过两遍.

本书来自讲稿, 不追求内容的全面, 只强调逻辑性与自洽性, 也没有配备过多习题. 由于篇幅限制, 矩阵理论的应用部分收录较少, 读者当然可自行查找和阅读.

作者认为在研究生阶段, 习题的重要性与本科阶段相比有所减弱, 建议读者尝试阅读有关文献 [2,9,10,11], 并逐步培养追踪或主动查找大量专题文献的能力及习惯, 在这个过程中能很好地使用互联网搜索工具.

本书得到了上海交通大学数学科学学院、上海交通大学研究生院、西南大学数学与统计学院、科学出版社的大力支持和帮助, 作者在此一并表示衷心感谢. 本书的完成还得到了上海市自然科学基金 (项目编号: 19ZR1424100) 的资助.

欢迎读者提出宝贵的建议, 或指出书中的疏漏与不妥, 有关问题可发至电子邮件, 或至作者主页查询相关事宜. 武同锁的邮箱: tswu@sjtu.du.cn; 个人主页: http://math.sjtu.edu.cn/faculty/wuts/; 地址: 上海交通大学数学科学学院. 喻厚义的邮箱: yuhouyi@swu.edu.cn; 个人主页: http://math.swu.edu.cn/s/math/index2 jiangshitea42sub1.html; 地址: 西南大学数学与统计学院.

作　者
2020 年 3 月 14 日

目　　录

符 号 说 明

=: 或 $\triangleq$: 定义或记号 (记为)

$\binom{n}{i}$ 或 C_n^i: 从给定的 n 个元素中任取 i 个元素的取法 (组合数)

$\deg f(x)$: 多项式 $f(x)$ 的次数

$p(A)$: 由多项式 $p(x)$ 和矩阵 A 确定的矩阵多项式

A_{ij}: a_{ij} 在 A 中的代数余子式

$A(i,j)$: 矩阵 A 的 (i,j) 位置的元素 a_{ij}

$A(i)$: 矩阵 A 的第 i 列 (列向量)

$(i)A$: A 的第 i 行 (行向量)

$\det(A)$: 方阵 A 的行列式

$|c|$: 复数 $c = a + bi$ 的模长 $\sqrt{a^2 + b^2}$

$|A|$: $(|a_{ij}|)_{n \times n}$ (不是行列式)

$A^\dagger$: 矩阵 A 的 Moore-Penrose 广义逆

A^D: 方阵 A 的 Drazin 广义逆

A^{T}: 矩阵 A 的转置矩阵

$\overline{A}$: 矩阵 $A = (a_{ij})_{n \times n}$ 的共轭矩阵 $\overline{A} =: (\overline{a_{ij}})_{n \times n}$

$A^\star \overset{\mathrm{or}}{=} A^{\mathrm{H}}$: A 的共轭转置矩阵 $\overline{A}^{\mathrm{T}}$

A^*: A 的伴随矩阵, 其第一行为 $A_{11}, A_{21}, \cdots, A_{n1}$

$\sigma^\star$: 内积空间 V 上线性变换 σ 的共轭线性变换, 满足

$$[\sigma(\alpha), \beta] = [\alpha, \sigma^\star(\beta)], \quad \forall \alpha, \beta \in V$$

$\mathrm{diag}\{a_1, a_2, \cdots, a_n\}$: 对角矩阵

ε_i: $(i,1)$ 位置的元素是 1, 其余位置的元素为 0 的列向量

E: 单位矩阵 $\mathrm{diag}\{1, 1, \cdots, 1\} = (\varepsilon_1, \varepsilon_2, \cdots, \varepsilon_n)$

e: 列向量 $(1, 1, \cdots, 1)^{\mathrm{T}}$

J: 任意位置的元素都是 1 的 n 阶方阵, 即 ee^{T}

$\mathrm{diag}\{A_1, A_2, \cdots, A_n\}$: 分块对角矩阵

$\mathrm{GL}_n(\mathbb{F})$: 数域 $\mathbb{F}$ 上的所有 n 阶可逆矩阵全体

$M_n(\mathbb{F})$ 或 $\mathbb{F}^{n \times n}$: 数域 $\mathbb{F}$ 上的所有 n 阶矩阵全体

$O_n(\mathbb{F})$: 数域 $\mathbb{F}$ 上的所有 n 阶正交矩阵全体

$U_n(\mathbb{F})$: 数域 $\mathbb{F}$ 上的所有 n 阶酉阵全体

$\mathbb{F}^{n\times 1}$ 或 $\mathbb{F}^n$: 数域 $\mathbb{F}$ 上的 n 维列向量全体

$\alpha_1,\cdots,\alpha_u \overset{l}{\Longrightarrow} \beta_1,\cdots,\beta_v$: 每个 β_i 都可由 $\alpha_1,\cdots,\alpha_u$ 线性表出

V_A^λ 或 V_λ^A: 方阵 A 的属于特征值 λ 的特征子空间,

$$V_\lambda^A =: \{\alpha \mid A\alpha = \lambda\alpha\}(\text{简记为 } V_\lambda)$$

$\dim(_{\mathbb{F}}V)$: 数域 $\mathbb{F}$ 上的线性空间 V 的维数

$r(A)$: 矩阵 A 的秩

$\operatorname{tr}(A)$: 方阵 A 的迹 $\sum_{i=1}^{n} a_{ii} = \sum_{i=1}^{n} \lambda_i$

$\rho(B)$: 方阵 B 的谱半径, 即 $\max\limits_{1\leqslant i\leqslant n} |\lambda_i|$ (特征根的模长最大值)

$A \overset{r}{\longrightarrow} \cdots \overset{r}{\longrightarrow} B$: 对 A 进行一系列的初等行变换, 化为矩阵 B

$A \overset{}{\underset{c}{\longrightarrow}} \cdots \overset{}{\underset{c}{\longrightarrow}} B$: 对 A 进行一系列的初等列变换, 化为矩阵 B

$\operatorname{im}(\sigma)$ 或 $\sigma(V)$: 线性空间 V 上线性变换 σ 的像子空间

$\ker(\sigma)$: 线性空间 V 上线性变换 σ 的核子空间

$$\ker(\sigma) =: \{\alpha \in V \mid \sigma(\alpha) = 0_V\}$$

$r(\sigma)$: 线性变换 σ 的秩, 即 $\dim_{\mathbb{F}} \operatorname{im}(\sigma)$

$\operatorname{Ndeg}(\sigma)$: 线性变换 σ 的零化度 (null degree), 即 $\dim_{\mathbb{F}} \ker(\sigma)$

$r\{\alpha_1,\alpha_2,\cdots,\alpha_t\}$: 向量组 $\alpha_1,\alpha_2,\cdots,\alpha_t$ 的秩

$\beta\perp W$: 内积空间中的向量 β 与子空间 W 中所有向量正交

$[\alpha,\beta]$: 通常指 $\alpha^\star\beta$

$U \oplus V$: 线性空间 U 与 V 的直和

$\operatorname{End}_{\mathbb{F}}(V)$: V 上线性变换全体

$\|\alpha\|$: 在第 4 章表示向量 α 的向量范数; 在其余章表示 α 的长度 $\sqrt{[\alpha,\alpha]} =: \sqrt{\alpha^\star\alpha}$

$\|A\|$: 矩阵 A 的范数

$\Gamma(A)$: 方阵 A 的有向图 G, 其中 $V(G) = \{P_i \mid 1\leqslant i\leqslant n\}$, 而

$$\{P_i,P_j\} \in E(G) \Longleftrightarrow a_{ij} \neq 0 \ (1\leqslant j\leqslant n)$$

第1章 预 备 知 识

1.1 线 性 代 数

1. 矩阵消元法 (又叫 Gauss 消元法) 与三种初等矩阵

用 E_{ij} 表示 (i,j) 位置的元素是 1 而其余位置的元素均为 0 的方阵.

第 I 型初等矩阵 $P(k(i))$, 是将非零数 k 乘以 n 阶单位矩阵 E 的第 i 行而得到的方阵. 注意 $P(k(i))^{-1} = P\left(\dfrac{1}{k}(i)\right)$.

第 II 型初等矩阵 P_{ij}, 是交换 E 的 i,j 两行的位置得到的; 第 II 型初等矩阵又叫**初等置换矩阵**. 注意 $P_{ij}^2 = E$, 即 $P_{ij}^{-1} = P_{ij}$.

第 III 型初等矩阵形为 $P((i)+l(j)) =: E + l \cdot E_{ij}\ (i \neq j)$. 注意 $(E + lE_{ij})^{-1} = E + (-l) \cdot E_{ij}$.

此外, 对一个矩阵 $B_{m \times n}$ **左乘**一个 m 阶初等矩阵, 相当于对 B 作一次相应的**初等行变换**; 对 B 作一次初等列变换, 结果等于用相应的 n 阶初等矩阵右乘于 B. 例如, 对于一个 3×4 的矩阵 A, 左乘以初等矩阵 $\begin{pmatrix} 1 & 0 & 0 \\ 0 & 1 & 0 \\ -3 & 0 & 1 \end{pmatrix}$, 相当于将 A 的第 1 行的元素各乘以 -3 加到了第 3 行的对应位置元素; 而右乘以矩阵 $\begin{pmatrix} 1 & 0 & 0 & 0 \\ 0 & 1 & 0 & 0 \\ -3 & 0 & 1 & 0 \\ 0 & 0 & 0 & 1 \end{pmatrix}$, 相当于将 A 的第 3 列的元素各乘以 -3 加到了第 1 列的对应位置元素.

矩阵 (行) 消元法, 指的是对一个矩阵进行多次的初等行变换, 化为 (行) 阶梯形或者标准阶梯形. 矩阵消元法是进行矩阵运算的灵魂, 这种方法因出现在我国古代数学巨著《九章算术》中而被称为中国消元法 (又叫孙子消元法), 而在西方教材中则通常被叫作 Gauss 消元法.

2. 正交矩阵、酉阵与置换矩阵

对于方阵 A_n, 记

$$\overline{A} =: (\overline{a_{ij}}), \quad A^{\star} \stackrel{\text{or}}{=} A^{\mathrm{H}} =: \overline{A}^{\mathrm{T}},$$

其中 $\bar{a}_{ij}$ 是复数 $a_{ij} =: c + di$ 的共轭数 $c - di$. 如果方阵 A 满足

$$AA^\star = E = A^\star A, \tag{1}$$

即 $A^{-1} = A^\star$, 则称 A 是一个**酉阵**. 实的酉阵叫作**正交矩阵**.

如果 $A_n = (\alpha_1, \cdots, \alpha_n)$, 则 A 是一个酉阵当且仅当

$$[\alpha_i, \alpha_j] =: \alpha_i^\star \alpha_j = \delta_{ij}, \quad \forall 1 \leqslant i, j \leqslant n, \tag{2}$$

即当 $i = j$ 时, 有 $[\alpha_i, \alpha_j] = 1$; 当 $i \neq j$ 时, 有 $[\alpha_i, \alpha_j] = 0$.

一个**置换矩阵**是这样的一个方阵, 其每一行和每一列恰好有一个位置数是 1, 其余均为零. 直接易于验证: 置换矩阵都是正交矩阵, 即置换矩阵 P 满足 $P^{\mathrm{T}}P = E$. 当然, 这一点也可由下面的分解式得到.

命题 1.1.1 任一置换矩阵都可分解为有限个初等置换矩阵 (即第 II 型初等矩阵) 的乘积; 反之亦然.

证明 只验证第一个结论. 对于阶数 n 用数学归纳法.

当 $n = 1$ 时, 结论当然成立.

现在假设置换矩阵 P 是 n 阶的. 如果 P 的第一列中的元素 1 出现在 $(1,1)$ 位置, 则由数学归纳法完成论证; 如果它出现在 $(i,1)$ 位置, 则 $P_{1i} \cdot P$ 仍为置换矩阵, 且其 $(1,1)$ 位置元素为 1. 因此 $P_{1i}P$ 形为 $\begin{pmatrix} 1 & 0 \\ 0 & Q \end{pmatrix}$, 其中 Q 是一个 $n-1$ 阶的置换矩阵. 根据归纳假设, 可设 $Q = Q_1 \cdots Q_u$, 其中 $Q_i(i = 1, 2, \cdots, u)$ 都是 $n-1$ 阶初等置换矩阵. 命 $P_i = \begin{pmatrix} 1 & 0 \\ 0 & Q_i \end{pmatrix}$, 则有

$$P = P(1, i) \cdot P_1 \cdots P_u,$$

其中 $P_1, \cdots, P_u, P(1, i)$ 均为初等置换矩阵. 由此还可看出, 每个 n 阶置换矩阵可以写成至多 n 个初等置换矩阵的乘积. $\qquad\square$

上述命题当然提供了置换矩阵的一种基本分解式. 注意到单位矩阵 E 是置换矩阵, 且矩阵乘法满足结合律, 因此, 根据命题 1.1.1, 马上得到如下的推论.

推论 1.1.2 所有的 n 阶置换矩阵 (共 $n!$ 个) 作成一个**乘法群**, 即还有

(1) 两个 n 阶置换矩阵的乘积也是置换矩阵;

(2) 置换矩阵的逆矩阵也是置换矩阵.

类似地, 可知所有 n 阶酉阵 (正交矩阵) 全体作成一个群, 分别叫作**酉群**(**正交群**); 数域 $\mathbb{F}$ 上的 n 阶可逆矩阵全体也作成一个群, 叫作第 n 个一般线性群, 记为 $\mathrm{GL}_n(\mathbb{F})$. 除了酉群和正交群外, $\mathrm{GL}_n(\mathbb{F})$ 还包含了很多其他群作为子群. 例如, 所

有形为

$$\begin{pmatrix} 1 & 0 & 0 & \cdots & 0 \\ a_{21} & 1 & 0 & \cdots & 0 \\ a_{31} & a_{32} & 1 & \cdots & 0 \\ \vdots & \vdots & \vdots & \ddots & \vdots \\ a_{n1} & a_{n2} & a_{n3} & \cdots & 1 \end{pmatrix}$$

的 n 阶方阵全体关于矩阵乘法作成一个群. 所有 n 阶可逆上三角方阵作成一个群.

一般地, 假设 G 是带有一个二元运算 $\cdot$ 的非空集合. 如果以下三个条件得到满足, 则称 G 关于运算 $\cdot$ 作成一个群:

(a) **结合律** $(g_1 \cdot g_2) \cdot g_3 = g_1 \cdot (g_2 \cdot g_3),\ \forall g_i \in G,\ i = 1, 2, 3;$

(b) **存在单位元** $\exists e \in G$ s.t. $e \cdot g = g = g \cdot e,\ \forall g \in G;$

(易证: 若存在, 则唯一, 记为 1_G.)

(c) **存在可逆元** $\forall g \in G$, 存在 $h \in G$, 使得 $g \cdot h = h \cdot g = 1_G$.

(可证: h 是唯一的, 记为 $g^{-1} =: h$.)

习题与扩展内容

习题 1   写出所有的 3 阶置换矩阵, 并把非初等置换矩阵写成初等置换矩阵之乘积.

习题 2   考虑具有如下性质的 n 阶矩阵全体 G: 每一行、每一列恰好有一个位置元素是 ± 1, 其余位置为零. 求证: G 关于乘法作成一个群, 并计算 $|G|$.

习题 3   假设 $i_1, i_2, \cdots, i_n$ 是 $1, 2, \cdots, n$ 的一个排列. 求置换矩阵 P 使得

$$P^{\mathrm{T}} \cdot \mathrm{diag}\{i_1, i_2, \cdots, i_n\} \cdot P = \mathrm{diag}\{1, 2, \cdots, n\}.$$

3. Schmidt 正交化与单位化过程

对于复空间 $\mathbb{C}^n$, 其中的内积是如下定义的: $[\alpha, \beta] = \alpha^* \beta$; 对于内积空间 $\mathbb{C}^n$ 中的给定线性无关向量组 $\alpha_1, \alpha_2, \alpha_3, \cdots, \alpha_m$, 存在一个标准程序 (Schmidt 正交化过程) 去求得与 $\alpha_1, \alpha_2, \alpha_3, \cdots, \alpha_m$ 等价的正交向量组:

$$\beta_1 = \alpha_1,$$
$$\beta_2 = \alpha_2 - \frac{[\beta_1, \alpha_2]}{[\beta_1, \beta_1]} \beta_1,$$
$$\beta_3 = \alpha_3 - \frac{[\beta_2, \alpha_3]}{[\beta_2, \beta_2]} \beta_2 - \frac{[\beta_1, \alpha_3]}{[\beta_1, \beta_1]} \beta_1,$$
$$\cdots \cdots$$
$$\beta_m = \alpha_m - \sum_{i=1}^{m-1} \frac{[\beta_i, \alpha_m]}{[\beta_i, \beta_i]} \beta_i.$$

注记 与正交化过程相伴的是**单位化**(也叫**标准化**), 即将每个 β_i 进一步单位化, 得与 β_i 同方向的单位向量 $\gamma_i = \dfrac{1}{||\beta_i||}\beta_i$, 这里 $||\beta_i|| = \sqrt{[\beta_i, \beta_i]}$, 所得向量组 $\gamma_1, \cdots, \gamma_m$ 是标准正交组, 即满足类似推论 1.1.2 (2) 中的 m^2 个等式.

如果从一个 $n \times m$ 列满秩矩阵 $A = (\alpha_1, \alpha_2, \cdots, \alpha_m)$ 出发, 对于其列向量施行上述的正交化、单位化过程; 以 $\gamma_1, \gamma_2, \cdots, \gamma_m$ 依次作为列向量所得矩阵记为 Q, 则有

$$Q^\star Q = E_m, \quad Q = (\alpha_1, \alpha_2, \cdots, \alpha_m)B = AB, \tag{3}$$

其中 B_m 是上三角方阵, 其对角线元素均为正实数, (i, i) 的位置元素为 $\dfrac{1}{||\beta_i||}$, 因此有 $A = QR$, 其中 $Q^\star Q = E_m$, R 是 m 阶上三角方阵, R 的对角线元素全为正实数 (事实上, $R(i, i) = ||\beta_i||$). 特别地, 如果 A 是可逆方阵, 则 A 有分解式 $A = QR$, 其中 Q 是一个酉阵, 而 R 是主对角线元素均为正实数的上三角方阵. 这种分解式叫作**QR-分解**.

命题 1.1.3 任一列满秩矩阵 $A_{n \times m}$ 有如下的唯一分解式 (叫作矩阵 A 的 QR-分解): $A = QR$, 其中 $Q^\star Q = E_m$, 而 R_m 是对角线元素均为正实数的上三角方阵.

关于唯一性的论证将在 2.2 节给出; 作为练习, 读者也可自己尝试给出一个严格的验证.

4. 镜面反射矩阵与 Householder 变换

以下是由美国学者 A. S. Householder 在 1958 年发现的有趣结果.

命题 1.1.4 对于任一单位向量 $\beta \in V =: \mathbb{C}^{m \times 1}$, 存在内积空间 V 上的如下酉线性变换

$$\sigma : V \to V, \quad \alpha \mapsto \alpha - 2[\beta, \alpha]\beta = (E - 2\beta\beta^\star) \cdot \alpha.$$

换言之, 对于任一单位向量 β, 可以构造 Hermite 酉阵

$$H = E - 2\beta\beta^\star \quad (\text{s.t. } H^\star = H, H^2 = E).$$

此矩阵叫作**镜面反射矩阵**, 或者 Householder 矩阵.

证明 (1) σ 是线性变换, 即验算

$$\sigma(k_1\alpha_1 + k_2\alpha_2) = k_1\sigma(\alpha_1) + k_2\sigma(\alpha_2).$$

(2) σ 是酉变换, 即验算

$$[\sigma(\alpha_1), \sigma(\alpha_2)] = [\alpha_1, \alpha_2]. \qquad \Box$$

镜面反射变换的几何意义是非常明确的, 下面将在欧氏空间情形下加以解释. 首先, $[\beta, \alpha]\beta$ 是向量 α 在单位矢量 β 方向上的投影矢量. 所以 $\alpha - 2[\beta, \alpha]\beta$ 是 α 在

由 α, β 确定的平面上关于与 β 垂直的矢量的对称矢量 (方向相反, 所以才叫镜面反射. 镜面指的是以 β 作为法向量的平面). 详细见图 1.1 (三维空间情形), 其中 $\overrightarrow{AO}$ 为 α, 而 $\overrightarrow{OC}$ 的方向为 β 的方向, 是水平平面的法向量. 此外

$$\overrightarrow{OC} = 2\overrightarrow{OM} = -2[\beta, \alpha]\beta.$$

根据矢量加法的三角形法则, 易见

$$2\overrightarrow{OM} = \overrightarrow{OC} = \overrightarrow{OB} + \overrightarrow{OA}, \quad \text{i.e.,} \quad \overrightarrow{OB} - \alpha = 2[\beta, -\alpha]\beta,$$

即 $\overrightarrow{OB} = \alpha - 2[\beta, \alpha]\beta$. 注意到

$$\sigma : \alpha \mapsto \alpha - 2[\beta, \alpha]\beta$$

是一个线性变换, 叫作**镜面反射变换**或者 **Householder 变换**.

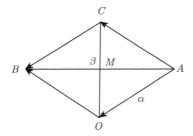

图 1.1 镜面反射变换

习题与扩展内容

习题 1 求一个镜面反射实矩阵 $B =: E - 2\alpha\alpha^{\mathrm{T}}$, 使得

$$B(1, 1, 1, 1)^{\mathrm{T}} = (1, 0, 0, \sqrt{3})^{\mathrm{T}}.$$

习题 2 求证: 内积空间 $\mathbb{C}^{m \times 1}$ 上的一个线性变换 σ 是关于某个单位向量 α 的镜面反射, 当且仅当 σ 在某个标准正交基下的矩阵为 $\mathrm{diag}\{-1, E_{m-1}\}$.

5. 如何理解分块矩阵的乘法?

对于初学者来说, 理解、掌握并熟练使用分块矩阵技巧进行矩阵乘法运算是一个较难的事情, 但是只要遵循由易到难的原则, 细心又有耐心, 经过一定的练习, 是不难达到熟练使用的目的的.

(1) 对于

$$C_{m \times r} = A_{m \times \boxed{n}} B_{\boxed{n} \times r},$$

假设 B 的各列依次为 $\beta_1, \beta_2, \cdots, \beta_r$, 亦即有

$$(b_{ij})_{n \times r} = B = (\beta_1, \beta_2, \cdots, \beta_r).$$

根据矩阵乘法的定义可知, AB 的第 1 列为 $AB(1)$, 这是因为

$$
\begin{pmatrix} \sum_{i=1}^{n} a_{1i}b_{i1} \\ \sum_{i=1}^{n} a_{2i}b_{i1} \\ \vdots \\ \sum_{i=1}^{n} a_{mi}b_{i1} \end{pmatrix} = \begin{pmatrix} a_{11} & a_{12} & \cdots & a_{1n} \\ a_{21} & a_{22} & \cdots & a_{2n} \\ \vdots & \vdots & \ddots & \vdots \\ a_{m1} & a_{m2} & \cdots & a_{mn} \end{pmatrix} \cdot \begin{pmatrix} b_{11} \\ b_{21} \\ \vdots \\ b_{n1} \end{pmatrix} = A\beta_1 = A \cdot B(1).
$$

注意, 如果假设 $A = (\alpha_1, \alpha_2, \cdots, \alpha_n)$, 则

$$
A \cdot B(1) = \begin{pmatrix} \sum_{i=1}^{n} a_{1i}b_{i1} \\ \sum_{i=1}^{n} a_{2i}b_{i1} \\ \vdots \\ \sum_{i=1}^{n} a_{mi}b_{i1} \end{pmatrix} = \sum_{i=1}^{n} \begin{pmatrix} a_{1i} \\ a_{2i} \\ \vdots \\ a_{mi} \end{pmatrix} \cdot b_{i1} = \sum_{i=1}^{n} b_{i1} \cdot A(i) = \sum_{i=1}^{n} b_{i1}\alpha_i,
$$

即

$$
(\alpha_1, \alpha_2, \cdots, \alpha_n) \begin{pmatrix} b_1 \\ b_2 \\ \vdots \\ b_n \end{pmatrix} = \sum_{i=1}^{n} \alpha_i \cdot b_i = \sum_{i=1}^{n} b_i \cdot \alpha_i, \quad \forall b_i \in \mathbb{F}, \ \forall \alpha_i \in \mathbb{F}^n. \tag{4}
$$

同理, AB 的第 i 列为 $A\beta_i = A \cdot B(i)$, 从而有

$$
A(\beta_1, \beta_2, \cdots, \beta_r) = AB = (A\beta_1, A\beta_2, \cdots, A\beta_r).
$$

由此可知, 如果 $B = (C, D)$, 其中

$$
C = (\beta_1, \beta_2, \cdots, \beta_t), \quad D = (\beta_{t+1}, \beta_{t+2}, \cdots, \beta_r),
$$

则将有

$$
A(C, D) = AB = (AC, AD),
$$

这是因为

$$
AC = A(\beta_1, \beta_2, \cdots, \beta_t) = (A\beta_1, A\beta_2, \cdots, A\beta_t), \quad AD = (A\beta_{t+1}, A\beta_{t+2}, \cdots, A\beta_r).
$$

基于同样的理由, 将有

$$A(B_1, B_2, \cdots, B_v) = (AB_1, AB_2, \cdots, AB_v).$$

(2) 同理, 如果 $A = \begin{pmatrix} \gamma_1 \\ \gamma_2 \\ \vdots \\ \gamma_m \end{pmatrix}$ 或 $A = \begin{pmatrix} A_1 \\ A_2 \\ \vdots \\ A_u \end{pmatrix}$, 其中 $\gamma_i(i = 1, 2, \cdots, m)$ 是行向

量, 而 $A_i(i = 1, 2, \cdots, u)$ 是由 A 的连续相邻行向量组成的子矩阵, 则有

$$\begin{pmatrix} \gamma_1 \\ \gamma_2 \\ \vdots \\ \gamma_m \end{pmatrix} B = \begin{pmatrix} \gamma_1 B \\ \gamma_2 B \\ \vdots \\ \gamma_m B \end{pmatrix}, \quad \begin{pmatrix} A_1 \\ A_2 \\ \vdots \\ A_u \end{pmatrix} B = \begin{pmatrix} A_1 B \\ A_2 B \\ \vdots \\ A_u B \end{pmatrix}.$$

(3) 对于

$$(\alpha_1, \alpha_2, \cdots, \alpha_n) = A_{m \times n}, \quad \begin{pmatrix} \delta_1^{\mathrm{T}} \\ \delta_2^{\mathrm{T}} \\ \vdots \\ \delta_n^{\mathrm{T}} \end{pmatrix} = B_{n \times s},$$

我们猜测

$$(\alpha_1, \alpha_2, \cdots, \alpha_n) \begin{pmatrix} \delta_1^{\mathrm{T}} \\ \delta_2^{\mathrm{T}} \\ \vdots \\ \delta_n^{\mathrm{T}} \end{pmatrix} = \sum_{i=1}^{n} \alpha_i \delta_i^{\mathrm{T}} = \sum_{i=1}^{n} \begin{pmatrix} \cdot \\ \cdot \\ \vdots \\ \cdot \end{pmatrix} \cdot (\cdot, \cdot, \cdots, \cdot).$$

事实上, 如果假设 $B = (b_{ij})$, 则 $\delta_i^{\mathrm{T}} = (b_{i1}, b_{i2}, \cdots, b_{is})(i = 1, 2, \cdots, n)$, 从而有

$$\alpha_i \delta_i^{\mathrm{T}} = \alpha_i(b_{i1}, b_{i2}, \cdots, b_{is}) = (\alpha_i b_{i1}, \alpha_i b_{i2}, \cdots, \alpha_i b_{is}) = (b_{i1}\alpha_i, b_{i2}\alpha_i, \cdots, b_{is}\alpha_i),$$

所以, 根据 (4) 式得到

$$\begin{aligned} \sum_{i=1}^{n} \alpha_i \delta_i^{\mathrm{T}} &= \left(\sum_{i=1}^{n} b_{i1}\alpha_i, \sum_{i=1}^{n} b_{i2}\alpha_i, \cdots, \sum_{i=1}^{n} b_{is}\alpha_i \right) \\ &= (A \cdot B(1), A \cdot B(2), \cdots, A \cdot B(s)) \\ &= A(B(1), B(2), \cdots, B(s)) = AB = (\alpha_1, \alpha_2, \cdots, \alpha_n) \begin{pmatrix} \delta_1^{\mathrm{T}} \\ \delta_2^{\mathrm{T}} \\ \vdots \\ \delta_n^{\mathrm{T}} \end{pmatrix}. \end{aligned}$$

现在继续假设 AB 有意义, 并假设

$$A = (A_1, A_2), \quad B = \begin{pmatrix} B_1 \\ B_2 \end{pmatrix}$$

已经给定, 其中 A_1B_1 有意义 (从而 A_2B_2 也有意义). 此时, 可以进一步假设 $A_i = (\alpha_{i1}, \alpha_{i2}, \cdots, \alpha_{ir_i})$, $B_i = \begin{pmatrix} \beta_{i1}^{\mathrm{T}} \\ \beta_{i2}^{\mathrm{T}} \\ \vdots \\ \beta_{ir_i}^{\mathrm{T}} \end{pmatrix}$, 则有

$$(A_1, A_2) \cdot \begin{pmatrix} B_1 \\ B_2 \end{pmatrix} = \sum_{j=1}^{r_1} \alpha_{1j}\beta_{1j}^{\mathrm{T}} + \sum_{j=1}^{r_2} \alpha_{2j}\beta_{2j}^{\mathrm{T}} = A_1B_1 + A_2B_2.$$

(4) 假设 AB 有意义, 并假设

$$A = \begin{pmatrix} A_1 & A_2 \\ A_3 & A_4 \end{pmatrix}, \quad B = \begin{pmatrix} B_1 & B_2 \\ B_3 & B_4 \end{pmatrix}.$$

记

$$L_1 = (A_1, A_2), \quad L_2 = (A_3, A_4), \quad H_1 = \begin{pmatrix} B_1 \\ B_3 \end{pmatrix}, \quad H_2 = \begin{pmatrix} B_2 \\ B_4 \end{pmatrix}.$$

则有

$$A = \begin{pmatrix} L_1 \\ L_2 \end{pmatrix}, \quad B = (H_1, H_2),$$

从而得到

$$AH_1 = \begin{pmatrix} L_1 \\ L_2 \end{pmatrix} H_1 = \begin{pmatrix} L_1H_1 \\ L_2H_1 \end{pmatrix} = \begin{pmatrix} A_1B_1 + A_2B_3 \\ A_3B_1 + A_4B_3 \end{pmatrix}$$

以及

$$\begin{pmatrix} A_1 & A_2 \\ A_3 & A_4 \end{pmatrix} \cdot \begin{pmatrix} B_1 & B_2 \\ B_3 & B_4 \end{pmatrix} = A(H_1, H_2) = (AH_1, AH_2),$$

从而有

$$\begin{pmatrix} A_1 & A_2 \\ A_3 & A_4 \end{pmatrix} \begin{pmatrix} B_1 & B_2 \\ B_3 & B_4 \end{pmatrix} = \begin{pmatrix} A_1B_1 + A_2B_3 & A_1B_2 + A_2B_4 \\ A_3B_1 + A_4B_3 & A_3B_2 + A_4B_4 \end{pmatrix}.$$

(5) 如果采用归纳法, 由 (4) 中最后一式不难得到更一般情形的分块矩阵的乘

法法则. 详细计算过程如下

$$\begin{pmatrix} A_{11} & A_{12} & \cdots & A_{1r} & A_{1,\,r+1} \\ A_{21} & A_{22} & \cdots & A_{2r} & A_{2,\,r+1} \\ \vdots & \vdots & \ddots & \vdots & \vdots \\ A_{s1} & A_{s2} & \cdots & A_{sr} & A_{s,\,r+1} \\ A_{s+1,\,1} & A_{s+1,\,2} & \cdots & A_{s+1,\,r} & A_{s+1,\,r+1} \end{pmatrix}$$

$$\cdot \begin{pmatrix} B_{11} & B_{12} & \cdots & B_{1t} & B_{1,\,t+1} \\ B_{21} & B_{22} & \cdots & B_{2t} & B_{2,\,t+1} \\ \vdots & \vdots & \ddots & \vdots & \vdots \\ B_{r1} & B_{r2} & \cdots & B_{rt} & B_{r,\,t+1} \\ B_{r+1,\,1} & B_{r+1,\,2} & \cdots & B_{r+1,\,t} & B_{r+1,\,t+1} \end{pmatrix}$$

$$= \begin{pmatrix} A_1 B_1 + A_2 B_3 & A_1 B_2 + A_2 B_4 \\ A_3 B_1 + A_4 B_3 & A_3 B_2 + A_4 B_4 \end{pmatrix},$$

其中 $A_4 = A_{s+1,\,r+1}$, $B_4 = B_{r+1,\,t+1}$,

$$A_1 = \begin{pmatrix} A_{11} & A_{12} & \cdots & A_{1r} \\ A_{21} & A_{22} & \cdots & A_{2r} \\ \vdots & \vdots & \ddots & \vdots \\ A_{s1} & A_{s2} & \cdots & A_{sr} \end{pmatrix}, \quad A_2 = \begin{pmatrix} A_{1,\,r+1} \\ A_{2,\,r+1} \\ \vdots \\ A_{s,\,r+1} \end{pmatrix},$$

$$A_3 = (A_{s+1,\,1}, A_{s+1,\,2}, \cdots, A_{s+1,\,r}).$$

根据归纳假设, 得知两个分块矩阵的乘积之 (i,j) 位置的块子阵为

$$\sum_{k=1}^{r+1} A_{ik} B_{kj} = A_{i1} B_{1j} + A_{i2} B_{2j} + \cdots + A_{i,r+1} B_{r+1,j}. \qquad \Box$$

问题 1.1.5 如何进行矩阵的分块和堆块?

提示 对矩阵进行分块, 一般来说要比处理分块矩阵的运算更难些. 分块的原则: 一是便于运算; 二是分块时要使得矩阵各项均有意义. 更具体的运作, 可参看后面提供的若干例子.

比矩阵分块更难一些的, 是利用已知矩阵进行堆块, 得到阶数更大的矩阵, 目的都是更方便地解决问题. 例如, 在解释用矩阵消元法求逆矩阵的方法的合理性时, 就构造了分块矩阵 (P,E), 通过

$$P^{-1}(P,E) = (P^{-1}P, P^{-1}E) = (E, P^{-1})$$

以及 "可逆矩阵可分解为初等矩阵之积" 的事实, 就很好地解释了合理性. 再比如, 为了证明 $\det(xE - A_nB_n) = \det(xE - BA)$, 就可构造更大的分块矩阵

$$\begin{pmatrix} xE & B \\ A & E \end{pmatrix},$$

并采用不同的方法计算其行列式. 当然这些构造都具有很高的技巧性, 而只有通过不断练习才可以逐步体会并掌握这种技巧. 可参见后面的两个例子以及习题. □

例 1.1.6 假设 B 是可逆矩阵, 而 α, β 均是 n 维列向量. 记

$$A = B + \alpha\beta^{\mathrm{T}}, \quad \lambda = 1 + \beta^{\mathrm{T}}B^{-1}\alpha.$$

(1) 求证: A 可逆当且仅当 $\lambda \neq 0$.

(2) 当 $\lambda \neq 0$ 时, 求 A^{-1}.

证明 (1) 构造分块矩阵 $C = \begin{pmatrix} B & -\alpha \\ \beta^{\mathrm{T}} & 1 \end{pmatrix}$, 并分别作两次初等行块、两次初等列块变换, 得到

$$\begin{pmatrix} A & 0 \\ 0 & 1 \end{pmatrix} \xleftarrow{r} \begin{pmatrix} A & -\alpha \\ 0 & 1 \end{pmatrix} \xleftarrow{c} C \xrightarrow{r} \begin{pmatrix} B & -\alpha \\ 0 & \lambda \end{pmatrix} \xrightarrow{c} \begin{pmatrix} B & 0 \\ 0 & \lambda \end{pmatrix}.$$

由此 (前四个矩阵) 即知, A 可逆当且仅当 $\lambda \neq 0$.

(2) 根据 (1) 中的行、列变换操作过程可得

$$\begin{pmatrix} A & 0 \\ 0 & 1 \end{pmatrix} = \begin{pmatrix} E & \alpha \\ 0 & 1 \end{pmatrix} C \begin{pmatrix} E & 0 \\ -\beta^{\mathrm{T}} & 1 \end{pmatrix},$$

$$\begin{pmatrix} B & 0 \\ 0 & \lambda \end{pmatrix} = \begin{pmatrix} E & 0 \\ -\beta^{\mathrm{T}}B^{-1} & 1 \end{pmatrix} C \begin{pmatrix} E & B^{-1}\alpha \\ 0 & 1 \end{pmatrix};$$

由此得到

$$\begin{pmatrix} E & 0 \\ -\beta^{\mathrm{T}} & 1 \end{pmatrix} \begin{pmatrix} A^{-1} & 0 \\ 0 & 1 \end{pmatrix} \begin{pmatrix} E & \alpha \\ 0 & 1 \end{pmatrix} = C^{-1}$$

$$= \begin{pmatrix} E & B^{-1}\alpha \\ 0 & 1 \end{pmatrix} \begin{pmatrix} B^{-1} & 0 \\ 0 & \dfrac{1}{\lambda} \end{pmatrix} \begin{pmatrix} E & 0 \\ -\beta^{\mathrm{T}}B^{-1} & 1 \end{pmatrix};$$

最后比较两侧 $(1,1)$ 位置的块矩阵, 得到

$$A^{-1} = \frac{1}{\lambda} B^{-1}(\lambda B - \alpha\beta^{\mathrm{T}})B^{-1}. \qquad \qquad \square$$

例 1.1.7 假设 A 是 n 阶正定矩阵, 而 α 是非零的 n 维实列向量. 试说明 $n+1$

阶分块矩阵 $B =: \begin{pmatrix} A & \alpha \\ \alpha^T & 0 \end{pmatrix}$ 可逆, 并求其逆.

解 首先, 注意到正定矩阵均可逆, 且其逆矩阵也为正定矩阵, 因此, $\lambda =: \alpha^T A^{-1} \alpha > 0$. 另外, 有

$$\begin{pmatrix} A & \alpha & E & 0 \\ \alpha^T & 0 & 0 & 1 \end{pmatrix} \xrightarrow{r} \begin{pmatrix} E & A^{-1}\alpha & A^{-1} & 0 \\ \alpha^T & 0 & 0 & 1 \end{pmatrix}$$

$$\xrightarrow{r} \begin{pmatrix} E & A^{-1}\alpha & A^{-1} & 0 \\ 0 & -\lambda & -\alpha^T A^{-1} & 1 \end{pmatrix} \xrightarrow{r} \begin{pmatrix} E & A^{-1}\alpha & A^{-1} & 0 \\ 0 & 1 & \dfrac{1}{\lambda}\alpha^T A^{-1} & -\dfrac{1}{\lambda} \end{pmatrix}$$

$$\xrightarrow{r} \begin{pmatrix} E & 0 & A^{-1} - \dfrac{1}{\lambda} A^{-1}(\alpha\alpha^T)A^{-1} & \dfrac{1}{\lambda}A^{-1}\alpha \\ 0 & 1 & \dfrac{1}{\lambda}\alpha^T A^{-1} & -\dfrac{1}{\lambda}1 \end{pmatrix}.$$

因此, 分块矩阵 B 可逆, 且有

$$B^{-1} = \frac{1}{\lambda} \begin{pmatrix} A^{-1}(\lambda A - \alpha\alpha^T)A^{-1} & A^{-1}\alpha \\ \alpha^T A^{-1} & -1 \end{pmatrix}. \qquad \square$$

分块与堆块是矩阵理论中一种常用的基本操作手段和技巧; 关于分块矩阵的更多练习题和应用, 可以参见文献 [4].

习题与扩展内容(带 $*$ 的题目较难; 后同)

习题 1 已知 A_n, B_n 均可逆. 求矩阵 $\begin{pmatrix} 0 & B & 0 \\ E & 0 & 0 \\ 0 & 0 & A \end{pmatrix}$ 的逆矩阵以及行列式.

习题 2* 已知 $AB = BA$, 而 $C = (A, B)$. 试构造分块矩阵, 证明如下不等式

$$r(A) + r(B) \geqslant r(C) + r(AB).$$

习题 3 假设 A 是 n 阶可逆方阵. 现构造 $n + m$ 阶方阵如下:

$$H = \begin{pmatrix} A & B \\ C & D_m \end{pmatrix}.$$

(1) 试给出 H 可逆的充分必要条件;

(2) 当 H 可逆时, 求出 H^{-1} 的确切表达式.

习题 4 已知 A_1, A_2, A_3 是可逆矩阵, 求矩阵

$$\begin{pmatrix} 0 & 0 & A_1 \\ 0 & A_2 & 0 \\ A_3 & 0 & 0 \end{pmatrix}$$

的逆矩阵以及行列式.

习题 5* 假设 $\mathbb{F}$ 上的 n 阶方阵 $D = \begin{pmatrix} A_m & B \\ 0 & C_{n-m} \end{pmatrix}$ 在 $\mathbb{F}$ 上相似于对角阵, 求证:

(1) A (和 C) 在 $\mathbb{F}$ 上也相似于对角阵;

(2) $\begin{pmatrix} A_m & B \\ 0 & C_{n-m} \end{pmatrix}$ 在 $\mathbb{F}$ 上相似于一个准对角阵 $\begin{pmatrix} A_m & 0 \\ 0 & F_{n-m} \end{pmatrix}$, 其中 F_{n-m} 相似于对角阵.

习题 6 假设 A 是 n 阶正定矩阵, 而 α 是一个 n 维实列向量. 对于 $k \in \mathbb{R}$, 探讨何时 $\begin{pmatrix} A & k\alpha \\ k\alpha^{\mathrm{T}} & 1 \end{pmatrix}$ 是正定矩阵、半正定矩阵、不定矩阵.

习题 7 假设 $A \in \mathbb{F}^{m \times n}, B \in \mathbb{F}^{n \times r}$, 且 A 的每列元素之和为 a, B 的每列元素之和为 b. 求证: AB 的每列元素之和是 ab.

习题 8 如果方阵 H 的元素是 ± 1, 且满足 $H^{\mathrm{T}}H = nE$, 则称 A 是一个阿达马矩阵 (Hadamard matrix). 例如 $\begin{pmatrix} 1 & 1 \\ 1 & -1 \end{pmatrix}$ 是一个对称的阿达马矩阵.

(1) 试利用堆块技术证明: 存在 2^n 阶的对称阿达马矩阵;

(2) 验证: $\dfrac{1}{\sqrt{n}} H_n$ 是正交矩阵 (假设 H_n 是阿达马矩阵);

(3) 搜索并阅读: 20 阶的阿达马矩阵存在, 并了解涉及阿达马矩阵存在性问题的著名猜测 (组合数学问题).

1.2 一元多项式的互素与整除

多项式理论与行列式的计算、矩阵的特征值 (和特征向量)、线性空间的直和分解、线性变换及其不变子空间、λ-矩阵等内容有紧密的联系, 有重要的应用, 是学习线性代数和矩阵理论的重要工具. 现择其要者作简要介绍, 更详细的讨论可参见高等代数相关教材, 如文献 [1, 4].

定理 1.2.1 (带余除法) 对于数域 $\mathbb{F}$ 上的任意两个非零多项式 $f(x), g(x)$, 存在唯一的一对 $q(x), r(x) \in \mathbb{F}[x]$, 使得

$$f(x) = q(x)g(x) + r(x),$$

其中 $r(x)$ 为零多项式或者 $\deg(r(x)) < \deg(g(x))$. ($g(x)$ 叫作**除式**, $q(x)$ 叫**商式**, $r(x)$ 叫**余式**. 为了方便, 还可以规定零多项式的次数是 $-\infty$.)

注 带余除法虽然证明简单, 但它却是一元多项式理论中最基本的方法之一.

对于 $f(x), g(x) \in \mathbb{F}[x]$, 定义它们在 $\mathbb{F}[x]$ 中的 **最大公因式** $d(x)$ 为 $\mathbb{F}[x]$ 内具有如下性质的首一公因式: 它被 f, g 在 $\mathbb{F}[x]$ 内的任意公因式整除. 利用带余除法, 不难说明最大公因式若存在, 则必定唯一, 记为

$$\gcd(f, g) \overset{\text{or}}{=} (f, g) \in \mathbb{F}[x].$$

定理 1.2.2 $\mathbb{F}[x]$ 中任意两个不全为零的多项式 $f(x)$ 与 $g(x)$ 有唯一的最大公因式 $d(x)$, 而且存在 $u(x), v(x) \in \mathbb{F}[x]$, 使得

$$d(x) = f(x)u(x) + g(x)v(x).$$

证明 (1) 唯一性. 注意到最大公因式是首一的, 故利用次数这一工具容易得到唯一性, 具体过程如下: 如果 $d_i(x)(i = 1, 2)$ 都是 $f(x)$ 与 $g(x)$ 的 gcd, 则有 $h_i(x) \in \mathbb{F}[x]$, 使得

$$d_1(x) = d_2(x) \cdot h_1(x), \quad d_2(x) = d_1(x)h_2(x).$$

因此, $d_1(x) = d_1(x) \cdot h_1(x)h_2(x)$. 于是, 有

$$\deg(d_1) = \deg(d_1) + \deg(h_1) + \deg(h_2).$$

从而 $\deg(h_1) = 0$, $\deg(h_1) + \deg(h_2) = 0$, 因而 $d_1(x) = d_2(x)$.

(2) **存在性.** 不妨假设 $\deg f(x) \geqslant \deg g(x)$. 反复使用带余除法得到 $\mathbb{F}[x]$ 中的非零多项式 $q_i(x), r_j(x)$ 使得

$$f(x) = q_0(x)g(x) + r_0(x), \quad \deg(r_0) < \deg(g),$$

$$g(x) = q_1(x)r_0(x) + r_1(x), \quad \deg(r_1) < \deg(r_0),$$

$$r_0(x) = q_2(x)r_1(x) + r_2(x), \quad \deg(r_2) < \deg(r_1),$$

$$r_1(x) = q_3(x)r_2(x) + r_3(x), \quad \deg(r_3) < \deg(r_2),$$

$$\cdots\cdots$$

$$r_m(x) = q_{m+2}(x)r_{m+1}(x) + r_{m+2}(x), \quad \deg(r_{m+2}) < \deg(r_{m+1}),$$

$$r_{m+1}(x) = q_{m+3}(x)r_{m+2}(x).$$

注意到当 $f(x) = q(x)g(x) + r(x)$ 时, 容易直接验证 (f, g) 与 (g, r) 互相整除; 若其中之一存在, 则另一个也存在. 因此, 当 (g, r) 存在时, 必有 $(f, g) = (g, r)$. 易见

(r_{m+1}, r_{m+2}) 存在, 且等于 $r_{m+2}(x)$ 乘以其首项系数的倒数. 于是我们从上述辗转相除过程 (依次由后向前) 得到

$$(r_{m+1}, r_{m+2}) = (r_m, r_{m+1}) = \cdots = (r_0, r_1) = (g, r_0) = (f, g) = d(x).$$

此外, 注意到 (f, g) 等于 $r_{m+2}(x)$ 除以其首项系数, 故而从倒数第二个式子开始 (从后往前), 依次回代, 最后可得所要求的 $u(x), v(x) \in \mathbb{F}[x]$, 使得

$$d(x) = f(x)u(x) + g(x)v(x). \qquad\qquad \square$$

注记 1   上述方法叫作**辗转相除法**, 最早出现于我国古代辉煌的数学巨著《九章算术》(*Euclidean Algorithm*). 注意这个证明本身的确是一个很好的程序 (algorithm). 尽管本定理可以有更为简明扼要的论证, 但是从计算的观点看, 使用辗转相除法其实是一个最好的证明, 这是因为它在论证一个结论的同时, 还顺便提供了一个很好的算法.

注记 2   如果两个数域 $\mathbb{F}$, $\mathbb{K}$ 有关系 $\mathbb{F} \subseteq \mathbb{K}$, 则对于 $f(x), g(x) \in \mathbb{F}[x]$, 二者在 $\mathbb{F}[x]$ 中的 gcd 等同于其在 $\mathbb{K}[x]$ 中的 gcd. 这由 gcd 的唯一性以及定理 1.2.2 中的等式

$$d(x) = f(x)u(x) + g(x)v(x)$$

得到. 特别地, 在 $\mathbb{F}[x]$ 中有 $f(x) \mid g(x)$ 当且仅当在 $\mathbb{K}[x]$ 中有 $f(x) \mid g(x)$.

由此易于看出, $(x^2 + x + 1) \mid (x^{3p+2} + x^{3q+1} + x^{3k})$.

如果 $(f(x), g(x)) = 1$, 则称 $f(x)$ 与 $g(x)$ **互素**. 如下重要结论是定理 1.2.2 的直接推论.

推论 1.2.3   对于多项式 $f(x), g(x) \in \mathbb{F}[x]$, $(f(x), g(x)) = 1$ 当且仅当存在 $\mathbb{F}[x]$ 中的多项式 $u(x)$ 与 $v(x)$, 使得 $f(x)u(x) + g(x)v(x) = 1$.

互素与整除都是两个多项式之间的极其重要的关系. 利用推论 1.2.3, 不难推导出如下的重要性质.

性质 1.2.4   若 $(f, g) = 1$ 且 $(f, h) = 1$, 则 $(f, gh) = 1$.

性质 1.2.5   若 $(f, g) = 1$ 且 $f \mid gh$, 则有 $f \mid h$.

性质 1.2.6   若 $(f_1, f_2) = 1$ 且 $f_i \mid g$ $(i = 1, 2)$, 则 $f_1 f_2 \mid g$.

注意到域上一元多项式理论与整数理论有不少相通之处. 例如, 从定理 1.2.1 到性质 1.2.6 都有相应的整数版本, 讨论整数时将 deg 换作绝对值 $|\cdot|$ 即可, 读者可以在整数环 $\mathbb{Z}$ 中推演全部的相应结论.

一个复数 α 叫作**代数数**, 是指 α 为某个有理系数多项式的根. 不是代数数的复数叫作**超越数**. 例如, $\sqrt[7]{-2}$ 是代数数, 而 π 与 e 都是超越数.

注意到在线性代数中, 几乎所有的讨论都是从一个给定数域开始的; 一个数域 $\mathbb{F}$ 是 $\mathbb{C}$ 的一个含有 0 和 1 的子集合, 它关于复数的加法、减法、乘法和除法是封

闭的. 例如, 有理数域 $\mathbb{Q}$ 是最小的数域, 它包含于任意一个数域 $\mathbb{F}$ 中, 而 $\mathbb{C}$ 是最大的数域. 实数全体 $\mathbb{R}$ 也构成一个数域, 而

$$\mathbb{Q}[\sqrt{p}] =: \{a + b\sqrt{p} \mid a, b \in \mathbb{Q}\}$$

也是数域, 其中的 p 可取为任意整数. 由此得知, 数域有无限多个. 作为推论 1.2.3 的另一个有趣应用, 我们现在可以很容易地得到更多的数域.

命题 1.2.7 对于代数数 α, $\mathbb{Q}[\alpha] =: \mathbb{Q}[x]|_{x=\alpha}$ 是数域, 其中 $\mathbb{Q}[x]|_{x=\alpha}$ 是有理数域上一元多项式环 $\mathbb{Q}[x]$ 在 $x = \alpha$ 处的赋值.

证明 显然 $\mathbb{Q}[\alpha]$ 是数环, 即关于数的加、减、乘法封闭. 此外, 存在次数最小的首一多项式 $p(x) \in \mathbb{Q}[x]$, 使得 $p(\alpha) = 0$. 此 $p(x)$ 不可分解, 即其在 $\mathbb{Q}[x]$ 中的首一因式只有两个: 1 和 $p(x)$. 因此, 对于任意 $f(x) \in \mathbb{Q}[x]$, 如果 $f(\alpha) \neq 0$, 由于 $(f, p(x)) \mid p(x)$, 必有 $(f(x), p(x)) = 1$, 否则将有 $(f(x), p(x)) = p(x)$, 导致存在 $q(x) \in \mathbb{Q}[x]$ 使 $f(\alpha) = p(\alpha) \cdot q(\alpha) = 0$. 既然 $(f(x), p) = 1$ 成立, 根据推论 1.2.3, 存在 $u(x), v(x) \in \mathbb{Q}[x]$, 使

$$f(x)u(x) + p(x)v(x) = 1.$$

由此得到 $1 = f(\alpha)u(\alpha)$, 从而 $\mathbb{Q}[\alpha]$ 中任一非零元 $f(\alpha)$ 有逆元 $u(\alpha) \in \mathbb{Q}[\alpha]$; $\mathbb{Q}[\alpha]$ 是数域. □

在线性代数中, 曾经证明过: 若 $A\alpha = \lambda\alpha$, 则 $g(A)\lambda = g(\lambda)\alpha$. 下述结果比这个结论要强得多, 而且在本书中会经常用到.

命题 1.2.8 假设 $\mathbb{F}$ 上矩阵 A_n 的全部特征根为 $\lambda_1, \lambda_2, \cdots, \lambda_n$ (其中可能有重根). 则对于 $\mathbb{F}$ 上的 m 次多项式 $g(x)$, 矩阵 $g(A)$ 的全部特征根为

$$g(\lambda_1), g(\lambda_2), \cdots, g(\lambda_n) \quad (\text{其中可能有重根}).$$

证明 **证法 1** 记 $f(\lambda) = |\lambda E - A| = \prod_{i=1}^{n}(\lambda - \lambda_i)$, 并假设

$$g(x) = a(x - c_1)(x - c_2) \cdots (x - c_m),$$

则有 $g(\lambda_i) = a \prod_{j=1}^{m}(\lambda_i - c_j)$. 而

$$g(A) = a(A - c_1 E)(A - c_2 E) \cdots (A - c_m E).$$

于是

$$|g(A)| = a^n (-1)^{mn} \prod_{j=1}^{m} |c_j E - A| = (-1)^{nm} a^n \prod_{j=1}^{m} \prod_{i=1}^{n}(c_j - \lambda_i)$$

$$= (-1)^{nm} a^n \prod_{i=1}^{n} \prod_{j=1}^{m}(c_j - \lambda_i) = \prod_{i=1}^{n} \left[a \prod_{j=1}^{m}(\lambda_i - c_j) \right] = \prod_{i=1}^{n} g(\lambda_i)$$

$$= g(\lambda_1)g(\lambda_2)\cdots g(\lambda_n).$$

在等式

$$|g(A)| = g(\lambda_1)g(\lambda_2)\cdots g(\lambda_n)$$

中用多项式 $\lambda - g(x)$ 代替多项式 $g(x)$ (先将 λ 看作常数), 即得到: 对于任意常数 λ, 恒有

$$|\lambda E - g(A)| = [\lambda - g(\lambda_1)][\lambda - g(\lambda_2)]\cdots[\lambda - g(\lambda_n)].$$

上式对于所有 λ 均成立, 因此 λ 可看成变元, 说明 $g(A)$ 的全部特征根为

$$g(\lambda_1), g(\lambda_2), \cdots, g(\lambda_n).$$

证法 2 用 Jordan 标准形定理 (可见本书第 3 章), 马上得到要证的结果. □

最后, 我们要特别指出: 在线性代数中经常用到如下的著名定理.

定理 1.2.9 (高等代数基本定理) 数域 $\mathbb{F}$ 上的一元 n 次多项式在复数域 $\mathbb{C}$ 中恰好有 n 个根.

这个著名的定理在整个数学领域中应用十分广泛, 是一个基石性质的结果. 特别地, 多项式 $x^n - 1$ 在复数域上有 n 个互异的根, 这些根是 $\omega^r(0 \leqslant r \leqslant n - 1)$, 其中 $\omega = e^{\frac{2\pi}{n}i}$. 高等代数基本定理最早由德国数学家在 1608 年提出, 其严格的证明一般认为是由 Gauss 在 1799 年的博士学位论文中给出的. 据说其论证多达 200 余种, 但是一般要用到数学分析的技巧和结果; 而利用复变函数经典结果的论证十分优美简洁.

习题与扩展内容

习题 1 假设 $(f(x), g(x)) = 1$. 求证: $(f(x^n), g(x^n)) = 1$.

习题 2 证明性质 1.2.4—性质 1.2.6.

习题 3 记 $\mathbb{Q}[\sqrt[3]{-2}] =: \{a_0 + a_1\sqrt[3]{-2} + a_2(\sqrt[3]{-2})^2 \mid a_i \in \mathbb{Q}\}, i = 0, 1, 2$. 求证:

(1) $\mathbb{Q}[\sqrt[3]{-2}]$ 是数域 $\mathbb{Q}$ 上的三维线性空间;

(2) $\mathbb{Q}[\sqrt[3]{-2}]$ 是 $\mathbb{C}$ 中包含 $\mathbb{Q} \cup \{\sqrt[3]{-2}\}$ 的最小数域.

习题 4 对于代数数 α.

(1) 求证: $\mathbb{Q}[x]$ 中零化 α 的最低次首一多项式 $m_\alpha(x)$ 是唯一的;

(2) 如果 $m_\alpha(x)$ 是 m 次的, 求证: $\mathbb{Q}[\alpha]$ 是数域 $\mathbb{Q}$ 上的 m 维线性空间.

习题 5 假设

$$R \in \{\mathbb{Z}, \mathbb{F}[x], \mathbb{Z}[i], \mathbb{Z}[\sqrt{-5}]\}.$$

假设 p 是 R 中的一个非零、非可逆元的元素. 考虑如下两个常见概念:

(a) 如果 p 具有以下性质, 则称 p 是 R 中的**不可分解元**: $\forall p_i \in R, p = p_1p_2$ 蕴涵了 p_1 或者 p_2 是 R 中的可逆元;

(b) 如果 p 具有以下性质, 则称 p 是 R 中的**素元**: $\forall p_i \in R$, $p \mid p_1 p_2$ 蕴涵了 $p \mid p_1$ 或者 $p \mid p_2$.

(1) 求证: R 的素元都是其不可分解元.

(2) 若 $R \in \{\, \mathbb{Z}, \mathbb{F}[x], \mathbb{Z}[i] \,\}$, 求证: R 的不可分解元也是其素元.

(3) 在 $R = \mathbb{Z}[\sqrt{-5}]$ 中, 注意到

$$9 = 3 \times 3 = (2 + \sqrt{-5})(2 - \sqrt{-5}).$$

验证: 3, $2 \pm \sqrt{-5}$ 均不可分解, 且都不是素元.

第 2 章　矩阵的分解式

2.1　几种常见的矩阵分解式

本节将复习在线性代数中已经出现的几种矩阵分解式.

1. 可逆矩阵

在线性代数中, 已经证明了: 数域上的方阵 A_n 可逆, 当且仅当 $r(A) = n$, 当且仅当行列式 $\det(A) \neq 0$. 如下结果给出的是其代数结构上的特性.

命题 2.1.1　任一方阵 A 可逆, 当且仅当 A 有分解式 $A = P_u P_{u-1} \cdots P_1$, 其中每一个 P_i 是第 I 型或者第 III 型初等矩阵.

证明　任一矩阵都可以经过一系列的初等行变换化为行标准阶梯形; 而任一方阵是可逆的, 当且仅当它可以经过有限次初等行变换化为单位矩阵 E. 注意到以下过程

$$\begin{pmatrix} 1 & 0 & 0 \\ 0 & 1 & 0 \\ 0 & 0 & 1 \end{pmatrix} \longrightarrow \begin{pmatrix} 1 & 0 & 0 \\ 1 & 1 & 0 \\ 0 & 0 & 1 \end{pmatrix} \longrightarrow \begin{pmatrix} 0 & -1 & 0 \\ 1 & 1 & 0 \\ 0 & 0 & 1 \end{pmatrix}$$

$$\longrightarrow \begin{pmatrix} 0 & -1 & 0 \\ 1 & 0 & 0 \\ 0 & 0 & 1 \end{pmatrix} \longrightarrow \begin{pmatrix} 0 & 1 & 0 \\ 1 & 0 & 0 \\ 0 & 0 & 1 \end{pmatrix},$$

因此有

$$\begin{pmatrix} 0 & 1 & 0 \\ 1 & 0 & 0 \\ 0 & 0 & 1 \end{pmatrix} = \begin{pmatrix} -1 & 0 & 0 \\ 0 & 1 & 0 \\ 0 & 0 & 1 \end{pmatrix} \begin{pmatrix} 1 & 0 & 0 \\ 1 & 1 & 0 \\ 0 & 0 & 1 \end{pmatrix} \begin{pmatrix} 1 & -1 & 0 \\ 0 & 1 & 0 \\ 0 & 0 & 1 \end{pmatrix} \begin{pmatrix} 1 & 0 & 0 \\ 1 & 1 & 0 \\ 0 & 0 & 1 \end{pmatrix} E,$$

即每个第 II 型初等矩阵 (初等置换阵) 都是一个特殊第 I 型初等矩阵与三个第 III 型初等矩阵的乘积, 由此即得本命题.　□

从群的观点看, 这表明一般线性群 $\mathrm{GL}_n(\mathbb{F})$ 由所有的 n 阶第 I 型初等矩阵和第 III 型初等矩阵所生成.

2. 置换矩阵

我们重述命题 1.1.1 如下.

命题 2.1.2　　方阵 A 是一个置换矩阵, 当且仅当 A 是有限个初等置换矩阵 (即第 II 型初等矩阵) 的乘积.

从群的观点看, 命题 2.1.1 与命题 2.1.2 的意义主要在于给出群的有限 (类型矩阵) 生成问题的明确解答, 而以下的几个分解式则直接有益于矩阵的计算和应用.

3. 满秩分解

在线性代数中, 有一个有趣的简单结果: 矩阵 $A_{m\times n}$ 的秩是 1, 当且仅当 A 可以写成一个非零列向量与一个非零行向量的乘积, 即 A 有分解式 $A = \alpha \cdot \beta^{\mathrm{T}}$, 其中 α, β 都是非零列向量. 注意到对于方阵 $A = \alpha \cdot \beta^{\mathrm{T}}$ 以及 $r \geqslant 2$, 有

$$A^r = \alpha(\beta^{\mathrm{T}}\alpha)(\beta^{\mathrm{T}}\alpha)\cdots(\beta^{\mathrm{T}}\alpha)\beta^{\mathrm{T}} = a^{r-1} \cdot A,$$

其中 $a = \beta^{\mathrm{T}}\alpha \in \mathbb{F}$. 将这个结果加以推广即得如下的定理.

定理 2.1.3　　对于给定的矩阵 $A_{m\times n}$, $r(A) = r$ 当且仅当 A 有分解式 $A = B_{m\times r}C_{r\times n}$, 其中 $r(B) = r = r(C)$. 如果还有 $m = n$, 则对于 $s \geqslant 2$ 有 $A^s = B(CB)^{s-1}C$, 其中 CB 是 r 阶方阵.

证明　　$\Longrightarrow$　　假设 $r(A) = r$. 则用矩阵消元法可得到两个可逆矩阵 P_m, Q_n, 使得

$$PAQ = \begin{pmatrix} E_r & 0 \\ 0 & 0 \end{pmatrix}.$$

命 $B_{m\times r} = P^{-1}\begin{pmatrix} E_r \\ 0 \end{pmatrix}$, $C_{r\times n} = (\,E_r\quad 0\,)Q^{-1}$. 则可以直接验证 $A = BC$. 而 $r = r(B) = r(C)$ 是明显的.

此时, 如果还有 $m = n$, 则计算出 $(PQ)^{-1}$, 然后进行如下分块

$$(PQ)^{-1} = \begin{pmatrix} L_1 & L_2 \\ L_3 & L_4 \end{pmatrix},$$

其中 L_1 是 r 阶方阵. 则有

$$CB = (\,E_r\quad 0\,)\begin{pmatrix} L_1 & L_2 \\ L_3 & L_4 \end{pmatrix}\begin{pmatrix} E_r \\ 0 \end{pmatrix} = L_1 \in M_n(\mathbb{F}).$$

于是, 对于 $s \geqslant 2$, 有 $A^s = (BC)^s = BL_1^{s-1}C$.

$\Longleftarrow$　　假设存在 $m \times r$ 矩阵 B 和 $r \times n$ 矩阵 C, 使得 $A = BC$, 而且 $r = r(B) = r(C)$. 根据必要性即知, 存在可逆矩阵 P_m 与 Q_n, 使得 $PB = \begin{pmatrix} E_r \\ 0 \end{pmatrix}$, 而 $CQ = (\,E_r\quad 0\,)$. 于是, $PAQ = \begin{pmatrix} E_r & 0 \\ 0 & 0 \end{pmatrix}$. 最后得到 $r(A) = r(PAQ) = r$.　　□

注意到满秩分解 ("$\Longrightarrow$") 的实质是矩阵消元法, 即求出 $P^{-1} = (P_1, P_2)$ 与 $Q^{-1} =$

$\begin{pmatrix} Q_1 \\ Q_2 \end{pmatrix}$, 其中 $P_1 \in \mathbb{F}^{m \times r}, Q_1 \in \mathbb{F}^{r \times n}$, 则 $B = P_1, C = Q_1$.

4. 列 (行) 满秩矩阵的 QR-分解 (LQ-分解)

我们重述命题 1.1.4 如下.

定理 2.1.4　(1) 任一列满秩矩阵 $A_{n \times m}$ 有如下的唯一分解式 (QR-分解): $A = QR$, 其中 $Q^{\star}Q = E_m$, 而 R_m 是对角线位置元素均为正实数的上三角方阵.

(2) 任一**行满秩**矩阵 $A_{m \times n}$ 有如下的唯一分解式 (QR-分解的对偶, LQ-分解): $A = LQ$, 其中 $QQ^{\star} = E_m$, 而 L 是对角线位置元素均为正实数的下三角方阵.

显然, 对于这里的矩阵 A 的转置矩阵 A^{T} 使用命题 1.1.3 即得本定理的 (2). 另外, 还可以将 QR-分解适当地推广至一般情形, 详见 2.2 节.

5. LU-分解

定理 2.1.5　(1) 对于任一可逆矩阵 A, 存在置换矩阵 P 使得 PA 具有如下的称作 LU-分解的分解式: $PA = LU$, 其中 L, U 分别是下三角矩阵、上三角矩阵, 且 $L(i, i) = 1, \forall i$;

(2) 具有 LU-分解的可逆矩阵, 其 LU-分解式唯一.

其证明留作习题.

按照 Strang 在文献 [11] 中的观点, LU-分解是很有效的分解, 但是, 一般矩阵没有 LU-分解. 例如, 如果其 $(1, 1)$ 位置是 0, 就不可能有 LU-分解. 这里的置换矩阵 P 求起来比较麻烦, 似乎要一路纠缠到底才会得到.

习题与扩展内容

习题 1　将矩阵 $\begin{pmatrix} 0 & 1 \\ 2 & 3 \end{pmatrix}$ 写成若干个第 I 型初等矩阵、第 III 型初等矩阵的乘积.

习题 2　证明定理 2.1.5.

习题 3　求置换矩阵 P 使得 PA 具有 LU-分解, 并求出 PA 的 LU-分解式, 其中 $A = \begin{pmatrix} 0 & 1 & 1 \\ 1 & 2 & 3 \\ 1 & 2 & 4 \end{pmatrix}$.

习题 4　对于矩阵 $B_{m \times n}$, 试添加适当的条件, 将定理 2.1.5 的结论 (全部或者部分) 推广到一般非方阵情形.

习题 5　(满秩分解的算法实现 —— 使用消元法)

对于 $A \in \mathbb{F}^{m \times n}$, 假设其秩为 $r(A) =: r$. 对于 A 做一系列的初等行变换, 得到 A

的 Hermite 行标准形, 假设其前 r 行构成的矩阵为 D. 换句话说,

$$A \xrightarrow{r} \cdots \xrightarrow{r} \begin{pmatrix} D \\ 0 \end{pmatrix}.$$

进一步假设 D 中主元依次出现在位置 (j, i_j) $(1 \leqslant j \leqslant r)$. 命

$$B = (A(i_1), A(i_2), \ldots, A(i_r)).$$

求证: $A = B \cdot D$, 且这是 A 的一个满秩分解. (提示: 参考文献 [4] 例 3.48 中的引理.)

2.2 两个广义 QR-分解

定理 2.2.1 (第一广义 QR-分解)   对于任意 $m \times n$ 矩阵 A, 假设 $r(A) = r$. 则存在置换矩阵 P 使得 AP 具有如下唯一的**广义 QR-分解**: $AP = QR$, 其中 $Q_{m \times r}$ 的列向量为标准正交向量组 (即 $Q^\star Q = E_r$), 而 $R = (U, K)$, 其中 U 是主对角线元素为正实数的上三角方阵.

证明   (1) 分解的存在性: 首先, 存在置换矩阵 P, 使得在矩阵 AP 的列向量中, 前 r 个向量 $\alpha_1, \cdots, \alpha_r$ 是其列向量组的一个极大无关组. 于是有

$$AP = (\alpha_1, \cdots, \alpha_r)(E_r, B).$$

对于向量组 $\alpha_1, \cdots, \alpha_r$ 施行 Schmidt 单位化、正交化过程, 得到正交的单位列向量组 $\beta_1, \cdots, \beta_r$ 以及可逆上三角矩阵 C_r, 其中 C 的 (i, i) 位置元素为 Schmidt 正交化后第 i 个向量的长度, 它是正实数, 且有

$$(\alpha_1, \cdots, \alpha_r) = (\beta_1, \cdots, \beta_r)C.$$

记

$$Q = (\beta_1, \cdots, \beta_r), \quad R = C(E_r, B) = (C, CB).$$

则 $AP = QR$, 其中 Q 是列正交矩阵, 而 $R = (C, CB)$ 且 C 是主对角线元素为正实数的上三角方阵.

(2) 分解的唯一性: 假设 $Q_1(C_1, D_1) = AP = Q_2(C_2, D_2)$, 其中 $Q_i^\star Q_i = E_r$, C_i 是主对角线元素为正实数的上三角方阵, 则有

$$Q_1 = Q_2(C_2, D_2)\begin{pmatrix} C_1^{-1} \\ 0 \end{pmatrix} = Q_2(C_2 C_1^{-1}),$$

其中 $C_2 C_1^{-1}$ 仍是主对角线元素为正实数的上三角方阵. 进一步假设

$$C =: C_2 C_1^{-1} = (c_{ij}), \quad Q_1 = (\delta_1, \cdots, \delta_r), \quad Q_2 = (\gamma_1, \cdots, \gamma_r),$$

则有 $\delta_i = \sum\limits_{j \leqslant i} c_{ji} \gamma_j$, 由此即得 $1 = [\delta_1, \delta_1] = |c_{11}|^2$, 所以有 $c_{11} = 1, \delta_1 = \gamma_1$. 考虑 $0 = [\delta_1, \delta_2]$, 可得 $c_{12} = 0$, 从而再得 $c_{22} = 1$, 于是 $\delta_2 = \gamma_2$. 继续讨论下去, 可得 $c_{ij} = 0, \forall i \neq j, c_{jj} = 1$. 于是, $Q_1 = Q_2$, 从而 $(C_1, D_1) = (C_2, D_2)$.

这就证明了分解的唯一性.   □

注意上述成立的关键还是可以使用 Schmidt 正交化过程; 对于方阵 A, 如果用镜面反射代替 Schmidt 正交化过程, 则有如下的有趣引理.

引理 2.2.2   对于任一向量 α, 存在酉阵 U 使得 $U\alpha = \|\alpha\|\varepsilon_1$, 其中 $\varepsilon_1 = (1, 0, \cdots, 0)^{\mathrm{T}}$.

证明   如果 $\alpha = 0$, 则可取 $U = E$.

如果 $\alpha \neq 0$, 且有 $\dfrac{1}{\|\alpha\|}\alpha = \varepsilon_1$, 则也可取 $U = E$.

以下假设单位向量 $\beta =: \dfrac{1}{\|\alpha\|}\alpha \neq \varepsilon_1$, 则有镜面反射矩阵 $B = E - 2\delta\delta^{\star}$, 使得 $B\beta = \varepsilon_1$. 事实上, 基于镜面反射的几何意义, 可以取 B 的构造式里的单位向量 δ 为

$$\delta = \frac{1}{\|\beta - \varepsilon_1\|}(\beta - \varepsilon_1).$$ □

定理 2.2.3 (第二广义 QR-分解)   任一方阵具有 QR-分解, 其中 Q 是酉阵, 而 R 是上三角矩阵, 且 R 的对角线元素是非负实数.

证明   对于 $\alpha_1 = A(1)$ 应用引理 2.2.2, 得酉阵 U_1 使得 $U_1 \alpha_1 = \|\alpha_1\| \cdot \varepsilon_1$, 因此有

$$U_1 A = (U_1 \alpha_1, U_1 \alpha_2, \cdots) = \begin{pmatrix} \|\alpha_1\| & \beta_1^{\mathrm{T}} \\ 0 & A_1 \end{pmatrix}.$$

余下用归纳法完成证明; 或者对于 A_1 的第一列继续引用引理 2.2.2, 得到 $n - 1$ 阶酉阵 P_2 使得

$$P_2 A_1 = \begin{pmatrix} \|A_1(1)\| & \beta_2^{\mathrm{T}} \\ 0 & A_2 \end{pmatrix}.$$

然后命 $U_2 = \begin{pmatrix} 1 & 0 \\ 0 & P_2 \end{pmatrix}$, 则 U_2 是一个 n 阶酉阵, 使得 $(U_2 U_1)A$ 是如下的分块上三角矩阵

$$(U_2 U_1)A = \begin{pmatrix} \|A(1)\| & & \\ 0 & \|A_1(1)\| & \\ 0 & 0 & A_2 \end{pmatrix}.$$

继续这一讨论, 对于 $n - 2$ 阶矩阵 $A_2, \cdots$, 最多经过 n 步后, 即得酉阵

$$U = U_1^{\star} U_2^{\star} \cdots U_n^{\star},$$

使得

$$
A = U \cdot \begin{pmatrix}
|A(1)| & & & & \\
0 & \|A_1(1)\| & & & \\
0 & 0 & \|A_2(1)\| & & \\
\vdots & \vdots & \vdots & \ddots & \\
0 & 0 & 0 & \cdots & |b|
\end{pmatrix}.
$$

注意, 其中的 U_n 或者是单位阵, 或者是形为 $\mathrm{diag}\left\{E_{n-1}, \dfrac{1}{|b|}b\right\}$ 的对角酉阵.　　　□

我们分别称定理 2.2.1 和定理 2.2.3 中的分解式为**第一、第二广义 QR-分解式**; 如果将这两个定理加以比较, 就会发现二者都是关于可逆 (更一般地, 列或者行满秩) 矩阵的传统 QR-分解的推广, 但是二者因所使用的工具有所变化, 故结果有所差异, 也可以说各有优缺点; 另外, 定理 2.2.3 (主要是推理过程) 的风格更接近于 2.3 节的 Schur 引理. 应该注意到 Schmidt 正交化与镜面反射矩阵 (Householder 变换) 分别在相应过程中所起的关键作用.

习题与扩展内容

习题 1　使用矩阵消元法, 求置换矩阵 P 使得 AP 的前若干列成为列向量组的一个极大无关组, 并求相应 AP 的第一广义 QR-分解式, 其中

$$
A = \begin{pmatrix}
2 & 0 & 1 & 1 \\
-1 & -1 & -1 & -1 \\
1 & -1 & 0 & 0 \\
0 & -2 & -1 & -1
\end{pmatrix}.
$$

习题 2　求习题 1 中矩阵 A 的第二广义 QR-分解式.

习题 3　定理 2.2.3 可否推广至非方阵? 试写出结果并加以论证.

2.3　Schur 引理、Hermite 矩阵与正规矩阵

在线性代数中, 一个基本的重要结果就是: 实对称矩阵的特征根都是实数; 实对称矩阵正交相似于实对角阵. 由此引申出一个基本的问题: 如果实矩阵 A 的特征根都是实数, 那么 A 正交相似于实对角阵的标准 (等价条件) 是什么?

解决这个问题的关键是 Schmidt 正交化过程以及如下的**高等代数基本定理**: **任一正次数多项式在复数域中至少有一个根**. 事实上, 使用这个结论并结合归纳法, 可以容易地证明如下引理所包含的著名的 **Schur 引理**.

引理 2.3.1　(1) (Schur 引理) 在复数域 $\mathbb{C}$ 上任意方阵必酉相似于一个上三角矩阵;

(2) 如果实方阵 A 的特征根都是实数, 则 A 正交相似于一个上三角实矩阵.

证明　(1) 对于 A 的阶数 n 用归纳法.

当 $n = 1$ 时, 结果显然成立.

以下假设 $n > 1$, 并假设 $n-1$ 情形已成立. 对于 A_n, 任意取 A 的一个特征值 λ_1, 根据假设应有 $\lambda_1 \in \mathbb{F}$, 因而存在 $\mathbb{F}^{n \times 1}$ 中的单位列向量 α_1, 使得 $A\alpha_1 = \lambda_1 \alpha_1$. 将 α_1 补足为 $\mathbb{F}^n$ 的一个标准正交基 $\alpha_1, \alpha_2, \cdots, \alpha_n$. 令

$$T = (\alpha_1, \alpha_2, \cdots, \alpha_n).$$

则 T 是一个酉阵, 且有

$$
\begin{aligned}
AT &= (\lambda_1 \alpha_1, A\alpha_2, \cdots, A\alpha_n) \\
&= (\alpha_1, \alpha_2, \cdots, \alpha_n) \begin{pmatrix} \lambda_1 & b_{12} & \cdots & b_{1n} \\ 0 & & & \\ \vdots & & A_1 & \\ 0 & & & \end{pmatrix} = TB.
\end{aligned}
$$

于是有 $T^{-1}AT = B$, 其中 T 是一个酉阵. 注意到

$$\det(xE - A) = (x - \lambda_1) \cdot \det(xE - A_1),$$

根据归纳假设知 A_1 的特征根都在 $\mathbb{F}$ 中; 依据归纳假设, 对于 $n-1$ 阶方阵 A_1, 已经存在 $n-1$ 阶酉阵 S 使得 $S^{-1}A_1S$ 成为上三角矩阵. 令 $U = \begin{pmatrix} 1 & 0 \\ 0 & S \end{pmatrix}$. 容易验证 U 是一个 n 阶酉阵, 且

$$
U^{-1}BU = \begin{pmatrix} \lambda_1 & c_{12} & \cdots & & c_{1n} \\ 0 & & & & \\ \vdots & & S^{-1}A_1S & & \\ 0 & & & & \end{pmatrix} = \begin{pmatrix} \lambda_1 & c_{12} & \cdots & c_{1,\,n-1} & c_{1n} \\ 0 & \lambda_2 & \cdots & c_{2,\,n-1} & c_{2n} \\ \vdots & \vdots & \ddots & \vdots & \vdots \\ 0 & 0 & \cdots & \lambda_{n-1} & c_{n-1,\,n} \\ 0 & 0 & \cdots & 0 & \lambda_n \end{pmatrix}
$$

是一个上三角矩阵. 这就证明了 $A \sim U$ 是上三角矩阵.

(2) 在 (1) 的论证过程中, 将 $\mathbb{C}$ 改为 $\mathbb{R}$. 由于已经假设实对称阵 A 的特征值都是实数, 相应特征向量自然也取为实向量, 从而酉阵变成了正交阵.　　□

现在可以使用 Schur 引理推出如下的 **正规矩阵基本定理**.

定理 2.3.2　(1) (正规阵基本定理) 复数域上的方阵 A 酉相似于对角阵, 当且仅当 A 是正规矩阵, 即 A 满足 $AA^* = A^*A$;

(2) (实对称阵基本定理) 对于 n 阶实方阵 A, 以下条件等价:

(1) A 正交相似于一个对角阵.

(2) A 是实对称矩阵.

(3) A 的特征根全是实数, 且 $A^{\mathrm{T}}A = AA^{\mathrm{T}}$.

证明 (1) $\Longrightarrow$ 直接计算即得 $\overline{A}^{\mathrm{T}}A = A\overline{A}^{\mathrm{T}}$. 事实上归结为验证 $a\bar{a} = \bar{a}a$ 的问题, 而这是显然成立的.

$\Longleftarrow$ 假设 A 是正规矩阵, 亦即满足 $A\overline{A}^{\mathrm{T}} = \overline{A}^{\mathrm{T}}A$. 根据 Schur 引理, 存在酉阵 U 使得 $U^*AU = (a_{ij})$ 为上三角矩阵. 此时 $U^* \cdot \overline{A}^{\mathrm{T}} \cdot U$ 是一个下三角矩阵, 其 (i,j) 位置元素为 $\overline{a_{ji}}$ 且有

$$(U^*AU) \cdot (U^*\overline{A}^{\mathrm{T}}U) = (U^*\overline{A}^{\mathrm{T}}U) \cdot (U^*AU).$$

考虑两端 $(1,1)$ 位置元素的相等关系, 得到 $\sum_{i=1}^{n} a_{1i}\overline{a_{1i}} = \overline{a_{11}}a_{11}$, 从而得到

$$a_{1i} = 0, \quad \forall 2 \leqslant i \leqslant n.$$

然后考虑两端 $(2,2)$ 位置元素的相等关系, 得到

$$a_{2i} = 0, \quad \forall 3 \leqslant i \leqslant n.$$

继续这一过程, 最终得知 U^*AU 是一个对角阵.

(2) 证明过程类似于 (1), 故略去详细说明. $\square$

如果实方阵 A 是正交矩阵或者是对称的, 则 A 显然满足等式 $AA^* = A^*A$; 因此, 实对称矩阵与正交矩阵均是正规矩阵 (normal matrix); 当然实的反对称阵是正规矩阵, 酉阵也是. 注意到如果矩阵 H 使得 $H = H^*$ 成立, 则它当然也满足等式 $HH^* = H^*H$. 使得 $H = H^*$ 成立的矩阵叫作 **Hermite 矩阵**, 它是实对称阵在复数域上的推广.

下面将实对称阵、正交阵的特征根的特性加以推广.

命题 2.3.3 (1) Hermite 矩阵的特征根都是实数;

(2) 酉阵的特征根模长恒为 1.

证明 假设 A 是一给定的方阵, 假设非零复向量 α 与复数 λ 使得 $A\alpha = \lambda\alpha$, 则有 $\overline{\lambda}\alpha^* = \overline{\lambda\alpha}^{\mathrm{T}} = (A\alpha)^* = \alpha^*A^*$.

(1) 如果 A 是 Hermite 的, 则有 $\overline{\lambda}\alpha^* = (\lambda\alpha)^* = \alpha^*A$. 然后对于上式两端右乘以 α. 因为矩阵的乘法满足结合律, 所以得到

$$\overline{\lambda} \cdot ||\alpha||^2 = \overline{\lambda} \cdot \overline{\alpha}^{\mathrm{T}}\alpha = \overline{\alpha}^{\mathrm{T}}(\overline{\lambda}\alpha) = \overline{\alpha}^{\mathrm{T}}(A\alpha) = \lambda \cdot ||\alpha||^2,$$

从而由 $||\alpha||^2 > 0$ 得到 $\overline{\lambda} = \lambda$, 因此 λ 是实数.

(2) 如果 A 是酉阵, 则有

$$|\lambda|^2 \cdot ||\alpha||^2 = (\lambda\alpha)^* \cdot (\lambda\alpha) = (A\alpha)^* \cdot (A\alpha) = \alpha^*(A^*A)\alpha = ||\alpha||^2,$$

因此有 $|\lambda|^2 = 1$, 从而 λ 形为 $\cos(\theta) + i\sin(\theta)$. 　　　　□

　　正规矩阵的属于不同特征值的特征向量是正交的. 这一性质是实对称矩阵相应性质的推广, 但是其推理过程难度增加不少.

　　命题 2.3.4　如果 λ 与 μ 是正规矩阵 A 的不同特征值, 而 α, β 分别是 λ, μ 的相应特征向量, 则有 $[\beta, \alpha] =: \beta^\star \alpha = 0$.

　　证明　首先由于 A 是正规矩阵, 所以有

$$(\lambda E - A)^\star (\lambda E - A) = (\lambda E - A)(\lambda E - A)^\star.$$

根据假设条件, $(\lambda E - A)\alpha = 0$, 因此进一步可以得到

$$0 = [(\lambda E - A)(\lambda E - A)^\star](\alpha),$$

从而有

$$0 = \alpha^\star \cdot [(\lambda E - A)(\lambda E - A)^\star](\alpha) = ||(\lambda E - A)^\star(\alpha)||^2;$$

进而得 $(\lambda E - A)^\star(\alpha) = 0$, 即 $A^\star \alpha = \bar\lambda \alpha$. 这表明, 对于正规矩阵 A, $A\alpha = \lambda\alpha$ 蕴涵了 $A^\star \alpha = \bar\lambda \alpha$.

　　由 $A^\star \alpha = \bar\lambda \alpha$ 得到

$$\bar\mu \cdot \beta^\star \alpha = (A\beta)^\star \alpha = \beta^\star(A^\star \alpha) = \beta^\star \cdot (\bar\lambda \alpha) = \bar\lambda \cdot (\beta^\star \alpha),$$

从而 $\beta^\star \alpha = 0$. 　　　　□

　　注记: Schur 分解定理的算法实现.

　　以下假设 $\mathbb{F} = \mathbb{R}$ 或 $\mathbb{F} = \mathbb{C}$. 假设 $f(x) =: \det(xE - A) = \prod_{j=1}^r (x - \lambda_j)^{s_j}$, 其中 $\lambda_i \neq \lambda_j, \forall i \neq j, \lambda_j \in \mathbb{F}$.

　　第一步骤: 对于 $\lambda = \lambda_1$, 使用基础解系基本定理以及正交化、单位化过程, 解出 $(\lambda E - A)X = 0$ 在 $\mathbb{F}^{n\times 1}$ 中的一个标准基础解系, 设为 $\alpha_{11}, \ldots, \alpha_{1s}$ (其中 $s = n - r(\lambda_1 E - A)$). 然后求解 $B^\star X = 0$ $(B = (\alpha_{11}, \ldots, a_{1s}))$ 的一个标准基础解系 $\alpha_{1s+1}, \ldots, \alpha_{1n}$, 后者可由 $(\lambda E - A)^\star$ 的列向量组的一个极大无关子组经过正交化、单位化后得到, 这是因为 $(\lambda E - A)(\alpha_{11}, \ldots, \alpha_{1s}) = 0$, 因此

$$0 = B^\star(\lambda E - A)^\star = \left(B^\star \cdot (\lambda E - A)^\star(1), \ldots, B^\star \cdot (\lambda E - A)^\star(n) \right).$$

命 $Q_1 = (\alpha_{11}, \ldots, \alpha_{1n})$, 则 Q_1 是一个酉阵, 且使得

$$Q_1^{-1}AQ_1 = \begin{pmatrix} \lambda_1 E_s & B \\ 0 & A_1 \end{pmatrix}.$$

如何求解其中的 B, A_1 呢? 由于 $AQ_1 = Q_1 \begin{pmatrix} \lambda_1 E_s & B \\ 0 & A_1 \end{pmatrix}$, 故有

$$A(\alpha_{1s+1}, \ldots, \alpha_{1n}) = Q_1 \begin{pmatrix} B \\ A_1 \end{pmatrix}, \quad \therefore \begin{pmatrix} B \\ A_1 \end{pmatrix} = (Q_1^\star A) \cdot (\alpha_{1s+1}, \ldots, \alpha_{1n}).$$

根据已知结果"几何重数不超过代数重数", 我们有 $s \leqslant s_1$. 如果 $s < s_1$, 则 λ_1 仍为 A_1 的特征根. 对于 A_1, 应先讨论 λ_1 的相应单位特征向量; 重复上述计算, 得到 $n - s$ 阶酉阵 K_1 使得

$$K_1^\star A_1 K_1 = \begin{pmatrix} \lambda_1 E_m & D_2 \\ 0 & D_1 \end{pmatrix}, \quad \text{其中 } m = (n - s) - r(\lambda_1 E - A_1).$$

再命 $H_1 = \begin{pmatrix} E_s & \\ & K_1 \end{pmatrix}$, 则 H_1 是酉阵, 使得

$$(Q_1 H_1)^{-1} A (Q_1 H_1) = \begin{pmatrix} \lambda_1 E_s & B_{11} & B_{12} \\ 0 & \lambda_1 E_m & D_2 \\ 0 & 0 & D_1 \end{pmatrix}.$$

如果 $s + m < s_1$, 则对于 D_1 重复对于 A 的操作. 也许需要数次重复对于 A 的前述操作过程, 最后得到第一个酉阵 U_1 使得 $U_1^{-1} A U_1 = \begin{pmatrix} \lambda_1 E_{s_1} + L_1 & B \\ 0 & A_{11} \end{pmatrix}$, 其中 L_1 是一个主对角线元素全为零的上三角阵. 现在, A_{11} 不以 λ_1 为特征根.

第二步骤: 命 $t = n - s_1$. 对于 t 阶矩阵 A_{11} 的特征值 $\lambda =: \lambda_2$, 重复刚才讨论, 得到 t 阶酉阵 Q_2, 使得 $Q_2^{-1} A_{11} Q_2 = \begin{pmatrix} \lambda_2 E_{s_2} + L_2 & C \\ 0 & A_2 \end{pmatrix}$, 其中 L_2 与 L_1 有相同的性质. 命 $U_2 = \begin{pmatrix} E_{s_1} & 0 \\ 0 & Q_2 \end{pmatrix}$, 则 U_2 是一个 n 阶酉阵, 它使得

$$(U_1 U_2)^{-1} A (U_1 U_2) = \begin{pmatrix} \lambda_1 E_{s_1} + L_1 & B_1 & B_2 \\ 0 & \lambda_2 E_{s_2} + L_2 & C \\ 0 & 0 & A_2 \end{pmatrix}.$$

第三步骤: 对于 A_2 的特征值 λ_3, 重复第一步讨论; 构造 n 阶新酉阵 U_3 时参考第二步.

如此继续下去, r 步后即得所求酉阵 $U = U_1 \cdots U_r$ (r 个酉阵之积, 仍为酉阵. 其中每个 U_j 仍可能是多个酉阵之积), 且使得 $U^{-1} A U$ 是一个上三角矩阵

$$U^{-1} A U = \begin{pmatrix} \lambda_1 E_{s_1} + L_1 & * & * & * & * \\ 0 & \lambda_2 E_{s_2} + L_2 & * & * & * \\ \vdots & & & \ddots & \\ 0 & 0 & \cdots & & \lambda_r E_{s_r} + L_r \end{pmatrix},$$

其中 L_j 均是对角线元素全为零的 s_j 阶的上三角矩阵. $\quad\square$

习题与扩展内容

习题 1 求证: 实方矩阵 A 正交相似于一个对角矩阵, 当且仅当 $AA^{\mathrm{T}} = A^{\mathrm{T}}A$, 而且 A 的特征根全是实数.

习题 2 求证: 实方阵 B 是一个镜面反射矩阵, 当且仅当 B 正交相似于对角阵 $\mathrm{diag}\{-1, E\}$.

习题 3 求证: 正交矩阵 U_n 正交相似于一个对角阵, 当且仅当存在欧氏空间 $\mathbb{R}^n$ 的一个标准正交向量组 $\alpha_1, \cdots, \alpha_r$, 使得 $A = E - 2\left(\sum\limits_{i=1}^{r} \alpha_i \alpha_i^t\right)$.

习题 4 求证: 正交相似于对角阵的反对称实阵只有一个, 即零矩阵.

习题 5 假设数域 $\mathbb{F}$ 具有如下性质: $\forall c \in \mathbb{C}, c \in \mathbb{F} \Longleftrightarrow \bar{c} \in \mathbb{F}$. 假设 $\mathbb{F}$ 上的矩阵 A 的特征根全在 $\mathbb{F}$ 中. 试查看以下结论是否正确:

(1) 存在 $\mathbb{F}$ 上的酉阵 U, 使得 U^*AU 为上三角矩阵;

(2) A 在 $\mathbb{F}$ 上酉相似于一个对角阵, 当且仅当 A 是正规矩阵.

习题 6* 是否所有数域都有习题 5 中提到的性质? 可否寻找尽量多的具有该性质的数域?

习题 7 对于 $\mathbb{F}$ 上的 n 维线性空间 V, 取定一个基 $\alpha_1, \alpha_2, \cdots, \alpha_n$, 并将 $_{\mathbb{F}}V$ 到 $_{\mathbb{F}}\mathbb{F}$ 的线性映射全体记为 V^*, 即有 $V^* =: \mathrm{Hom}_{\mathbb{F}}(V, \mathbb{F})$. 求证: $_{\mathbb{F}}V^*$ 也是线性空间, 且以 $\varphi_1, \varphi_2, \cdots, \varphi_n$ 为一个基, 其中 $\varphi_i(\alpha_j) = \delta_{ji}$. 称 $\varphi_1, \varphi_2, \cdots, \varphi_n$ 是 V^* 的对应于 $\alpha_1, \alpha_2, \cdots, \alpha_n$ 的基. V^* 叫作 V 的对偶空间.

习题 8 假设 $_{\mathbb{F}}W$ 是 V 的一个线性子空间, 且以 $\beta_1, \beta_2, \cdots, \beta_m$ 为一个基; 并假设 $\psi_1, \psi_2, \cdots, \psi_m$ 是 $_{\mathbb{F}}W^*$ 的对应于 $\beta_1, \beta_2, \cdots, \beta_m$ 的基. 进一步假设线性映射 $\sigma: V \to W$ 由

$$\sigma(\alpha_1, \alpha_2, \cdots, \alpha_n) = (\beta_1, \beta_2, \cdots, \beta_m)A_{m \times n}$$

确定. 试验证: 如下定义的 σ^* 是线性映射:

$$\sigma^*: W^* \to V^*, \quad f \mapsto f \cdot \sigma,$$

而且有

$$\sigma^*(\psi_1, \psi_2, \cdots, \psi_m) = (\varphi_1, \varphi_2, \cdots, \varphi_n)A^{\mathrm{T}}.$$

(这给出了矩阵转置运算的一种几何解释.)

习题 9 (1) 对于有限维线性空间 $_{\mathbb{F}}V$, 根据习题 8 的结论有 $_{\mathbb{F}}V \cong_{\mathbb{F}} V^*$. 试验证: 线性映射

$$**: V \to V^{**}, \quad v \mapsto v^{**}$$

是一个线性同构映射, 其中

$$v^{**}(f) = f(v), \quad \forall f \in V^*;$$

(2) 对于无限维线性空间 V (例如, $V = \mathbb{F}[x]$), (1) 中的映射 $**$ 是双射吗?

习题 10 对于 $\mathbb{F}$ 上的 n^2 维线性空间 $M_n(\mathbb{F})$, 证明其对偶空间 $M_n(\mathbb{F})^*$ 有如下的一个一维子空间

$$W := \{\varphi \in M_n(\mathbb{F})^* \mid \varphi(XY) = \varphi(YX), \forall X, Y \in M_n(\mathbb{F})\},$$

并证明 W 以迹函数 tr 为基, 即 $W = \mathbb{F} \cdot \text{tr}$.

习题 11 假设 $A_n \in \mathbb{M}_n(\mathbb{C})$ 的全部特征根是 $\lambda_1, \cdots, \lambda_n$. 试使用 Schur 引理证明: $\sum\limits_{j=1}^{n} |\lambda_j|^2 \leqslant \sum\limits_{i,j=1}^{n} |a_{ij}|^2 = \text{tr}(AA^\star)$. 进一步说明, 等式成立当且仅当 A 酉相似于一个对角阵.

习题 12 假设 A 满足 $A^2 = AA^\star$ (或 $A^2 = A^\star A$). 试使用 Schur 引理求证: A 必为 Hermite 矩阵.

习题 13 对于 $\mathbb{F}$ 上矩阵 A_n, 假设 $\text{Spec}(A) = \{\lambda_1, \lambda_2, \ldots, \lambda_n\}$, 即假设 A 的特征根全体为 $\lambda_1, \ldots, \lambda_n$.

(1) (命题 1.2.8) 对于 $\mathbb{F}$ 上的 m 次多项式 $g(x)$, 试使用 Schur 引理求证:

$$\text{Spec}\, g(A) = \{\, g(\lambda_1), g(\lambda_2), \ldots, g(\lambda_n) \,\}.$$

(2) 如果 A 可逆, 试使用 Schur 引理求证: $\text{Spec}(A^{-1}) = \left\{\dfrac{1}{\lambda_1}, \dfrac{1}{\lambda_2}, \ldots, \dfrac{1}{\lambda_n}\right\}$.

2.4 正规矩阵与实对称矩阵的谱分解

作为正规矩阵基本定理的一个重要应用, 下面提供正规矩阵的一种分解式. 这种分解式很好地解释了正规矩阵与 Hermite 矩阵之间的关系.

推论 2.4.1 (谱分解) 方阵 A 是正规矩阵, 当且仅当存在非零数 $\lambda_1, \cdots, \lambda_u$ 以及 Hermite 的 1 秩矩阵 $H_1, \cdots, H_u$, 使得

$$A = \lambda_1 H_1 + \cdots + \lambda_u H_u, \quad H_i H_j = \delta_{ij} H_i, \quad \forall i, j.$$

证明 $\Longleftarrow$ 此时, $AA^\star = (\lambda_1 \overline{\lambda_1}) H_1 + \cdots + (\lambda_u \overline{\lambda_u}) H_u = A^\star A$, 因此这样的矩阵 A 是正规矩阵.

$\Longrightarrow$ 根据正规矩阵基本定理, 存在酉阵 $U = (\alpha_1, \cdots, \alpha_n)$ 使得

$$U^\star A U = \text{diag}\{\lambda_1, \cdots, \lambda_u, 0, \cdots, 0\},$$

其中 $\lambda_1, \cdots, \lambda_u$ 是 A 的全部非零特征值, 则有 $A\alpha_i = \lambda_i \alpha_i$. 若命 $H_i = \alpha_i \alpha_i^\star$, 有

$$H_i H_j = \delta_{ij} H_i, \quad \forall i, j; \quad H_i^\star = H_i;$$

$$A = (\alpha_1, \cdots, \alpha_n) \begin{pmatrix} \lambda_1 & & & & & \\ & \ddots & & & & \\ & & \lambda_u & & & \\ & & & 0 & & \\ & & & & \ddots & \\ & & & & & 0 \end{pmatrix} \begin{pmatrix} \alpha_1^\star \\ \vdots \\ \alpha_n^\star \end{pmatrix}$$

$$= \lambda_1 H_1 + \cdots + \lambda_u H_u.　　　　　　　　　　\square$$

正规矩阵的谱分解有着许多的美好应用. 下面提供一种在计算上的应用.

推论 2.4.2　如果正规矩阵 A 的谱分解式为 $A = \lambda_1 H_1 + \cdots + \lambda_u H_u$, 记 $A_0 = E - \sum\limits_{i=1}^{u} H_i$, 则 A_0 是幂等的 Hermite 矩阵. 对于任一多项式 $f(x)$, 有

$$f(A) = f(\lambda_1) H_1 + \cdots + f(\lambda_u) H_u + f(0) A_0,$$

其中 $A_0 = 0$ 当且仅当 A 可逆.

证明　注意到 $A^2 = \lambda_1^2 H_1 + \cdots + \lambda_u^2 H_u$, 所以有

$$f(A) = \sum_{i=1}^{r} f(\lambda_i) H_i + f(0) \left(E - \sum_{i=1}^{u} H_i \right).$$

第二句话的验证参见命题 2.4.3 的证明过程 (2).　　　　　　　　　　　　　$\square$

对于方阵 $A \in M_n(\mathbb{F})$, 其特征根组成的 n 元族 (family) 叫作 A 的**谱** (spectrum), 并记之为 $\mathrm{Spe}(A)$. 例如, 四阶对角矩阵 $\mathrm{diag}\{1, 1, 2, 2\}$ 的谱为四元族 $\mathrm{Spe}(A) = \{1, 1, 2, 2\}$, 它含有四个元素. 如果将其看作集合, 则它只含有两个元素. 称

$$\rho(A) = \max_{\lambda \in \mathrm{Spe}(A)} |\lambda|$$

为 A 的**谱半径**.

由上述两个推论可以看出, 在某种意义下, 推论 2.4.1 给出的分解式主要是由正规矩阵的谱所确定的.

如果进一步要求分解的唯一性, 则需要以特征值为主合并分解式中的一些 H_i 项, 得到的分解式称为**块谱分解**.

命题 2.4.3　(1) 任意 n 阶正规矩阵 A 有唯一的 (不考虑先后次序) 如下分解式:

$$A = \lambda_1 A_1 + \lambda_2 A_2 + \cdots + \lambda_r A_r,$$

其中

$$\lambda_j \neq \lambda_i \neq 0, \quad r(A_i) \geqslant 1, \quad A_i^2 = A_i = A_i^\star, \quad A_i A_j = 0, \quad \forall i \neq j.$$

(2) 对于给定的正规矩阵 A, 记

$$\mathbb{C}[A] = \{ g(A) \mid g(x) \in \mathbb{C}[x] \}.$$

则 $\mathbb{C}[A]$ 是 $M_n(\mathbb{C})$ 的有限维交换子代数, 其维数是 A 的特征根的个数.

证明　(1) 假设酉阵 U 使得

$$U^{-1}AU = \mathrm{diag}\{\lambda_1 E_1, \cdots, \lambda_r E_r, 0\},$$

其中 $0 \neq \lambda_i \neq \lambda_j, \forall i \neq j$, 则可命

$$A_1 = U \cdot \mathrm{diag}\{E_1, 0, 0, \cdots, 0, 0, 0\} \cdot U^\star,$$
$$A_2 = U \cdot \mathrm{diag}\{0, E_2, 0, \cdots, 0, 0, 0\} \cdot U^\star,$$
$$\cdots\cdots$$
$$A_r = U \cdot \mathrm{diag}\{0, 0, 0, \cdots, 0, E_r, 0\} \cdot U^\star,$$

然后易得

$$A = \lambda_1 A_1 + \lambda_2 A_2 + \cdots + \lambda_r A_r,$$

其中

$$\lambda_j \neq \lambda_i \neq 0, \quad r(A_i) \geqslant 1, \quad A_i^2 = A_i = A_i^\star, \quad A_i A_j = 0, \quad \forall i \neq j.$$

为了证明上述分解式的唯一性, 首先考虑 A 的非零特征根全部两两互异情形; 此时, 由于 A_i 是 1 秩幂等 Hermite 阵, 根据正规矩阵基本定理可得, $A_i = \alpha_i \overline{\alpha_i}^{\mathrm{T}}$, 其中 $|\alpha_i| = 1$. 此时, 有

$$0 = A_i A_j = [\alpha_i, \alpha_j] \cdot (\alpha_i \overline{\alpha_j}^{\mathrm{T}}),$$

因此 $[\alpha_i, \alpha_j] = 0$. 如果进一步将标准正交向量组 $\alpha_1, \ldots, \alpha_r$ 补成 $\mathbb{C}^{n \times 1}$ 的一个标准正交基, 可知 A 的属于特征值零的特征向量极大无关组含有 $n - r$ 个向量; 而根据假设, $\lambda_1, \ldots, \lambda_r$ 彼此互异, 因此 A 的属于特征值 λ_i 的单位特征向量形为 $k\alpha_i$ (其中 $|k| = 1$), 因此 $(k\alpha_i)(k\alpha_i)^\star = \alpha_i \alpha_i^\star = A_i$, 即 A_i 唯一确定. 这就证明了 A 的满足条件的分解式的唯一性.

一般情形, 对于非零向量 α, 如果 $A_1 \alpha = 1 \cdot \alpha$, 则有 $A_2 \alpha = A_2 A_1 \alpha = 0$, 因此有 $A\alpha = \lambda_1 \alpha$. 反过来, 如果 $A\alpha = \lambda_1 \alpha$, 则有

$$\lambda_1 (A_2 \alpha) = A_2 (A\alpha) = (A_2 A)\alpha = \lambda_2 (A_2 \alpha),$$

因此有 $A_2 \alpha = 0$, 从而得到 $\lambda_1 \alpha = \lambda_1 A_1 \alpha$, 因而 $A_1 \alpha = \alpha$. 这就证明了, 存在特征子空间恒等式 $V_{\lambda_1}^A = V_1^{A_1}$. 根据假设, $A_1^2 = A_1 \neq 0$, 因此 1 是 A_1 的特征

值, 从而 $\lambda_1,\cdots,\lambda_r$ 是 A 的全部互异非零特征值. 这证明了分解式中的 r 以及集合 $\{\lambda_1,\cdots,\lambda_r\}$ 是由 A 唯一确定的. 此外, 由于 $V^A_{\lambda_1} = V^{A_1}_1$, 且正规矩阵的属于不同特征值的特征向量互相正交, 所以可以取定 $V^A_{\lambda_i}$ 的各一个标准正交基, 最后取定 V^A_0 的一个标准正交基. 然后按照先后次序将这些向量分段排列, 得到正交矩阵 U, 使得

$$U^{-1}\mathrm{diag}\{0,\cdots,0,\lambda_i E,0,\cdots,0\}U = -\lambda_i A_i.$$

因此, A_i 是由 A 唯一确定的.

(2) **方法 1**　易于看出结论成立, 即 $\mathbb{C}[A]$ 是数域 $\mathbb{C}$ 上的 n^2 维代数 $M_n(\mathbb{C})$ 的一个有限维交换子代数, 即关于矩阵的加法、数乘、乘法封闭 (关于代数的定义可见3.2 节). 另一方面, 我们可以给出一个详细的维数公式如下.

易见 $A_1,A_2,\cdots,A_r$ 线性无关.

不难算出: 对于 $g(x)\in x\mathbb{C}[x]$, 有 $g(A)=\sum_{i=1}^r g(\lambda_i)A_i$; 对于 $h(x)\in\mathbb{C}[x]$, 有

$$h(A) = \sum_{i=1}^r h(\lambda_i)A_i + h(0)\left(E - \sum_{i=1}^r A_i\right).$$

这表明

$$E,A_1,A_2,\cdots,A_r \overset{l}{\Longrightarrow} \mathbb{C}[A].$$

注意到 E 与 A_i 的特点, 不难看出: $E,A_1,A_2,\cdots,A_r$ 线性相关, 当且仅当

$$A_1,\cdots,A_r \overset{l}{\Longrightarrow} E,$$

当且仅当 $E=\sum_{i=1}^r A_i$, 当且仅当 A 满秩. 所以当 A 满秩时, $A_1,\cdots,A_r$ 是 $\mathbb{C}[A]$ 的一个基; 当 A 不满秩时, $E,A_1,\cdots,A_r$ 是 $\mathbb{C}[A]$ 的一个基.

方法 2　根据 (1) 与上述讨论, 即知

$$E,A_1,\cdots,A_r \overset{l}{\Longrightarrow} \mathbb{C}[A].$$

根据假设 $\lambda_1,\cdots,\lambda_r$ 两两互异, 则由

$$\begin{pmatrix} A \\ A^2 \\ \vdots \\ A^r \end{pmatrix} = \begin{pmatrix} \lambda_1 & \lambda_2 & \cdots & \lambda_r \\ \vdots & \vdots & \ddots & \vdots \\ \lambda_1^{r-1} & \lambda_2^{r-1} & \cdots & \lambda_r^{r-1} \\ \lambda_1^r & \lambda_2^r & \cdots & \lambda_r^r \end{pmatrix}\begin{pmatrix} A_1 \\ A_2 \\ \vdots \\ A_r \end{pmatrix}$$

得知

$$A_1,\cdots,A_r \overset{l}{\Longleftrightarrow} A,A^2,\cdots,A^r.$$

从而, 当 A 满秩时, $E, A, \cdots, A^{r-1}$ 是 $\mathbb{C}[A]$ 的一个基; 而 A 不满秩时

$$E, A, \cdots, A^r$$

是 $\mathbb{C}[A]$ 的一个基. 因此有

$$\dim_{\mathbb{C}}\mathbb{C}[A] = \begin{cases} r, & r(A_n) = n, \\ r+1, & r(A_n) < n, \end{cases}$$

其中 r 是 A 的互异非零特征根的个数. □

对于任意方阵 A, 矩阵 $\frac{1}{2}(A + A^\star)$ 是一个 Hermite 矩阵, 而 $\frac{1}{2}(A - A^\star)$ 是反 Hermite 矩阵; 对于一般的矩阵 $A_{m \times n}$, 矩阵 $AA^\star$ 与 $A^\star A$ 也是 Hermite 矩阵. 前者应用于 Hermite 二次型. 特别地, 对于实矩阵 A 有

$$\alpha^{\mathrm{T}} A \alpha = \alpha^{\mathrm{T}} \left[\frac{1}{2}(A + A^{\mathrm{T}}) \right] \alpha, \quad \forall \alpha \in \mathbb{R}^n.$$

后者构造则将广泛地应用于 2.5 节的讨论中.

习题与扩展内容

习题 1 求实对称阵 A 的谱分解和唯一的块谱分解:

$$A = \begin{pmatrix} 1 & 2 & 2 \\ 2 & 1 & 2 \\ 2 & 2 & 1 \end{pmatrix}.$$

习题 2 详细解释命题 2.4.3 证明过程中, (2) 的第一个方法里几个当且仅当为什么成立.

习题 3* 何时 A^2 是正规矩阵?

习题 4 对于三线对角的方阵 A_n, 求证: 如果 A 正规, 则有 $|a_{i+1,i}| = |a_{i,i+1}|$, $\forall 1 \leqslant i \leqslant n-1$.

习题 5 假设正规矩阵 $A \in M_n(\mathbb{F})$ 的特征根两两互异.

(1) 求证: 任意满足 $AB = BA$ 的矩阵 B 也正规;

(2) 若记 $\mathbb{C}(A) = \{B \in M_n(\mathbb{F}) \mid AB = BA\}$, 求证: $\mathbb{C}(A)$ 是数域 $\mathbb{F}$ 上的 n 维线性空间, 且是 $\mathbb{F}$ 上代数 $M_n(\mathbb{F})$ 的子代数, 即它关于矩阵的三种运算 (加法、数乘、乘法) 封闭, 且至少含有 $0, E$.

习题 6* (1) 求证 A_n 是 Hermite 矩阵, 当且仅当 $\mathrm{tr}\,(A^2) = \mathrm{tr}\,(A^\star A)$;

(2) 对于两个同阶 Hermite 矩阵 A, B, 求证

$$AB = BA \Longleftrightarrow \mathrm{tr}\,(AB)^2 = \mathrm{tr}\,(A^2 B^2).$$

2.5 最小二乘法与矩阵的奇异值分解

引理 2.5.1 (最小二乘解的基本原理) 假设 W 是内积空间 V 的一个子空间. 则对于两个给定的向量 $\beta \in V$, $\alpha \in W$, $(\beta - \alpha) \perp W$ 成立, 当且仅当对于所有的 $\delta \in W$, 恒有 $||\beta - \alpha|| \leqslant ||\beta - \delta||$.

证明 $\Longrightarrow$ 假设 $(\beta - \alpha) \perp W$. 对于任意 $\delta \in W$, 有 $\alpha - \delta \in W$, 从而由 $\beta - \delta = (\beta - \alpha) + (\alpha - \delta)$ 得到

$$||\beta - \delta||^2 = [\beta - \delta, \beta - \delta] = [\beta - \alpha, \beta - \alpha] + [\alpha - \delta, \alpha - \delta] \geqslant [\beta - \alpha, \beta - \alpha] = ||\beta - \alpha||^2.$$

$\Longleftarrow$ 反设向量 $\beta \in V$, $\alpha \in W$ 使得 $(\beta - \alpha) \perp W$ 不成立, 即 $\beta - \alpha$ 不垂直于 W. 假设在分解式

$$V = W \oplus W^\perp$$

中有 $\beta = \beta_1 + \beta_2$, 其中 $\beta_1 \in W$, $\beta_2 \in W^\perp$. 注意到 $\beta_1 - \alpha \in W$, $\beta - \alpha = (\beta_1 - \alpha) + \beta_2$. 因为 $\beta - \alpha$ 不垂直于 W, 故有 $\beta_1 - \alpha \neq 0$, 从而有

$$||\beta - \alpha||^2 = [\beta - \alpha, \beta - \alpha] = [(\beta_1 - \alpha) + \beta_2, (\beta_1 - \alpha) + \beta_2] = ||\beta_1 - \alpha||^2 + ||\beta_2||^2.$$

因为 $\beta_2 = \beta - \beta_1$, 所以 $||\beta - \alpha|| > ||\beta_2|| = ||\beta - \beta_1||$ $(\beta_1 \in W)$, 与所给条件矛盾. $\qquad \square$

命题 2.5.2 (最小二乘解的存在性) 假设 $A \in \mathbb{F}^{m \times n}$ 是给定矩阵, 而 β 是 m 维列向量. 则有

(1) $r(A^\star A) = r(A) = r(AA^\star)$;

(2) 方程组 $(A^\star A)X = A^\star \beta$ 恒有解, 其解叫作方程组 $AX = \beta$ 的**最小二乘解** (the least square sum solution);

(3) 进一步假设

$$W = L(\alpha_1, \cdots, \alpha_n) =: \left\{ \sum_{i=1}^{n} k_i \alpha_i \ \middle| \ k_i \in \mathbb{F} \right\},$$

其中 $(\alpha_1, \cdots, \alpha_n) = A$, 则对于 $AX = \beta$ 的任一最小二乘解 $(k_1, \cdots, k_n)^{\mathrm{T}}$, 有

$$\left(\beta - \sum_{i=1}^{n} k_i \alpha_i \right) \perp W \quad (\text{最小二乘解的几何意义}).$$

证明 为了书写简便, 以下假设 A 与 β 都是实矩阵.

(1) 如果能够证明方程组 $AX = 0$ 与方程组 $(A^{\mathrm{T}}A)X = 0$ 在 $\mathbb{R}^{n \times 1}$ 中有相同的实解, 根据齐次线性方程组的基本定理, 则有

$$n - r(A) = n - r(A^{\mathrm{T}}A).$$

当然, $AX = 0$ 的实解都是 $(A^{\mathrm{T}}A)X = 0$ 的解. 反过来, 如果实向量 γ 满足 $A^{\mathrm{T}}A\gamma = 0$, 则有

$$\|A\gamma\|^2 = (A\gamma)^{\mathrm{T}}(A\gamma) = \gamma^{\mathrm{T}}(A^{\mathrm{T}}A\gamma) = 0.$$

由于 $A\gamma$ 是实向量, 所以 $0 = \|A\gamma\|^2$ 蕴涵了 $A\gamma = 0$. 这就证明了 $AX = 0$ 与 $A^{\mathrm{T}}AX = 0$ 有相同的解向量空间.

(2) 方程组 $(A^{\mathrm{T}}A)X = A^{\mathrm{T}}\beta$ 有解 $\Longleftrightarrow$ 系数矩阵的秩等于增广矩阵的秩, 即 $r(A^{\mathrm{T}}A, A^{\mathrm{T}}\beta) = r(A^{\mathrm{T}}A)$. 从二矩阵的列秩易见 $r(A^{\mathrm{T}}A, A^{\mathrm{T}}\beta) \geqslant r(A^{\mathrm{T}}A)$. 反过来, 由于 $(A^{\mathrm{T}}A, A^{\mathrm{T}}\beta) = A^{\mathrm{T}}(A, \beta)$, 所以有

$$r(A^{\mathrm{T}}A, A^{\mathrm{T}}\beta) \leqslant r(A^{\mathrm{T}}) = r(A) = r(A^{\mathrm{T}}A).$$

由此得到 $r(A^{\mathrm{T}}A, A^{\mathrm{T}}\beta) = r(A^{\mathrm{T}}A)$. 注意: 方程组 $(A^{\mathrm{T}}A)X = A^{\mathrm{T}}\beta$ 有唯一的解, 当且仅当 $r(A^{\mathrm{T}}A) = n$, 即 $r(A_{m \times n}) = n$.

(3) 假设 $A = (\alpha_1, \alpha_2, \cdots, \alpha_n)$, 其中 $\alpha_i \in \mathbb{R}^{m \times 1}(i = 1, 2, \cdots, n)$. 方程组 $Ax = \beta$ 有解即意味着存在 $l_1, \cdots, l_n \in \mathbb{R}$ 使得 $\beta = \sum\limits_{i=1}^{n} l_i \alpha_i$.

一般地, 方程组 $Ax = \beta$ 未必有解. 若用 $L(\alpha_1, \cdots, \alpha_n)$ 表示由 $\alpha_1, \cdots, \alpha_n$ 在 $\mathbb{R}^{m \times 1}$ 中生成的子空间, 即

$$L(\alpha_1, \cdots, \alpha_n) = \left\{ \sum_{i=1}^{n} l_i \alpha_i \ \middle|\ l_i \in \mathbb{R} \right\},$$

则 $Ax = \beta$ 无解等价于 β 不在超平面 $L(\alpha_1, \cdots, \alpha_n)$ 中. 假设 $X_0 = (k_1, \cdots, k_n)^{\mathrm{T}}$ 是 $A^{\mathrm{T}}AX = A^{\mathrm{T}}\beta$ 的一个实解, 则有

$$A^{\mathrm{T}}(\beta - (k_1\alpha_1 + \cdots + k_n\alpha_n)) = 0.$$

记 $\gamma = k_1\alpha_1 + \cdots + k_n\alpha_n$, 则有 $\gamma \in L(\alpha_1, \cdots, \alpha_n)$, 且有

$$\begin{pmatrix} 0 \\ 0 \\ \vdots \\ 0 \end{pmatrix} = A^{\mathrm{T}}(\beta - \gamma) = \begin{pmatrix} \alpha_1^{\mathrm{T}} \\ \alpha_2^{\mathrm{T}} \\ \vdots \\ \alpha_n^{\mathrm{T}} \end{pmatrix} (\beta - \gamma) = \begin{pmatrix} \alpha_1^{\mathrm{T}}(\beta - \gamma) \\ \alpha_2^{\mathrm{T}}(\beta - \gamma) \\ \vdots \\ \alpha_n^{\mathrm{T}}(\beta - \gamma) \end{pmatrix}.$$

从而 $\beta - \gamma$ 与 α_i $(i = 1, 2, \cdots, n)$ 垂直, 即 $(\beta - \gamma) \perp L(\alpha_1, \cdots, \alpha_n)$.

因此最小二乘解 $X_0 = (k_1, \cdots, k_n)^{\mathrm{T}}$ 使得向量 β 与该超平面上的向量

$$\gamma = k_1\alpha_1 + \cdots + k_n\alpha_n \in W =: L(\alpha_1, \cdots, \alpha_n)$$

之差垂直于 W 中所有向量 (图 2.5.1). $\qquad\qquad\qquad\qquad\qquad\qquad\qquad$ $\square$

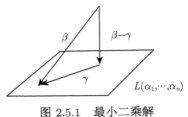

图 2.5.1 最小二乘解

关于最小二乘解的公式解, 可参见定理 2.6.3.

例 2.5.3 求下列方程组的最小二乘解:

$$\begin{cases} 0.39x - 1.89y = 1, \\ 0.61x - 1.80y = 1, \\ 0.93x - 1.68y = 1, \\ 1.35x - 1.50y = 1. \end{cases} \tag{5}$$

解 令 $A = (\alpha, \beta) = \begin{pmatrix} 0.39 & -1.89 \\ 0.61 & -1.80 \\ 0.93 & -1.68 \\ 1.35 & -1.50 \end{pmatrix}, B = \begin{pmatrix} 1 \\ 1 \\ 1 \\ 1 \end{pmatrix}, X = \begin{pmatrix} x \\ y \end{pmatrix}, Y = AX.$

方程组 $AX = B$ 的最小二乘解的几何意义就是求出 $X = X_0$, 使得 $Y_0 = AX_0$ 是 B 在子空间 $L(\alpha, \beta)$ 上的内射影. 此时 $(B - Y_0) \perp L(\alpha, \beta)$, $|B - Y_0|^2$ 是列向量 B 到 $L(\alpha, \beta)$ 的最短距离的平方.

为了求 X_0, 令

$$0 = [\alpha, B - Y] = \alpha^{\mathrm{T}}(B - Y), \quad 0 = \beta^{\mathrm{T}}(B - Y),$$

得到 $A^{\mathrm{T}}AX = A^{\mathrm{T}}B$. 求解得到

$$X = (A^{\mathrm{T}}A)^{-1}(A^{\mathrm{T}}B) = \begin{pmatrix} 0.197 \\ -0.488 \end{pmatrix}. \qquad \Box$$

为了证明奇异值分解 (singular value decomposition, SVD) 定理, 我们还需要以下简单事实.

引理 2.5.4 对于任意矩阵 $A_{m \times n}$, 方阵 $AA^\star$ 与 $A^\star A$ 的特征值均为非负实数.

证明 假设 $AA^\star \alpha = \lambda \alpha$ $(0 \neq \alpha \in \mathbb{C}^{m \times 1}, 0 \neq \lambda \in \mathbb{C})$. 则有

$$0 < \|A^\star \alpha\|^2 = (\alpha^\star A)(A^\star \alpha) = \lambda \cdot \|\alpha\|^2, \quad \|\alpha\|^2 > 0,$$

所以有 $\lambda > 0$. $\Box$

定理 2.5.5 (奇异值分解) 对于 $A_{m\times n}$ 存在酉阵 U_m, W_n 以及形式上的块准对角阵

$$S_{m\times n} = \begin{pmatrix} \Lambda & 0 \\ 0 & 0 \end{pmatrix} \quad (\Lambda_r = \mathrm{diag}\{\sigma_1, \cdots, \sigma_r\}),$$

使得 $A = USW$, 其中 $\sigma_i > 0$ 是 A 的正奇异值, 即 $\sigma_1^2, \cdots, \sigma_r^2$ 是 $AA^\star$ 的全部非零特征根.

证明 首先, $r(A^\star A) = r(A) = r(AA^\star)$, 进一步假设 $r(A) = r$. 此外, $AA^\star$ 与 $A^\star A$ 均为 Hermite 矩阵, 因此它们的特征根均为实数 (且为非负数), 且二者酉相似于对角阵. 现在假设酉阵 $U_m = (\alpha_1, \cdots, \alpha_m)$ 使得

$$U^{-1}(AA^\star)U = D_m = \mathrm{diag}\{\lambda_1, \cdots, \lambda_r, 0, \cdots, 0\},$$

其中 $\lambda_i > 0$ $(i = 1, 2, \cdots, r)$, 则有 $AA^\star\alpha_i = \lambda_i\alpha_i$, 从而 $A^\star\alpha_i \neq 0$, $\forall 1 \leqslant i \leqslant r$. 进一步还有

$$A^\star A \cdot A^\star\alpha_i = \lambda_i \cdot A^\star\alpha_i, \quad \forall 1 \leqslant i \leqslant r.$$

记 $\beta_i = \dfrac{1}{\sqrt{\lambda_i}}A^\star\alpha_i$, 则 $\beta_1, \cdots, \beta_r$ 是矩阵 $A^\star A$ 的标准正交特征向量组, 分别属于 Hermite 矩阵 $AA^\star$ 的所有非零特征值 $\lambda_1, \cdots, \lambda_r$.

根据基础解系基本定理, 现在假设 $\beta_{r+1}, \cdots, \beta_n$ 是线性方程组 $A^\star AX = 0$ 的基础解系, 并假设它是标准正交组, 则易得 $A\beta_i = 0$, $\forall r + 1 \leqslant i \leqslant n$. 此外, 由于正规矩阵的属于不同特征值的特征向量彼此正交, 所以 n 阶方阵

$$V = (\beta_1, \cdots, \beta_r, \beta_{r+1}, \cdots, \beta_n)$$

是酉阵. 最后, 根据

$$A\beta_i = \frac{1}{\sqrt{\lambda_i}}AA^\star\alpha_i = \sqrt{\lambda_i}\alpha_i, \ 1 \leqslant i \leqslant r,$$

以及

$$A\beta_i = 0, \quad \forall r + 1 \leqslant i \leqslant n$$

得到

$$AV = (A\beta_1, \cdots, A\beta_r, A\beta_{r+1}, \cdots, A\beta_n) = (\sqrt{\lambda_1}\alpha_1, \cdots, \sqrt{\lambda_r}\alpha_r, 0, \cdots, 0) = U \cdot S,$$

其中

$$S = \begin{pmatrix} \Lambda & 0 \\ 0 & 0 \end{pmatrix}, \quad \Lambda = \mathrm{diag}\{\sqrt{\lambda_1}, \cdots, \sqrt{\lambda_r}\} = \mathrm{diag}\{\sigma_1, \cdots, \sigma_r\},$$

从而有 $A = USV^{-1}$. □

注记 1 矩阵的奇异值分解式在数据挖掘、图像处理、人工智能等领域有重要的应用. 奇异值分解式与 Hermite 矩阵以及最小二乘解密切相关.

注记 2　求 $A_{m \times n}$ 的奇异值分解的主要步骤:

(1) 计算 $B = AA^{\star}$;

(2) 求酉阵

$$U = (\alpha_1, \cdots, \alpha_r, \alpha_{r+1}, \cdots, \alpha_m)$$

使得 $U^{-1}BU$ 为对角矩阵 $\mathrm{diag}\{\sigma_1^2, \cdots, \sigma_r^2, 0, \cdots, 0\}$;

(3) 计算出

$$\beta_i =: \frac{1}{\sigma_i} A^{\star} \alpha_i, \quad 1 \leqslant i \leqslant r,$$

再求 $AX = 0$ 的一个标准正交的基础解系, 设为 $\beta_{r+1}, \cdots, \beta_n$;

(4) 命 $V^{\star} = (\beta_1, \cdots, \beta_n)$, 则 V 是一个酉阵, 而且有 $A = U \cdot \begin{pmatrix} \Lambda & 0 \\ 0 & 0 \end{pmatrix}_{m \times n} \cdot V$,

其中 $\Lambda = \mathrm{diag}\{\sigma_1, \cdots, \sigma_r\}$.

注记 3　奇异值分解可用于求广义逆, 从奇异值分解出发还可推导出矩阵的极分解 (polar decomposition); 反之亦然. 详见下一小节的主定理以及 2.7 节的习题 3.

注记 4　从奇异值分解本身以及论证过程可以看出, A 与 $A^{\star}$ 在过程中所扮演的角色旗鼓相当, 结果的呈现也具有高度对称性; 习题 5 提供了进一步的支持证据.

注记 5　关于奇异值分解的几何意义, 可以参见: Austin D. *We Recommend a Singular Value Decomposition.* (http://www.ams.org/publicoutreach/feature-column /fcarc-svd)

习题与扩展内容

习题 1　求矩阵 A 的一个奇异值分解

$$A = \begin{pmatrix} 1 & 1 & 1 & 0 \\ 1 & 0 & 1 & 1 \\ 0 & 1 & 1 & 1 \end{pmatrix}.$$

习题 2*　假设 $A, B \in \mathbb{F}^{m \times n}$. 求证: 矩阵 A 与 B 酉等价, 当且仅当分块矩阵 $\begin{pmatrix} 0 & A \\ A^{\star} & 0 \end{pmatrix}$ 与分块矩阵 $\begin{pmatrix} 0 & B \\ B^{\star} & 0 \end{pmatrix}$ 酉相似.

习题 3　矩阵 $C \in \mathbb{C}^{m \times n}$ 的**列空间** $L(C)$ 是指 C 的列向量生成的线性子空间

$$L(C) =: L(C(1), \cdots, C(n)) \leqslant \mathbb{C}^m;$$

一个方阵 A 叫作 **EP-阵**, 是指 A 与 $A^{\star}$ 的列空间相同.

(1) 求证: 正规矩阵与可逆矩阵均为 EP-阵;

(2) 求证: r 秩方阵 A 是一个 EP-阵当且仅当存在酉阵 Q 和 r 阶可逆阵 B 使得

$$A = Q \begin{pmatrix} B & 0 \\ 0 & 0 \end{pmatrix} Q^{\star}.$$

习题 4   假设 $\sigma_1, \cdots, \sigma_n$ 是 A_n 的奇异值. 求证: $\sigma_1, \sigma_1, \cdots, \sigma_n, \sigma_n$ 是分块矩阵 $\begin{pmatrix} 0 & A \\ A^{\mathrm{T}} & 0 \end{pmatrix}$ 的奇异值.

习题 5   假设 $A = U\Lambda V^\star$ 是 A 的奇异值分解, 并假设 $r(A) = r$. 解释或论证:
(1) V 的后 $n - r$ 列是 A 的解空间的一个标准正交基;
(2) U 的前 r 列是 A 的列空间的一个标准正交基;
(3) U 的后 $n - r$ 列是 $A^\star$ 的解空间的一个标准正交基;
(4) V 的前 r 列是 $A^\star$ 的列空间的一个标准正交基.

2.6   Moore-Penrose 广义逆

1955 年, R. Penrose 证明了: 对于每个矩阵 $A_{m \times n}$, 存在唯一一个 $B_{n \times m}$ 使得
(1) $ABA = A$,
(2) $BAB = B$,
(3) $(AB)^\star = AB$,
(4) $(BA)^\star = BA$.

称 B 是 A 的 **Moore-Penrose 广义逆**(又叫**伪逆**), 简称 MP 广义逆.

从定义可以看到, A 与 B 互为对方的 Moore-Penrose 广义逆; 定义展现出高度的对称之美, 故而在处理 Moore-Penrose 广义逆过程中, 应充分注意这一特性.

定理 2.6.1   对于任意矩阵 $A \in \mathbb{F}^{m \times n}$, A 的 Moore-Penrose 广义逆存在且唯一, 记为 $A^\dagger$.

证明   (1) 首先证明唯一性. 假设 X, Y 都是 A 的 Moore-Penrose 广义逆, 则有

$$X = X(AX) = XX^\star A^\star = XX^\star(AYA)^\star = X(AX)^\star(AY)^\star = XAY.$$

根据所给条件的对称性, 可得 $Y = YAX$ 以及 $X = (XA)X = YAX$, 所以有 $Y = YAX = X$.

注意到在此过程中并未用到矩阵的特性.

现在再论证存在性.

证法 1   使用矩阵的满秩分解与 QR-分解.

假设 $r(A) = r$, 则首先存在列满秩矩阵 $B_{m \times r}$ 与行满秩矩阵 $C_{r \times n}$ 使得 $A = BC$. 根据 QR-分解定理 (定理 2.1.4), 可得矩阵 Q_1, Q_2 以及可逆上、下三角方阵 U, L, 使得

$$B = Q_1 U, \quad C = LQ_2 \quad (Q_1^\star Q_1 = E_r = Q_2 Q_2^\star).$$

若命

$$P = UL, \quad B = Q_2^\star P^{-1} Q_1^\star,$$

则
$$A = Q_1 P Q_2 = \boxed{(Q_1 P Q_2)(Q_2^\star P^{-1} Q_1^\star)}(Q_1 P Q_2) = ABA,$$

以及
$$AB = Q_1 Q_1^\star = (AB)^\star, \quad BA = Q_2^\star Q_2 = (BA)^\star, \quad BAB = B.$$

因此, 任意矩阵 A 都有 Moore-Penrose 广义逆
$$A^\dagger =: Q_2^\star (UL)^{-1} Q_1^\star = Q_2^\star L^{-1} U^{-1} Q_1^\star.$$

证法 2　使用第一广义 QR-分解.

假设 $AP = Q_1(C, D)_{r\times n}$, 其中 P 是 n 阶置换矩阵, $Q_1^\star Q_1 = E$, C 是可逆上三角矩阵. 由于 $(C, D)_{r\times n}$ 是行满秩矩阵, 所以对于 $(C, D)_{r\times n}^\star$ 用 QR-分解, 得分解式 $(C, D) = LQ_2$, 其中 L 是可逆的 r 阶下三角方阵, 而 $Q_2 Q_2^\star = E$. 易见
$$A = Q_1 L Q_2 P^{\mathrm{T}} = Q_1 L Q_2 P^{\mathrm{T}} \cdot \boxed{P Q_2^\star L^{-1} Q_1^\star \cdot Q_1 L Q_2 P^{\mathrm{T}}} = A \cdot P Q_2^\star L^{-1} Q_1^\star \cdot A.$$

命 $B = P Q_2^\star L^{-1} Q_1^\star$, 则 $A = ABA$, 且有
$$BA = (Q_2 P^{\mathrm{T}})^\star (Q_2 P^{\mathrm{T}}) = (BA)^\star, \quad B = BAB, \quad AB = Q_1 Q_1^\star = (AB)^\star.$$

因此 A 的 Moore-Penrose 广义逆为
$$A^\dagger =: P Q_2^\star L^{-1} Q_1^\star.$$

证法 3　使用 SVD.: 如果酉阵 U, V 使得 $A = U \cdot \begin{pmatrix} \Lambda & 0 \\ 0 & 0 \end{pmatrix} V$, 其中
$$\Lambda = \mathrm{diag}\{\sigma_1, \cdots, \sigma_r\} \in M_r(\mathbb{F}),$$

则取 $B = V^\star \begin{pmatrix} \Lambda^{-1} & 0 \\ 0 & 0 \end{pmatrix} U^\star$ 即可. 事实上, 此时有
$$AB = U \begin{pmatrix} E_r & 0 \\ 0 & 0 \end{pmatrix} U^\star = (AB)^\star, BA = V^\star \begin{pmatrix} E_r & 0 \\ 0 & 0 \end{pmatrix} V = (BA)^\star,$$
$$A = ABA, B = BAB;$$

因此
$$A^\dagger =: V^\star \begin{pmatrix} \Lambda^{-1} & 0 \\ 0 & 0 \end{pmatrix} U^\star$$

注意: 存在性的证明过程事实上给出了求一般矩阵的 Moore-Penrose 广义逆的三种通用算法; Schmidt 正交化过程在其中发挥着举足轻重的作用. 另外, 我们重申: 满秩分解的第一步的实质, 是用矩阵消元法求出可逆矩阵 P 与 Q, 使得
$$PAQ = \begin{pmatrix} E_r \\ 0 \end{pmatrix} \cdot (E_r, \ 0).$$

例 2.6.2 假设 $n \geqslant 2$. 如果对于 $\mathbb{C}^{n \times 1}$ 中的向量

$$\alpha, \beta \ (|\alpha| = 1, \ |\beta|^2 = 10, \ \overline{\alpha}^t \beta =: \alpha^\star \beta =: [\alpha, \beta] = 3),$$

试利用定理 2.6.1 证明中的思路求 $H = \alpha\beta^\star + \beta\alpha^\star$ 的 Moore-Penrose 广义逆 $H^\dagger$.

解 首先, 命 $H = \alpha\beta^\star + \beta\alpha^\star$. 则它是一个 Hermite 矩阵且有

$$H = (\alpha, \beta)(\beta, \alpha)^\star,$$

另外, 其中 α, β 必然线性无关, 否则将导出 $\beta = k\alpha, 3^2 = |k|^2 = 10$, 矛盾.

其次, 根据 Schmidt 正交化/单位化过程, 可得标准正交向量组 $\alpha, \beta - 3\alpha$. 若命 $Q = (\alpha, \beta - 3\alpha)$, 则有

$$Q^\star Q = E_2, \quad (\alpha, \beta) = Q \begin{pmatrix} 1 & 3 \\ 0 & 1 \end{pmatrix}, \quad (\beta, \alpha) = Q \begin{pmatrix} 3 & 1 \\ 1 & 0 \end{pmatrix}.$$

由此得到 $H = Q \begin{pmatrix} 1 & 3 \\ 0 & 1 \end{pmatrix} \begin{pmatrix} 3 & 1 \\ 1 & 0 \end{pmatrix} Q^\star = Q \begin{pmatrix} 6 & 1 \\ 1 & 0 \end{pmatrix} Q^\star$. 因此可得

$$H^\dagger = Q \begin{pmatrix} 6 & 1 \\ 1 & 0 \end{pmatrix}^{-1} Q^\star = Q \begin{pmatrix} 0 & 1 \\ 1 & -6 \end{pmatrix} Q^\star. \qquad \square$$

如果已经求出矩阵 A 的 Moore-Penrose 广义逆 $A^\dagger$, 则 $X_0 = A^\dagger\beta$ 给出无解线性方程组 $AX = \beta$ 的一个最小二乘解, 这是因为

$$A^\star(AA^\dagger\beta - \beta) = (AA^\dagger A)^\star(AA^\dagger\beta - \beta)$$
$$= A^\star[(AA^\dagger)^\star(AA^\dagger\beta - \beta)] = A^\star[(AA^\dagger)(AA^\dagger\beta - \beta)] = 0.$$

事实上, 根据最小二乘解的基本原理可得

$$||Av - \beta|| \geqslant ||AX_0 - \beta||, \quad \forall v \in \mathbb{C}^{n \times 1},$$

其中的等式成立当且仅当 $v = X_0 - (E - A^\dagger A)\alpha \ (\alpha \in V)$;

而如果线性方程组 $AX = \beta$ 有解, 则

$$X = A^\dagger\beta - (E - A^\dagger A)\alpha \quad (\alpha \in V)$$

给出其通解的一个表达式.

(1) 假设 $AX_1 = \beta$. 则对于任一向量 $\alpha \in V$, 有

$$A[A^\dagger\beta - (E - A^\dagger A)\alpha] = A[A^\dagger AX_1 - (E - A^\dagger A)\alpha] = AX_1 = \beta,$$

说明 $X_2 = A^\dagger\beta - (E - A^\dagger A)\alpha$ $(\alpha \in V)$ 均为 $AX = \beta$ 的解.

(2) 反过来, 如果 X_3 是 $AX = \beta$ 的解, 则有 $AX_3 = \beta$, 从而有

$$X_3 = A^\dagger\beta + (E - A^\dagger A)X_3.$$

因此, $AX = \beta$ 有解时, 解集为

$$\{A^\dagger\beta - (E - A^\dagger A)\alpha \mid \alpha \in V\}.$$

将上述结果总结如下.

定理 2.6.3　用 $A^\dagger$ 表示矩阵 $A \in \mathbb{F}^{m \times n}$ 的 Moore-Penrose 广义逆.

(1) 如果线性方程组 $AX = \beta$ 无解, 则 $X_0 = A^\dagger\beta$ 给出其一个最小二乘解;

(2) 如果 $AX = \beta$ 有解, 则其通解为 $X = A^\dagger\beta - (E - A^\dagger A)\alpha$ $(\alpha \in V)$.

Moore-Penrose 广义逆在金融数学中也有较好的应用.

注意到 $A^\dagger$ 作为 A 的 Moore-Penrose 广义逆需要满足四个条件 (1)—(4), 那么, 如果弱化这些条件, 所有可能的组合共有 $2^4 - 1 = 15$ 种. 其中 A 的满足第一个条件的广义逆叫作 von Neumann 广义逆, 通常记为 $A^{(1)}$. 如果见到记号 $A^{(1,2,3)}$, 意味着它是满足条件 (1)—(3) 的一个广义逆.

另一种比较有名的广义逆是 Drazin 广义逆, 详见下面的注记 2. 事实上, 自从 1955 年 Penrose 的广义逆问世后, 对于广义逆的研究方兴未艾. 关于 Moore-Penrose 广义逆的历史以及其他有关广义逆, 以及在相关领域的应用, 可以自行搜索.

注记 1　矩阵的 Moore-Penrose 广义逆概念由三位数学家 E. H. Moore (1920), A. Bjerhammar (1951) 以及 R. Penrose (1955) 分别独立给出, 其中 Moore 给出的定义如下:

对于 $A \in \mathbb{C}^{m \times n}$, M 叫作 A 的广义逆, 是指以下条件同时成立: AM 与 MA 分别是在列空间 $\mathfrak{R}(A)$ 以及 $\mathfrak{R}(M)$ 上的正交投影矩阵.

这里的正交投影矩阵, 指的是幂等的 Hermite 矩阵; 关于其几何意义, 详见 3.3 节的习题 2. 这一定义虽然看起来没有 Penrose 的定义简明扼要, 但因其具有的几何意义而在最优化理论等领域有好的应用.

命题 2.6.4　对于矩阵 $A \in \mathbb{C}^{m \times n}$ 与矩阵 $B \in \mathbb{C}^{n \times m}$, $B = A^\dagger$ 成立当且仅当 B 是 A 的 Moore 意义下的广义逆.

证明　$\Longrightarrow$　假设 $B = A^\dagger$, 则 $(AB)^\star = AB$ 且 $(AB)^2 = AB$, 因此 AB 是一个正交投影矩阵. $\forall \alpha = A\beta \in \mathfrak{R}(A)$, 易见 $(AB)\alpha = \alpha$; $\forall \delta = \mathfrak{R}(A)^\perp$, 有 $\delta^\star A = 0$, 所以 $(AB)\delta = (AB)^\star\delta = B^\star(A^\star\delta) = B^\star 0 = 0$. 这说明 AB 是在列空间 $\mathfrak{R}(A)$ 上的正交投影矩阵.

同理, BA 是在列空间 $\mathfrak{R}(B)$ 上的正交投影矩阵.

$\Longleftarrow$　假设 B 是 A 的 Moore 意义下的广义逆, 则已知 AB 和 BA 都是幂等的 Hermite 矩阵, 故只需验证: $A = ABA$. 事实上, 记 $E_n = (\varepsilon_1, \cdots, \varepsilon_n)$, 则由于

$(AB)(A\varepsilon_i) = A\varepsilon_i\,(\forall i)$, 因此有

$$ABA = (AB)(AE) = (AB)(A\varepsilon_1, \cdots, A\varepsilon_n) = (A\varepsilon_1, \cdots, A\varepsilon_n) = AE = A. \qquad \square$$

注记 2 1958 年, Drazin 引进了如下的广义逆.

对于 $A \in M_n(\mathbb{C})$, 矩阵 M 叫作 A 的广义逆, 是指以下条件同时成立:

(1) $M = MAM$;

(2) $MA = AM$;

(3) 存在自然数 k 使得 $A^k = A^k M$.

对于每个 $A \in M_n(\mathbb{C})$, Drazin 证明了: 同时满足以上三个条件的矩阵存在且唯一. 通常记 $M =: A^D$, 并称之为 A 的 **Drazin 广义逆**; 又称满足条件 (3) 的最小自然数 k 为 A 的 Drazin 指数 $\mathrm{ind}(A)$; 当 $\mathrm{ind}(A) = 1$ 时的 Drazin 广义逆叫作**群逆**.

习题与扩展内容

习题 1 求下述矩阵的广义逆

$$A = \begin{pmatrix} 1 & 1 & 1 & 0 & 2 \\ 1 & 0 & 1 & 1 & 3 \\ 0 & 1 & 1 & 1 & 4 \end{pmatrix}.$$

习题 2 试探讨 $A^{(1)}$ 的性质及应用.

习题 3 自学或搜索 Drazin 广义逆的有关性质、结果以及应用.

习题 4 假设 $(S, \cdot, *)$ 是一个抽象的系统, 其中 S 是一个非空的集合, $\cdot$ 是 S 中的一个二元运算 (即映射 $\cdot : S \times S \to S$, $(s_1, s_2) \mapsto s_1 \cdot s_2$), 而 $*$ 是 S 上的一个一元运算 (即一个映射 $* : S \to S$, $s \mapsto s^*$). 假设 $\cdot$ 满足结合律 $((s_1 \cdot s_2) \cdot s_3 = s_1 \cdot (s_2 \cdot s_3)$, $\forall s_i \in S$, $i = 1, 2, 3)$, 而 $*$ 满足 $(s_1 \cdot s_2)^* = s_2^* \cdot s_1^*$; 通常还要求 $*$ 满足对合性, 即 $(s^*)^* = s$ (这个条件在 (1)—(4) 中并未用到). 对于一个元素 $s \in S$, 如果存在 $t \in S$, 使得 Moore-Penrose 广义逆定义中的四个条件 (1)—(4) 成立, 即

(1) $s = sts$;

(2) $t = tst$;

(3) $(st)^* = st$;

(4) $(ts)^* = ts$,

则称 t 为 s 在 S 中的一个 Moore-Penrose 广义逆.

求证: 如果 S 中的元素 s 在 S 里有一个 Moore-Penrose 广义逆 t, 则 t 唯一, 可记为 $t = s^\dagger$.

2.7 Hermite 半正定矩阵与 Cholesky 分解

仿照实空间情形, 称一个 n 阶 Hermite 阵 H 是**正定的**, 是指 $\alpha^* H \alpha > 0$, $\forall\, 0 \neq$

$\alpha \in \mathbb{F}^n$. 类似于实空间的情形可证, 一个 Hermite 矩阵 H 是正定的, 当且仅当 H 的特征根全部大于零, 当且仅当存在可逆矩阵 P 使得 $H = P^{\star}P$. 称一个 n 阶 Hermite 阵 H 是**半正定的**, 是指 $\alpha^{\star}H\alpha \geqslant 0$, $\forall \alpha \in \mathbb{F}^n$. 可证: Hermite 矩阵 H 是半正定的, 当且仅当 H 的特征根全部大于或等于零, 当且仅当存在矩阵 B_n 使得 $H = B^{\star}B$.

下述定理中的半正定 Hermite 矩阵 A 的分解式 $A = LL^{\star}$ 叫作 A 的 **Cholesky 分解式**.

定理 2.7.1　假设方阵 A 是 Hermite 的. 则

(1) A 是半正定的当且仅当存在下三角阵 L 使得 $A = LL^{\star}$, 其中 $L(i,i)$ 均是非负实数;

(2) A 是正定的当且仅当存在可逆下三角阵 L 使得 $A = LL^{\star}$, 其中 $L(i,i)$ 均为正实数. 此时, L 必唯一确定.

在两种情形下, 若 A 是实矩阵, 则 L 还可以取为实矩阵.

证明　$\Longleftarrow$　两个充分性都是显然成立的.

$\Longrightarrow$　反过来, 如果 A 是 Hermite 半正定的, 则 A 的特征根全都是非负实数, 因此根据正规矩阵基本定理 (定理 2.3.2), 存在酉阵 U 使得

$$A = U \cdot \mathrm{diag}\{\sigma_1^2, \cdots, \sigma_r^2, 0, \cdots, 0\} \cdot U^{\star} = B^2,$$

其中

$$B = U \cdot \mathrm{diag}\{\sigma_1, \cdots, \sigma_r, 0, \cdots, 0\} \cdot U^{\star}$$

是一个 Hermite 半正定矩阵. 又根据定理 2.2.3 知, B 有第二广义 QR-分解 $B = QR$, 其中 Q 是酉阵, 而 R 是主对角线元素为非负实数的上三角阵. 命 $L = R^{\star}$, 则 L 是下三角阵, 且对角线元素为非负实数, 且有

$$A = B^2 = B^{\star}B = (R^{\star}Q^{\star})(QR) = R^{\star}R = LL^{\star}.$$

这就证明了两种情形下的可分解性.

正定情形分解的唯一性: 假设 $LL^{\star} = A = L_1 L_1^{\star}$, 则有 $L_1^{-1}L = (L^{-1}L_1)^{\star}$, 其中左侧是可逆下三角阵而右侧是一个可逆下三角阵经过 $\star$ 运算后的结果, 且对应对角线元素互为倒数且非负, 所以两者都是 E. 因而 $L = L_1$.

在两种情形下, 若 A 是实矩阵, 则根据正规矩阵基本定理的论证过程以及前面的过程即知, L 可取为实矩阵. 　　　　　　　　　　　　　　　　　　　　□

Hermite 半正定矩阵具有更进一步的良好性质. 为此目的, 我们需要做一点简单准备.

引理 2.7.2　假设 A 可酉相似对角化, B 是正规阵. 则二者可以同时酉相似对角化, 当且仅当 $AB = BA$.

证明　可以使用可相似对角化相应结果的论证. 例如, 充分性可以使用分块矩阵技巧, 从假设"存在酉阵 U 使得

$$UAU^\star = \mathrm{diag}\{\lambda_1 E, \lambda_2 E, \cdots, \lambda_r E\},$$

其中 $\lambda_i \neq \lambda_j$" 以及

$$UAU^\star \cdot UBU^\star = UBU^\star \cdot UAU^\star$$

开始, 进行推理和运算. 细节留作习题. $\qquad\square$

定理 2.7.3 假设方阵 A 是 n 阶 Hermite 矩阵且半正定. 则对于任意 $2 \leqslant k < \infty$,

(1) 存在唯一的 Hermite 半正定阵 B 使得 $A = B^k$;

(2) 存在实系数多项式 $p(x)$, 使得 $B = p(A)$.

如果其中的 A 是实矩阵, 则 B 必为实矩阵. 此外, $r(A) = r(B)$.

证明 根据正规矩阵基本定理, 存在酉阵 U 使得

$$U^\star AU = \mathrm{diag}\{\lambda_1, \cdots, \lambda_r, 0, \cdots, 0\} =: \Lambda,$$

其中 $\lambda_i > 0 (i = 1, \cdots, r)$ 是正实数.

命 $B = U \Lambda^{\frac{1}{k}} U^\star$, 则有 $B^k = A$, 且 B 是 Hermite 半正定阵. 唯一性的论证通常要借助 (2) 的结论; 下面先证明 (2).

$r =: r(A) = 0$ 时, $A = 0$, 则可取任一多项式 $f(x) \in x\mathbb{R}[x]$, 它使得 $B = f(A)$. 以下假设 $r > 0$, 即 $A \neq 0$. 不妨进一步假设 $\lambda_1, \cdots, \lambda_r$ 中全部两两互异的数为 $\lambda_1, \cdots, \lambda_t$ $(1 \leqslant t \leqslant r)$. 根据解线性方程组的克拉默法则以及范德蒙德行列式的结果, 存在唯一的次数不超过 t 的实系数多项式

$$p(x) = a_1 x + a_2 x^2 + \cdots + a_t x^t \in x\mathbb{R}[x]$$

使得 $p(\lambda_i) = \lambda_i^{\frac{1}{k}}$, $\forall 1 \leqslant i \leqslant t$, 所以 $p(0) = 0, p(\lambda_i) = \lambda_i^{\frac{1}{k}}$, $\forall 1 \leqslant i \leqslant r$, 故 $p(\Lambda) = \Lambda^{\frac{1}{k}}$,

从而有

$$p(A) = p(U \cdot \Lambda \cdot U^\star) = U \cdot p(\Lambda) \cdot U^\star = U \cdot \Lambda^{\frac{1}{k}} \cdot U^\star = B.$$

这就证明了 (2).

下面再论证唯一性. 如果半正定的 Hermite 矩阵 C 也使得 $C^k = A$, 则由于 $B = p(A) = p(C^k)$, 所以有 $BC = CB$. 根据引理 2.7.2, 存在酉阵 V 使得

$$\Lambda_1 =: VBV^\star, \quad \Lambda_2 =: VCV^\star$$

同时为对角阵. 而 $\Lambda_1^k = VB^k V^\star = VAV^\star = VC^k V^\star = \Lambda_2^k$, 因此有 $\Lambda_1 = \Lambda_2$, 从而有 $B = C$.

如果 A 是实矩阵, 由于 $p(x) \in \mathbb{R}[x]$, 所以 $B = p(A)$ 必为实矩阵. 此外, $r(A) = r(B)$. $\qquad\square$

注 与矩阵的 LU-分解一样, 正定矩阵的 Cholesky 分解对于简化矩阵运算非常有效, 这是因为上 (下) 三角矩阵的求逆等运算十分便捷. 此外, 若使用定理 2.7.3

可以稍微简化定理 2.7.1 的证明过程. 虽然如此, 读者应明了其实后者本质上只用到了第二广义 QR-分解.

另外, 建议读者仔细揣摩定理 2.7.3 的论证技巧. 若不单纯从应用的角度看问题, 定理 2.7.3 则具有更一般的意义和典型性.

习题与扩展内容

习题 1   给出引理 2.7.2 的一个严格论证. (可采用分块矩阵进行计算.)

习题 2   试求矩阵 AA^{T} 的一个 Cholesky 分解式, 其中

$$A = \begin{pmatrix} 1 & 1 & 0 \\ 0 & 1 & 5 \end{pmatrix}.$$

习题 3*   假设 $m \leqslant n, A \in \mathbb{F}^{m \times n}$. 求证:

(1) A 有如下的分解式 (也作极分解): $A = PU$, 其中 $UU^{\star} = E$, 而 $P = (AA^{\star})^{\frac{1}{2}}$ 是一个 Hermite 半正定阵. (提示: 可采用奇异值分解或奇异值分解的证法.)

(2) 当 $r(A) = m$ 时, U 唯一确定.

(试与复数 z 的极坐标表示: $z = |z|e^{i\theta}$ 相比较; 注意当 $r(A) = m$ 时, P 是一个 Hermite 正定的方阵, 而 $UU^{\star} = E, e^{i\theta}(e^{i\theta})^{\star} = 1$.)

习题 4   假设 A 是 r 秩的非零复矩阵, 其奇异值为 $\sigma_1, \cdots, \sigma_r$. 求证

$$\sum_{i=1}^{r} \sigma_i^2 = \mathrm{tr}\,(A^{\star}A).$$

习题 5*   假设 A_n 有极分解 $A = PU$. 求证: A 是正规矩阵当且仅当 $PU = UP$.

习题 6   假设 $A_i = P_iU_i$ 是极分解. 求证: A_1 与 A_2 酉等价当且仅当 P_1 与 P_2 酉相似.

习题 7   假设 $n, p, q \in \mathbb{N}$, 并假设 $p \leqslant q, A \in \mathbb{F}^{p \times n}, B \in \mathbb{F}^{q \times n}$. 求证: $A^{\star}A = B^{\star}B$ 当且仅当存在 $Q \in \mathbb{F}^{q \times p}$ 使得 $Q^{\star}Q = E_p, B = QA$.

习题 8   试从极分解推导奇异值分解; 反过来是否成立, 请说明.

习题 9*   假设 A, B 都是 n 阶方阵.

(1) 求证: $AA^{\star} = BB^{\star}$ 当且仅当存在酉阵 U 使得 $A = BU$;

(2) 假设 A 可逆, $A = BU$, 其中 U 是一个酉阵, 求证: $A\overline{A} = B\overline{B}$ 当且仅当 $A = U^{\mathrm{T}}B$;

(3) 如果 A, B 都可逆, 且有 $AA^{\star} = BB^{\star}, A\overline{A} = B\overline{B}$, 求证: $A^{\mathrm{T}}\overline{A} = B^{\mathrm{T}}\overline{B}$;

(4) 在 (2) 与 (3) 中, 如果去掉可逆的条件, 结论还成立吗?

习题 10   假设 $A_n = (a_{ij})$ 的奇异值是 $\sigma_1, \cdots, \sigma_r$. 求证:

(1) 对于酉阵 U, 有 $|\mathrm{tr}\,(UA)| \leqslant \sum\limits_{i,j} |a_{ij}|$;

(2) $\sum_i \sigma_i \leqslant \sum_{i,j} |a_{ij}|$.

习题 11 假设 $m \leqslant n$, $A \in \mathbb{F}^{m \times n}$. 有无可能借助 A 的极分解 (和其他分解) 得到 A 的 Moore-Penrose 广义逆?

习题 12 对于矩阵 $A \in M_n(\mathbb{F})$, 求证以下条件等价:

(1) A 是幂零阵, 即存在 $k \geqslant 1$ 使得 $A^k = 0$;

(2) $\mathrm{tr}\,(A^m) = 0$, $\forall m \geqslant 1$;

(3) $\mathrm{tr}\,(A^m) = 0$, $\forall 1 \leqslant m \leqslant n$.

(可与 2.4 节习题 6 相比较; 迹函数 tr 完全刻画了幂零性质和 Hermite 性质.)

第 3 章　线性变换与 Jordan 标准形理论

3.1　线性空间: 回顾与展望

在线性代数中, 已经学过了线性空间的概念和基本性质. 与群的概念一样, 线性空间是一个系统工程.

谈到一个线性空间 V, 总是会首先限定一个数域 $\mathbb{F}$; 一个线性空间其实是一个系统 $(\mathbb{F}, V, \oplus, \otimes)$, 其中 $\oplus$ 是 V 上的抽象 "加法" (或者更严格地说, $\oplus: V \times V \to V, (\alpha, \beta) \mapsto \alpha \oplus \beta$ 是一个映射); $\otimes$ 是抽象 "数乘" (或者更严格地说, $\otimes: \mathbb{F} \times V \to V, (k, \beta) \mapsto k \otimes \beta$ 是一个映射), 而且两种二元运算要满足八个条件, 其中前四个条件等价于 V 关于加法 $\oplus$ 作成一个交换群, 后四个条件强调的是各种和谐性 (与数的运算和谐, 以及 $\oplus$ 与 $\otimes$ 之间的和谐). 通常为了方便, 我们将这个四位一体的系统简记成

$$(\mathbb{F}, \ V, \ + \ \cdot) \ \overset{\text{or}}{\cong} \ {}_{\mathbb{F}}V.$$

一个线性空间中最核心的概念就是向量 (即 V 中元素) 之间的**线性关系**, 包括线性相 (无) 关、线性组合、线性表出 (两个向量组之间的关系), 由此衍生出一个最核心的概念, 即向量组的**极大无关组**(线性空间的**基**) 以及向量组的**秩**(线性空间的**维数**, $\dim_{\mathbb{F}}V$). 注意到如下的不等式是处理向量组的秩 (矩阵的秩) 的有力武器:

若 $\beta_1, \cdots, \beta_v$ 线性无关且 $\alpha_1, \cdots, \alpha_u \overset{l}{\Longrightarrow} \beta_1, \cdots, \beta_v$, 则有 $u \geqslant v$.

最重要也是最为本质的有限维线性空间的例子, 就是 $\mathbb{F}$ 上的 m 维列向量空间 ${}_{\mathbb{F}}\mathbb{F}^{m \times 1}$, 它有一个耀眼的基

$$\varepsilon_1, \varepsilon_2, \cdots, \varepsilon_m \quad (\varepsilon_1 = (1, 0, \cdots, 0)^{\mathrm{T}}, \varepsilon_2 = (0, 1, 0, \cdots, 0)^{\mathrm{T}}, \cdots, \varepsilon_m = (0, 0, \cdots, 1)^{\mathrm{T}}),$$

这里强调下标 $\mathbb{F}$ 是有原因的, 比如取 $V = \mathbb{C}$, 则有

$$\dim_{\mathbb{C}}\mathbb{C} = 1, \quad \dim_{\mathbb{R}}\mathbb{C} = 2, \quad \dim_{\mathbb{Q}}\mathbb{C} = \infty.$$

任给两个子空间 W_1, W_2, 有分别含有集合交 $W_1 \cap W_2$ 与并 $W_1 \cup W_2$ 的最小子空间, 即交子空间 $W_1 \cap W_2$ 与和子空间

$$W_1 + W_2 =: \{\alpha_1 + \alpha_2 \mid \alpha_i \in W_i, \ i = 1, 2\}.$$

如下等式是线性代数中的基本核心定理之一.

维数公式 I $\dim_{\mathbb{F}}(W_1 + W_2) = \dim_{\mathbb{F}}(W_1) + \dim_{\mathbb{F}}(W_2) - \dim_{\mathbb{F}}(W_1 \cap W_2)$.

有一种特殊的子空间之和具有十分重要的应用价值.

命题 3.1.1 假设 W_i 是线性空间 $_{\mathbb{F}}V$ 的子空间. 则以下条件等价:

(1) $V = \bigoplus_{i=1}^{m} W_i$, 即 V 中任意向量 α 的如下分解式存在且唯一:

$$\alpha = \alpha_1 + \alpha_2 + \cdots + \alpha_m, \quad \text{其中} \quad \alpha_i \in W_i, i = 1, 2, \cdots, m.$$

(2) $V = \sum\limits_{i=1}^{m} W_i$, 且 $W_i \cap \left(\sum\limits_{j=1}^{i-1} W_j \right) = 0, \ \forall i = 2, \cdots, m$.

(3) $\dim(V) = \sum\limits_{i=1}^{m} \dim(W_i)$ 且 $W_i \cap \left(\sum\limits_{j=1}^{i-1} W_j \right) = 0, \ \forall i = 2, \cdots, m$.

(4) $\dim(V) = \sum\limits_{i=1}^{m} \dim(W_i)$ 且 $W_i \cap \left(\sum\limits_{j \neq i} W_j \right) = 0, \ \forall i = 1, 2, \cdots, m$.

满足命题中任一条件的和叫作子空间的**直和**(direct sum); $m = 2$ 的情形尤其应予以熟练掌握.

总的说来, 只有在开始考虑两个线性空间之间的关系时, 线性空间的概念才鲜活生动起来; 这种关系就是本章的重点——线性变换和线性映射.

3.2 线性变换: 与矩阵的联系

假设 $_{\mathbb{F}}V$ 是一个线性空间; V 到自身的一个线性映射 σ 叫作 $_{\mathbb{F}}V$ 的一个**线性变换**, 即有

$$\sigma(\lambda_1 \alpha_1 + \lambda_2 \alpha_2) = \lambda_1 \sigma(\alpha_1) + \lambda_2 \sigma(\alpha_2), \quad \forall \lambda_i \in \mathbb{F}, \quad \forall \alpha_i \in V.$$

线性变换 σ, 具有很多良好的性质, 例如:

(1) $\sigma(0_V) = 0_V$.

(2) 如果 $\alpha_1, \cdots, \alpha_r$ 线性相关, 则 $\sigma(\alpha_1), \cdots, \sigma(\alpha_r)$ 也线性相关. 等价地, 如果 $\sigma(\alpha_1), \cdots, \sigma(\alpha_r)$ 线性无关, 则 $\alpha_1, \cdots, \alpha_r$ 也线性无关.

(3) 对于 $W \leqslant_{\mathbb{F}} V$ (即 W 是 V 的子空间), 记

$$\sigma(W) =: \{\sigma(\alpha) \mid \alpha \in W\}, \quad \sigma^{-1}(W) =: \{\alpha \in V \mid \sigma(\alpha) \in W\}.$$

则有 $\sigma(W) \leqslant V$, $\sigma^{-1}(W) \leqslant V$. 根据性质 (2) 的第二句话, 可知有 $\dim \sigma(W) \leqslant \dim(W)$.

特别地, $\sigma(V) \stackrel{\text{or}}{=} \mathrm{im}(\sigma)$ 叫作 σ 的**像子空间**. 而 $\sigma^{-1}(\{0_V\}) \stackrel{\text{or}}{=} \ker(\sigma)$ 叫作 σ 的**核子空间**, 简称**像**与**核**(image and kernel). 记

$$r(\sigma) = \dim_{\mathbb{F}} \mathrm{im}(\sigma), \quad \mathrm{Ndeg}(\sigma) = \dim_{\mathbb{F}} \ker(\sigma),$$

这里的 $\mathrm{Ndeg}(\sigma)$ 叫作 σ 的零化度 (nulldegree).

注意, $I_V =: \sigma^0, \sigma^1, \sigma^2, \sigma^3, \cdots$ 均为 V 上的线性变换, 且有两个链 (升链与降链):

$$\cdots \subseteq \ker(\sigma^{i-1}) \subseteq \ker(\sigma^i) \subseteq \ker(\sigma^{i+1}) \subseteq \cdots,$$

$$\cdots \supseteq \mathrm{im}(\sigma^{i-1}) \supseteq \mathrm{im}(\sigma^i) \supseteq \mathrm{im}(\sigma^{i+1}) \supseteq \cdots.$$

对于多项式 $g(x) \in \mathbb{F}[x]$, $g(\sigma)$ 也是 V 上的线性变换, 且有 $f(\sigma)g(\sigma) = g(\sigma)f(\sigma)$.

例 3.2.1　假设 $V = \mathbb{F}^{m \times 1}$, $A \in M_m(\mathbb{F})$, 则 A 确定 V 上的一个典型线性变换, 叫作由 A 确定的**左乘线性变换**

$$\sigma_A : V \to V, \quad \alpha \mapsto A\alpha.$$

注意, $\sigma_A(V)$ 是由 A 的列向量张成的子空间, 这是因为如果

$$\alpha = (k_1, \cdots, k_m)^{\mathrm{T}},$$

则有

$$A\alpha = \left(A(1), A(2), \cdots, A(m) \right) \cdot \begin{pmatrix} k_1 \\ k_2 \\ \vdots \\ k_m \end{pmatrix} = \sum_{i=1}^{m} k_i \cdot A(i).$$

因此, 像子空间 $\mathrm{im}(\sigma_A)$ 的维数 (即 $r(\sigma_A)$) 是 $r(A)$. 而核子空间 $\ker(\sigma_A)$ 是 A 的解空间 (nullspace), 其维数是 $m - r(A)$.

现在介绍 $\mathbb{F}$-代数的正式定义. 数域 $\mathbb{F}$ 上的一个**代数** $\mathfrak{A}$ 首先是 $\mathbb{F}$ 上的一个线性空间, 而且 $\mathfrak{A}$ 本身还有乘法运算, 满足以下四个条件:

(a) 乘法满足**结合律**　$a_1(a_2 a_3) = (a_1 a_2)a_3, \ \forall a_i \in \mathfrak{A}$.

(b) 存在乘法**单位元**　$1 \in \mathfrak{A}$: $1 \neq 0$, 且有 $1a = a1 = a, \ \forall a \in \mathfrak{A}$.

(c) 一种**混合结合律**　$(ka_1)a_2 = k(a_1 a_2) = a_1(ka_2), \ \forall k \in \mathbb{F}, \ \forall a_i \in \mathfrak{A}$.

(d) **分配律**　$a_1(a_2 + a_3) = a_1 a_2 + a_1 a_3; \ (a_2 + a_3)a_1 = a_2 a_1 + a_3 a_1, \ \forall a_i \in \mathfrak{A}, i = 1, 2, 3$.

用 $\mathrm{End}_{\mathbb{F}}(V)$ 记 $_{\mathbb{F}}V$ 上的所有线性变换组成的集合; 用 $M_n(\mathbb{F})$ 记 $\mathbb{F}$ 上的所有 n 阶方阵组成的集合. 则不难验证, 二者都是 $\mathbb{F}$-代数. 注意到 $\mathrm{End}_{\mathbb{F}}(V)$ 中的加法、数乘都是"**逐点**"定义的, 而乘法则是**映射的合成**. 例如, 对于两个线性变换 $\sigma, \tau \in \mathrm{End}_{\mathbb{F}}(V)$, 有如下的定义

$$(k\sigma)(\alpha) = k\sigma(\alpha), \ (\sigma + \tau)(\alpha) = \sigma(\alpha) + \tau(\alpha), \ (\sigma\tau)(\alpha) = \sigma[\tau(\alpha)], \ \forall \alpha \in V, \ \forall k \in \mathbb{F}.$$

以下结论将线性变换和方阵紧密地联系起来, 是联系抽象和具体 (以及已知与未知) 的基本桥梁或纽带.

定理 3.2.2 假设 $_{\mathbb{F}}V$ 是数域 $\mathbb{F}$ 上的一个 n 维线性空间, 并取定 $_{\mathbb{F}}V$ 的一个基 $\eta_1, \cdots, \eta_n$. 则有 $\mathbb{F}$ 上的线性空间同构

$$\varphi: \operatorname{End}_{\mathbb{F}}(V) \to M_n(\mathbb{F}), \quad \sigma \mapsto A,$$

其中 A 由下式确定

$$\sigma(\eta_1, \cdots, \eta_n) =: (\sigma(\eta_1), \cdots, \sigma(\eta_n)) = (\eta_1, \cdots, \eta_n)A,$$

即 $A(i)$ 是 $\sigma(\alpha_i)$ 在取定的基 $\eta_1, \cdots, \eta_n$ 下的坐标. 此外, 映射 φ 还有如下性质:

(1) $\varphi(I_V) = E_n$, 即 φ 将 $\operatorname{End}_{\mathbb{F}}(V)$ 的乘法单位元映成 $M_n(\mathbb{F})$ 的单位元;

(2) φ 关于乘法是同态映射: $\varphi(\tau\sigma) = \varphi(\tau)\varphi(\sigma)$.

以上结果简而言之就是: φ 是一个 $\mathbb{F}$- 代数同构.

证明 直接逐条验证, 详细细节留给读者. $\square$

定理 3.2.2 中的矩阵 A 叫作 σ 在基 $\eta_1, \cdots, \eta_n$ 下的矩阵; 在定理中, 这个基并不能理解为集合, 因为摆放的次序如果有变化, 相应的矩阵会有变化. 具体说来, 会从某个 A 变成一个 AP, 其中 P 是一个置换矩阵 (事实上最好把基理解成 V 上抽象行向量). 如果仔细研读例 3.2.1, 结合矩阵的分块技巧, 则可将其结论做如下的推广.

定理 3.2.3 在定理 3.2.2 的假设和记号之下, 有

(1) $r(\sigma) = r(A)$;

(2) $\operatorname{Ndeg}(\sigma) =: \dim_{\mathbb{F}} \ker(\sigma) = n - r(A)$;

(3) (维数公式 II) $\operatorname{Ndeg}(\sigma) + r(\sigma) = \dim(V)$.

证明 假设 $r(A) = r$, 则有可逆矩阵 P 与 Q 使得 $PAQ = \begin{pmatrix} E_r & 0 \\ 0 & 0 \end{pmatrix}$. 命

$$(\delta_1, \cdots, \delta_n) = (\eta_1, \cdots, \eta_n)P^{-1},$$

则 $\delta_1, \cdots, \delta_n$ 是 $_{\mathbb{F}}V$ 的一个基; $\forall v \in V, \exists \alpha \in \mathbb{F}^n$ s.t. $v = (\eta_1, \cdots, \eta_n) \cdot \alpha$, 从而有

$$\sigma(v) = (\eta_1, \cdots, \eta_n)P^{-1} \cdot PAQ \cdot Q^{-1}\alpha = (\delta_1, \cdots, \delta_n) \cdot \begin{pmatrix} E_r & 0 \\ 0 & 0 \end{pmatrix} \cdot Q^{-1}\alpha,$$

其中当 v 遍历 V 中元素时, α (从而 $Q^{-1}\alpha$) 遍历 $\mathbb{F}^n$ 中元素. 再命 $Q^{-1}\alpha = \beta = (k_1, \cdots, k_n)^{\mathrm{T}}$, 则有

$$\sigma(v) = (\delta_1, \cdots, \delta_n) \cdot \begin{pmatrix} E_r & 0 \\ 0 & 0 \end{pmatrix} \cdot \begin{pmatrix} k_1 \\ \vdots \\ k_n \end{pmatrix} = \sum_{i=1}^{r} k_i \delta_i.$$

所以 $\sigma(V) = L(\delta_1, \cdots, \delta_r)$.

(1) 由于 $\delta_1, \cdots, \delta_n$ 是 $_{\mathbb{F}}V$ 的一个基, 因此 $r(\sigma) =: \dim_{\mathbb{F}} \sigma(V) = r = r(A)$;

(2) $\forall v \in V$, 根据前面的记号有

$$\sigma(v) = (\eta_1, \cdots, \eta_n) A\alpha = \sum_{i=1}^{r} k_i \delta_i,$$

因此, $\sigma(v) = 0 \Longleftrightarrow k_1 = \cdots = k_r = 0$. 所以 $\ker(\sigma) = \left\{ \sum_{i=r+1}^{n} k_i \delta_i \,\middle|\, k_i \in \mathbb{F} \right\}$, 因此其维数是 $n - r$. □

根据定理 3.2.2 与定理 3.2.3, 对于线性变换 σ, $\sigma^2 = \sigma \Longleftrightarrow A^2 = A \Longleftrightarrow n = r(A) + r(E - A) \Longleftrightarrow r(\sigma) + r(I_V - \sigma) = \dim_{\mathbb{F}} V =: n$.

补充材料: 第二维数公式的直接论证是较为简单的: 取定 $\ker(\sigma)$ 的一个基 $\beta_1, \cdots, \beta_s$, 并将它扩张成 $_{\mathbb{F}}V$ 的一个基

$$\beta_1, \cdots, \beta_s, \beta_{s+1}, \cdots, \beta_n,$$

则有 $\sigma(V) = L(\sigma(\beta_{s+1}), \cdots, \sigma(\beta_n))$, 且可验证 $\sigma(\beta_{s+1}), \cdots, \sigma(\beta_n)$ 线性无关, 由此完成论证.

下述的 Cayley-Hamilton 定理描述了特征多项式的最重要特性.

定理 3.2.4   线性变换 σ 的特征多项式零化 σ.

证明   根据定理 3.2.2, 只需要论证如下的矩阵版本: 若 $f(x) = \det(xE - A)$, 则有 $f(A) = 0_n$.

证法 1   使用 3.6 节的 Jordan 标准形定理, 立即可得结论 (详略).

证法 2 (使用伴随矩阵以及多项式环上的矩阵)   记 $R = M_n(\mathbb{F})$, 并观察到 $R[x] = M_n(\mathbb{F}[x])$, 即 $\mathbb{F}$- 代数 R 上的多项式环 $R[x]$ 可以看成域 $\mathbb{F}$ 上多项式环 $S =: \mathbb{F}[x]$ 上的矩阵代数 $M_n(S)$.

考虑矩阵 A 的特征矩阵 $B = xE - A \in M_n(\mathbb{F}[x])$ 及其伴随矩阵 $B^* = (B_{ji}) \in M_n(\mathbb{F}[x]) = R[x]$. 根据代数余子式的定义可知, 每个 B_{ij} 是关于 x 的次数为 $n - 1$ 或 $n - 2$ 的多项式. 因此有

$$B^* = B_{n-1} x^{n-1} + B_{n-2} x^{n-2} + \cdots + B_1 x + B_0 \in R[x],$$

其中 $B_i \in M_n(\mathbb{F})$, 即 B_i 都是 $\mathbb{F}$ 上的矩阵 (不含 x). 另记

$$f(x) =: \det(xE - A) = x^n + a_1 x^{n-1} + \cdots + a_{n-1} x + a_n.$$

则有系数环为 R 的一元多项式环 $R[x]$ 中的多项式等式:

$$f(x)E = Ex^n + a_1 Ex^{n-1} + \cdots + a_{n-1} Ex + a_n E = \det(B) \cdot E$$

$$= BB^* = (xE - A)(B_{n-1}x^{n-1} + B_{n-2}x^{n-2} + \cdots + B_1x + B_0)$$
$$= B_{n-1}x^n + (B_{n-2} - AB_{n-1})x^{n-1} + \cdots + (B_0 - AB_1)x + (-AB_0).$$

比较两端的 x^i 的系数矩阵, 得到

$$\begin{cases} B_{n-1} = E, \\ B_{n-2} - AB_{n-1} = a_1E, \\ B_{n-3} - AB_{n-2} = a_2E, \\ \qquad \cdots\cdots \\ (B_0 - AB_1) = a_{n-1}E, \\ -AB_0 = a_nE. \end{cases} \tag{6}$$

用 A 左乘第一行等式两侧, 然后分别加到方程组 (6) 中第二个等式两端, 得到

$$B_{n-2} = a_1E + A;$$

然后用 A 左乘等式两侧, 分别加到方程组 (6) 中第三个等式两端, 得到

$$B_{n-3} = a_2E + a_1A + A^2;$$

继续这一过程, 得到

$$B_0 = a_{n-1}E + a_{n-2}A + \cdots + a_2A^{n-3} + a_1A^{n-2} + A^{n-1}.$$

最后等式两侧左乘以矩阵 A, 分别加到方程组 (6) 中最后一行, 即得

$$0 = a_nE + a_{n-1}A + \cdots + a_2A^{n-2} + a_1A^{n-1} + A^n = f(A). \qquad \square$$

证法 3 (2019 年最新成果, 详见 arXiv:1911.07130)

首先, 一元多项式环 $R[x]$ 中的乘法是由分配律以及 $rx = xr\,(\forall r \in R)$ 定义的. 由此立即得到如下的引理.

引理 假设 R 是任意有单位元的环. 假设 $R[x]$ 中的元素 $f(x)$, $g(x)$, $h(x)$ 满足 $f(x) = g(x)h(x)$. 对于 R 中的元素 r, 如果 r 与 $h(x)$ 中项的系数均可交换, 则有 $f(r) = g(r) \cdot h(r)$.

这是因为对于 $g(r)$ 的通项 a_ir^i 以及 $h(r)$ 的通项 b_jr^j, 等式 $(a_ir^i)(b_jr^j) = (a_ib_j)r^{i+j}$ 是成立的!

在引理中, 取 $R = M_n(\mathbb{F}), r = A \in R$. 如前记 $B = xE - A$. 则

$$B = Ex - A \in R[x], \quad B^* = Ex^{n-1} + B_{n-2}x^{n-2} + \cdots + B_1x + B_0 \in R[x].$$

记 $f_1(x) = \det(xE - A) \in \mathbb{F}[x], f(x) = f_1(x)E \in R[x]$. 则根据引理可得

$$f_1(A) = f(A) = [f(x)]|_{x=A} = [B^*(Ex - A)]|_{x=A} = B^*|_{x=A} \cdot (EA - A) = 0. \quad \square$$

注记　Cayley-Hamilton 定理不仅在理论上很重要, 它在计算 A_n 的多项式 $g(A)$ 时也很有效. 事实上, 对于特征多项式 $f(x) = \det(xE - A)$, 根据多项式的带余除法, 存在 $q(x), r(x) \in \mathbb{F}[x]$, 使得 $g(x) = q(x)f(x) + r(x)$, 其中

$$r(x) = b_{n-1}x^{n-1} + b_{n-2}x^{n-2} + \cdots + b_1 x + b_0.$$

由于 $f(A) = 0$, 所以有

$$g(A) = q(A)f(A) + r(A) = r(A) = b_{n-1}A^{n-1} + b_{n-2}A^{n-2} + \cdots + b_1 A + b_0 E.$$

特别地, 它说明 $\mathbb{F}$ 上的线性空间 (事实上是 $\mathbb{F}$-代数)

$$\mathbb{F}[A] \stackrel{\text{i.e.}}{=\!=\!=} \{g(A) \mid g(x) \in \mathbb{F}[x]\}$$

是 $\mathbb{F}$ 上由 $E, A, \cdots, A^{n-1}$ 生成的线性空间, 因此其维数 $\dim {}_{\mathbb{F}}\mathbb{F}[A]$ 不超过 n.

对于数域 $\mathbb{F}$ 上的任一方阵 A_n, 在 $\mathbb{F}[x]$ 中存在零化 A 的**最低次数的首一多项式**; 再利用多项式的带余除法, 即定理 1.2.1, 容易论证这样的多项式的唯一性. $\mathbb{F}[x]$ 中零化 A 的最低次数的首一多项式叫作 A 的**最小多项式**, 并记之为 $m_A(x)$. 根据 Cayley-Hamilton 定理, 有 $\deg(m_A(x)) \leqslant n$. 事实上, $m_A(x)$ 整除 $\det(xE - A)$.

命题 3.2.5　假设 $g(x) \in \mathbb{F}[x], A \in M_n(\mathbb{F})$. 进一步假设 $g(x)$ 是 $\mathbb{F}[x]$ 中零化方阵 A 的首一最小次数的多项式 $m_A(x)$. 则有

(1) $\mathbb{F}$ 中的数 λ 是 A 的特征值, 当且仅当 $g(\lambda) = 0$;

(2) 复数 λ 是 A 的特征根, 当且仅当 $g(\lambda) = 0$.

解　(1) $\Longrightarrow$　可以假设 $A\alpha = \lambda\alpha$, 其中 $0 \neq \alpha$. 则有 $g(\lambda)\alpha = g(A)\alpha = 0 \cdot \alpha = 0$; 由此即得 $g(\lambda) = 0$. 注意, 证明过程并未用到 "次数最小" 这一条件.

$\Longleftarrow$　首先, 根据一元多项式的带余除法可证: 零化 A 的首一最小次数多项式是唯一存在的. 下面采用反证法论证本题充分性部分:

假设 $g(\lambda) = 0$, 并反设 λ 不是 A 的特征值. 这意味着, 存在 $m \geqslant 1$ 以及多项式 $h(x) \in \mathbb{F}[x]$, 使得 $g(x) = (x - \lambda)^m h(x)$, 其中 $h(\lambda) \neq 0$. 而对于任意的非零方阵 $B \in M_n(\mathbb{F})$, 则有 $(A - \lambda E)B \neq 0$. 注意到 $(x - \lambda, h(x)) = 1$, 从而存在 $\mathbb{F}[x]$ 中的多项式 $u(x), v(x)$ 使得 $(x - \lambda)u(x) + h(x)v(x) = 1$. 由此得到

$$(A - \lambda E)^{m+1}u(A) = (A - \lambda E)^{m+1}u(A) + g(A)h(A) = (A - \lambda E)^m.$$

因为对于任意的非零向量 $\beta \in \mathbb{F}^n$, 有 $(A - \lambda E)\beta \neq 0$, 所以可以由

$$(A - \lambda E)[(A - \lambda E)^m u(A) - (A - \lambda E)^{m-1}E] = (A - \lambda E)^{m+1}u(A) - (A - \lambda E)^m E = 0$$

推断出 $(A - \lambda E)u(A) - E = 0$. 现在, 再次使用带余除法, 知道有等式 $u(x) = g(x)q(x) + r(x)$, 其中 $r(x)$ 的次数不超过 $g(x)$ 的次数减 1; 代入前式, 得到

$$(A - \lambda E)r(A) - E = 0.$$

不妨假设 $r(x)$ 首一, 则由开始时提到的唯一性, 得到 $g(x) = (x-\lambda)r(x)-1$, 与 $g(\lambda) = 0$ 相矛盾.

(2) 由于 $\mathbb{F} \subseteq \mathbb{C}$, 所以有 $\mathbb{F}[x] \subseteq \mathbb{C}[x]$. 在 (1) 的推理中, 将 $\mathbb{F}$ 换为 $\mathbb{C}$, 即得欲证.□

定理 3.2.6 假设 $A \in M_n(\mathbb{F})$, 则 A 在 $\mathbb{F}$ 上相似于对角阵, 当且仅当 A 的特征根都属于 $\mathbb{F}$, 而且 A 的最小多项式 $m_A(x)$ 没有重根.

证明 $\Longrightarrow$ 假设 $\mathbb{F}$ 上的可逆矩阵 P 使得

$$P^{-1}AP = \text{diag}\{\lambda_1 E, \cdots, \lambda_s E\} =: B,$$

其中的特征根 $\lambda_1, \cdots, \lambda_s$ 两两互异, 则当然有 $\lambda_i \in \mathbb{F}(i = 1, \cdots, s)$, 而且有 $m_A(x) = m_B(x)$; 而 $m_B(x) = \prod_{i=1}^s (x - \lambda_i)$, 这是因为多项式 $h(x) =: \prod_{i=1}^s (x - \lambda_i) \in \mathbb{F}[x]$ 首一, 它零化 B 但是其真因式都不零化 B.

$\Longleftarrow$ 假设 A 的互异的全部特征根为 $\lambda_1, \cdots, \lambda_r$, 并假设它们都属于 $\mathbb{F}$; 假设 A 的最小多项式是 $g(x)$ 且 $g(x)$ 没有重根. 根据带余除法以及命题 3.2.5, 有 $g(x) = \prod_{i=1}^s (x - \lambda_i)$. 如果 $s \leqslant 1$, 则有 $A = 0$ 或 $A = \lambda_1 E$, 故当 $s \leqslant 1$ 时, 结论成立. 下设 $s \geqslant 2$.

记 $g_i(x) = g(x)/(x - \lambda_i)$, 则 $g_i(x), x - \lambda_i \in \mathbb{F}[x]$, 且 $(x - \lambda_i, g_i(x)) = 1$. 根据推论 1.2.3, 存在 $u(x), v(x) \in \mathbb{F}[x]$ 使得

$$g_i(x)u(x) + (x - \lambda_i)v(x) = 1, \quad \text{故} \quad g_i(A) \cdot u(A) + (A - \lambda_i E) \cdot v(A) = E.$$

因此

$$r(g_i(A)) + r(A - \lambda_i E) \geqslant r[g_i(A)u(A) + (A - \lambda_i E)v(A)] = r(E) = n,$$

故再由 $g_i(A)(A - \lambda_i E) = g(A) = 0$ 可得

$$n = r(g_i(A)) + r(A - \lambda_i E).$$

再次使用基础解系基本定理, 可知 A 在 $\mathbb{F}^{n \times 1}$ 中恰有 $r(g_i(A))$ 个线性无关的特征向量, 属于特征值 λ_i. 因此, 为了说明 A 在 $\mathbb{F}$ 上相似于对角阵, 只需要说明

$$\sum_{i=1}^s r(g_i(A)) = n.$$

事实上, 根据 $(g_1(x), \cdots, g_s(x)) = 1$, 可假设存在 $u_i(x) \in \mathbb{F}[x] \ (i = 1, \cdots, s)$ 使得

$$\sum_{i=1}^s g_i(x)u_i(x) = 1.$$

注意到

$$\sum_{i=1}^{s} g_i(A)u_i(A) = E, \quad g_1(A)g_2(A) = 0,$$

所以有 $g_i(A) = g_i(A)^2 u_i(A)$ $(i = 1, \cdots, s)$. 考虑秩为 $\sum\limits_{i=1}^{s} r\big(g_i(A)\big)$ 的下述准对角阵 D, 并分别做一系列的行、列 (块) 初等变换:

$$D =: \begin{pmatrix} g_1(A) & & & & \\ & g_2(A) & & & \\ & & g_3(A) & & \\ & & & \ddots & \\ & & & & g_s(A) \end{pmatrix}$$

$$\xrightarrow{r} \begin{pmatrix} g_1(A) & & & & \\ & g_2(A) & & & \\ & & g_3(A) & & \\ & & & \ddots & \\ & & & & g_{s-1}(A) & \\ u_1(A)g_1(A) & u_2(A)g_2(A) & u_3(A)g_3(A) & \cdots & u_{s-1}(A)g_{s-1}(A) & g_s(A) \end{pmatrix}$$

$$\xrightarrow{c} \begin{pmatrix} g_1(A) & & & & \\ g_2(A) & g_2(A) & & & \\ g_3(A) & & g_3(A) & & \\ \vdots & & & \ddots & \\ g_{s-1}(A) & & & & g_{s-1}(A) & \\ E & g_2(A)u_2(A) & g_3(A)u_3(A) & \cdots & g_{s-1}(A)u_{s-1}(A) & g_s(A) \end{pmatrix}$$

$$\xrightarrow{r} \begin{pmatrix} 0 & 0 & \cdots & 0 & 0 \\ \vdots & \vdots & \ddots & \vdots & \vdots \\ 0 & 0 & \cdots & 0 & 0 \\ E & g_2(A)u_2(A) & \cdots & g_{s-1}(A)u_{s-1}(A) & g_s(A) \end{pmatrix} \xrightarrow{c} \begin{pmatrix} 0 & 0 \\ E_n & 0 \end{pmatrix}.$$

这就完成了证明.   □

　　如果使用 Jordan 标准形定理或者定理 3.5.1, 则可给出定理 3.2.6 的极为简短的论证; 注意这里的证明过程只用到了基础解系基本定理、命题 3.2.5 以及堆块矩阵技巧.

　　关于矩阵的结论自然可以转换为线性变换的语言; 反之亦然. 根据定理 3.2.2 以及定理 3.2.6, 有如下与定理 3.2.6 等价的结果.

推论 3.2.7　假设 $_\mathbb{F}V$ 是有限维线性空间, 而 σ 是其上线性变换, 则 σ 在某个基下的矩阵是对角阵, 当且仅当 σ 的特征多项式的根都在数域 $\mathbb{F}$ 中, 且 $m_\sigma(x)$ 没有重根.

推论 3.2.7 也可使用线性空间与线性变换的语言, 通过归纳的方法得到. 事实上, 可以使用多项式互素的充分必要条件先推断出

$$V = \ker\left[(\sigma - \lambda_1 I_V)\cdots(\sigma - \lambda_{r-1}I_V)\right] \oplus \ker(\sigma - \lambda_r I_V);$$

然后用数学归纳法完成充分性论证, 详细留作习题 (习题 2).

习题与扩展内容

习题 1　假设 $_\mathbb{R}V = \{A \in M_2(\mathbb{R}) \mid A^{\mathrm{T}} = A\}$. 取 $B = \begin{pmatrix} 1 & -1 \\ 0 & 0 \end{pmatrix}$. 命

$$\sigma : V \to V, \quad A \mapsto AB^{\mathrm{T}} + BA.$$

(1) 验证 σ 是一个线性变换;

(2) 求 σ 在基

$$E_{11}, \quad E_{12} + E_{21}, \quad E_{22}$$

之下的矩阵 (应为三阶方阵);

(3) 求像子空间 $\mathrm{im}(\sigma)$ 的一个基;

(4) 求核子空间 $\ker(\sigma)$ 的一个基;

(5) 和 $\mathrm{im}(\sigma) + \ker(\sigma)$ 是否是直和? 若是, 是否有 $V = \mathrm{im}(\sigma) \oplus \ker(\sigma)$?

习题 2　求证: 对于 $_\mathbb{F}V$ 上的线性变换 σ 而言, σ 在某个基下的矩阵是对角阵, 当且仅当存在有限个两两互异的 $\lambda_i \in \mathbb{F}$, 使得多项式 $\prod_i(x - \lambda_i)$ 零化 σ.

习题 3　设 $V = \mathbb{F}^n$. 求证: 对于 $_\mathbb{F}V$ 上的每个线性变换 σ, 存在矩阵 $B \in M_n(\mathbb{F})$, 使得 $\sigma(\alpha) = B\alpha, \ \forall \alpha \in V$.

习题 4　(1) 假设 $_\mathbb{F}V = W_1 \oplus W_2$. 考虑变换 $\sigma : V \to V$, $\alpha_1 + \alpha_2 \mapsto \alpha_1 \ (\forall \alpha_i \in W_i, i = 1, 2)$. 如果任意取定 V 的一个基, 并设线性变换 σ 在这个基下的矩阵为 A, 求证: $A^2 = A$.

称 σ 是关于分解式 $_\mathbb{F}V = W_1 \oplus W_2$ 的从 V 到子空间 W_1 的**投影**.

(2) 假设 $\mathbb{F}$ 上的方阵 A_n 满足 $A^2 = A$; 假设 $_\mathbb{F}V$ 是以 $\alpha_1, \cdots, \alpha_n$ 为基的一个给定线性空间.

(a) 求证

$$\sigma_A : V \to V, \quad \sum_{i=1}^n k_i\alpha_i \mapsto (\alpha_1, \cdots, \alpha_n)(A\beta)$$

是一个线性变换 $(\beta = (k_1, \cdots, k_n)^{\mathrm{T}})$.

(b) 试给出 V 的一个直和分解式 $V = W_1 \oplus W_2$, 使得

$$\sigma_A(\alpha_1 + \alpha_2) = \alpha_i, \quad \forall \alpha_1 \in W_i,$$

即 σ_A 是一个从 V 到子空间 W_1 的投影.

习题 5　求证: 同一线性变换在不同基下的矩阵相似.

3.3　内积空间与酉 (正交) 变换

3.3.1　内积空间

在线性代数中, 曾经学习过实空间 $V = \mathbb{R}^{m\times1}$ 所具有的内积 $[\alpha,\beta] = \alpha^{\mathrm{T}}\beta$ (V 叫作**欧氏空间**), 它具有如下三条最本质的性质.

性质 3.3.1　　$[\alpha,\beta] = [\beta,\alpha]$; (对称性)

性质 3.3.2　　$[\alpha, k_1\beta_1 + k_2\beta_2] = \sum\limits_{i=1}^{2} k_i[\alpha,\beta_i]$; (关于第二分量的线性性)

性质 3.3.3　　$[\alpha,\alpha]$ 是正实数, $\forall 0 \neq \alpha \in V$. (正定性)

对于 $V = \mathbb{C}^{m\times1}$, 则有内积 $[\alpha,\beta] = \alpha^\star\beta$. 在此推广的定义之下, 性质 3.3.2 与性质 3.3.3 保持不变, 而性质 3.3.1 则有所变化.

性质 3.3.1′　　$[\beta,\alpha] = \overline{[\alpha,\beta]}$.

定义 3.3.4　　假设数域 $\mathbb{F}$ 具有性质

"$\forall c \in \mathbb{C}, c \in \mathbb{F}$ 当且仅当 $\bar{c} \in \mathbb{F}$."

对于 $\mathbb{F}$ 上的线性空间 $_\mathbb{F}V$, 如果存在一个满足性质 3.3.1′、性质 3.3.2 和性质 3.3.3 的映射

$$[-,-] : V \times V \to \mathbb{F}, \quad (\alpha,\beta) \mapsto [\alpha,\beta],$$

则称 $_\mathbb{F}V$ 是带有**内积** $[-,-]$ 的**内积空间**; $\mathbb{F} = \mathbb{C}$ 时叫作**酉空间**, $\mathbb{F} = \mathbb{R}$ 时则叫作**欧几里得空间** (简称欧氏空间).

无疑, 定义 3.3.4 是一个高度抽象的公理化定义; 但是抽象的好处也是明显的. 例如, 如果取定 $_\mathbb{F}V$ 的一个基 $v_1,\cdots,v_n$, 然后对于 V 中任意向量

$$v = (v_1,\cdots,v_n)\alpha, \quad w = (v_1,\cdots,v_n)\beta \quad (\alpha,\beta \in \mathbb{F}^{n\times1}),$$

以及 $_\mathbb{F}V$ 上的任一内积 $[-,-]$, 根据内积定义的前两个条件可得

$$[v,w] = \left[\sum_{i=1}^{n} k_i v_i, \sum_{j=1}^{n} l_j v_j\right] = \sum_{i=1}^{n}\sum_{j=1}^{n} \overline{k_i} \cdot [v_i,v_j] \cdot l_j.$$

因此, 若命 $A = ([v_i,v_j])_{n\times n} \in M_n(\mathbb{F})$, 则有

$$\boxed{[(v_1,\cdots,v_n)\alpha, (v_1,\cdots,v_n)\beta] = [v,w] = \alpha^\star A\beta.} \tag{7}$$

而内积定义的第三个条件与第一个条件合起来无非是说, A 是一个 **Hermite 正定矩阵**, 即 A 满足

$$A^\star = A; \quad \alpha^\star A \alpha > 0, \quad \forall 0 \neq \alpha \in \mathbb{F}^{n \times 1}.$$

因此, 可以确定 V 上所有的内积如下.

定理 3.3.5 取定线性空间 $_\mathbb{F}V$ 的一个基 $v_1, \cdots, v_n$. 用 $\Gamma(V)$ 表示 $_\mathbb{F}V$ 上的内积全体; 用 $\mathcal{PD}$ 表示 $\mathbb{F}$ 上的 n 阶 Hermite 正定矩阵全体, 则有集合之间的双射

$$\varphi : \Gamma(V) \to \mathcal{PD}, \quad [-,-] \mapsto \left([v_i, v_j] \right)_{n \times n}.$$

证明 刚才已经证明了 φ 是一个映射; 余下需要仔细验证它还是单射和满射. 略去详细验证. □

根据这个定理, 要确定 $_\mathbb{F}V$ 上的全部内积 (它们是抽象的), 只需要确定全部都是 n 阶 Hermite 正定矩阵; 而 $\mathbb{F}$ 上的任一 n 阶 Hermite 正定矩阵 A, 都可由一个可逆矩阵 $P \in \mathrm{GL}_n(\mathbb{F})$ 所确定: 存在可逆矩阵 P 使得 $A = P^\star \cdot P$. 关于可逆矩阵的问题, 可以回到命题 2.1.1, 还可以回顾一下定理 2.7.3.

预备知识中的 Schmidt 正交化与单位化过程可以全盘复制到这里. 注意在 n 维内积空间中, 每个向量有长度 $|v| =: \sqrt{[v,v]}$, 有正交 (即垂直) 的概念:

$$v \perp w \iff [v, w] = 0,$$

有标准正交基 $\eta_1, \cdots, \eta_n$ 的概念: $[\eta_i, \eta_j] = \delta_{ij}, \forall i, j$. 标准正交基是内积空间中的天赐之物, 通常在一个内积空间考虑问题中会取一个标准正交基作为讨论的出发点. 特别地, 有如下的定理.

定理 3.3.6 取定带内积 $[-,-]$ 的内积空间 $_\mathbb{F}V$ 的一个标准正交基 $\eta_1, \cdots, \eta_n$; 用 $\mathcal{U}_n(\mathbb{F})$ 表示 $\mathbb{F}$ 上所有 n 阶酉阵的全体; 用 $\mathcal{B}(V)$ 表示 V 中所有标准正交基的集合. 则有集合双射

$$\Psi : \mathcal{B}(V) \to \mathcal{U}_n(\mathbb{F}), (v_1, \cdots, v_n) \mapsto U \ \left[(v_1, \cdots, v_n) = (\eta_1, \cdots, \eta_n)U \right].$$

证明 直接验证由等式 $(v_1, \cdots, v_n) = (\eta_1, \cdots, \eta_n)U$ 确定的 U 是 $\mathbb{F}$ 上的酉阵, 从而 Ψ 是映射; 然后再仔细验证 Ψ 是单射和满射. 略去详细验证过程. □

例 3.3.7 (1) 对于任一内积空间 $(_\mathbb{F}V, [-,-])$ 的任一子空间 W, 存在唯一的子空间 (记为 $W^\perp$, 叫作 W 的**正交补**) 使得

$$V = W \oplus W^\perp, \quad [v, w] = 0, \quad \forall v \in W, \ w \in W^\perp.$$

(2) $\pi_W : V = W \oplus W^\perp \to V, \ \alpha + \beta \mapsto \alpha \ (\alpha \in W, \ \beta \in W^\perp)$ 是线性空间的线性变换, 叫作 V 到子空间 W 的**正交投影变换**.

证明　(1) 假设 $v_1, \cdots, v_r$ 是 $_\mathbb{F}W$ 的任一基, 并将之扩充为 V 的一个基

$$v_1, \cdots, v_r, v_{r+1}, \cdots, v_n.$$

考虑线性方程组

$$0 = \left[v_i, \sum_{j=1}^n x_j v_j\right] = \sum_{j=1}^n [v_i, v_j] x_i \quad (i=1,\cdots,r). \tag{8}$$

由于 $([v_i, v_j])_{n\times n}$ 是正定阵, 所以满秩, 从而 $([v_i,v_j])_{r\times n}$ 行满秩, 所以线性方程组 (8) 的基础解系含有 $n-r$ 个向量. 设一个基础解系为 $\alpha_{r+1}, \cdots, \alpha_n \in \mathbb{F}^{n\times 1}$. 命 $w_i = (v_1, \cdots, v_n)\alpha_i$, 则有

(a) 由 (8) 得 $w_i \perp v_j$, $\forall 1 \leqslant r$, 所以 $w_i \in W^\perp$;

(b) $w_{r+1}, \cdots, w_n$ 线性无关 (直接验证可得).

于是有: $V = W \oplus L(w_{r+1}, \cdots, w_n)$, 其中 $W \perp L(w_{r+1}, \cdots, w_n)$. 这就证明了 $W^\perp$ 的存在性.

$W^\perp$ 的唯一性: 假设有 $V = W \oplus W_1 = W \oplus W_2$, 其中 $W_i \perp W$, $i=1,2$. $\forall w_1 \in W_1$, 假设 $w_1 = w + w_2$ ($w \in W$, $w_2 \in W_2$), 则有

$$0 = [w, w_1] = [w, w+w_2] = [w,w] + [w,w_2] = [w,w] = |w|^2,$$

从而由内积的正定性得到 $w=0, w_1 = w_2$, 所以 $W_1 \subseteq W_2$. 同理可得 $W_2 \subseteq W_1$, 所以 $W_1 = W_2$. 唯一性证毕.

(2) 略去直接验证. $\qquad\qquad\square$

3.3.2　酉变换与正交变换

集合 V 到自身的一个映射叫作 V 上的**变换**. 进一步假设 $_\mathbb{F}V$ 是带有内积 $[-,-]$ 的内积空间; 一个变换 σ 若满足

$$[\sigma(v_1), \sigma(v_2)] = [v_1, v_2], \quad \forall v_i \in V, \ i=1,2,$$

则称之为内积空间 $(_\mathbb{F}V, [-,-])$ 的一个**酉变换**; 而欧氏空间 $_\mathbb{R}V$ 上的酉变换叫作**正交变换**.

利用内积的正定性, 不难直接验证: 酉变换 σ 都是线性变换; 为此需要说明 $\sigma(kv) = k\sigma(v)$, 只需要验证 $[\sigma(kv) - k\sigma(v), \sigma(kv) - k\sigma(v)] = 0$. 余下还需验证

$$[\sigma(v+w) - \sigma(v) - \sigma(w), \sigma(v+w) - \sigma(v) - \sigma(w)] = 0.$$

详细验证留作习题.

命题 3.3.8 对于内积空间 $(\mathbb{F}V, [-,-])$ 的任一单位向量 v, 存在内积空间 V 上的一个如下酉变换

$$\varphi_v : V \to V, w \mapsto w - 2[v,w]v.$$

此变换叫作**镜面反射**(或称 Householder 变换).

回顾定理 3.2.2, 注意到数域 $\mathbb{F}$ 上的代数 $\mathrm{End}_{\mathbb{F}}(V)$ 有一个子集合, 它由内积空间 $(\mathbb{F}V, [-,-])$ 上的所有酉变换组成, 暂记为 $\mathrm{Und}_{\mathbb{F}}(V)$. 在下面的讨论中, 与定理 3.2.2 略有区别的是, 此时取定一个标准正交基.

定理 3.3.9 取定内积空间 $(\mathbb{F}V, [-,-])$ 的一个标准正交基 $\eta_1, \cdots, \eta_n$, 将定理 3.2.2 的映射 φ 限制到 $\mathrm{Und}_{\mathbb{F}}(V)$, 则有如下的 (限制) 乘法群同构映射

$$\varphi : \mathrm{Und}_{\mathbb{F}}(V) \to U_n(\mathbb{F}), \quad \sigma \mapsto A,$$

其中 A 由下式确定

$$\sigma(\eta_1, \cdots, \eta_n) = (\eta_1, \cdots, \eta_n)A.$$

证明 需要直接验证的仅是以下两点:

(1) 对于任一酉变换 $\sigma \in \mathrm{Und}(V)$, 由 $\sigma(\eta_1, \cdots, \eta_n) = (\eta_1, \cdots, \eta_n)A$ 确定的矩阵 A 是酉阵;

(2) 对于任一酉阵 $A \in U_n(\mathbb{F})$, 由

$$\tau\left(\sum k_i\eta_i\right) = (\eta_1, \cdots, \eta_n)A(k_1, \cdots, k_n)^{\mathrm{T}}$$

确定的映射 τ 是酉变换, 即 τ 满足 $[\tau(v), \tau(w)] = [v, w]$, $\forall v, w \in V$.

要验证这两点, 需要进行一些细致的演算; 详略. □

在此一一对应之下, 命题 3.3.8 中的每个 φ_v 都应该对应一个**镜面反射矩阵**, 即形为 $E - 2\alpha\alpha^\star$ 的矩阵, 其中 $\alpha^\star\alpha = 1, \alpha \in \mathbb{F}^{n\times 1}$. 具体的实现过程留作一道基本的练习题.

习题与扩展内容

习题 1 验证: 酉变换都是线性变换.

习题 2 对于内积空间 $\mathbb{F}V$ 以及 V 的任一线性变换 σ, 求证: σ 是 V 到某个子空间的一个正交投影变换, 当且仅当 σ 在任一标准正交基下的矩阵是幂等的 Hermite 矩阵.

习题 3 验证镜面反射变换是酉变换; 并解释如何从一个 Householder 变换得到一个镜面反射矩阵.

习题 4 求证: 欧氏空间中任一正交变换 σ 都可以分解为若干个镜面反射之积.

习题 5 假设数域 $\mathbb{F}$ 在取共轭运算下封闭, 且 $\mathbb{F}V = M_n(\mathbb{F})$.

(1) 试验证: $[A, B] = \mathrm{tr}\,(A^\star B)$ 给出了线性空间 $_\mathbb{F} V$ 上的一个内积;

(2) 当 $\mathbb{F} = \mathbb{R}, n = 4$ 时, 在 (1) 的内积之下, 试求 E_{11} 与 ee^{T} 的夹角, 其中 $e^{\mathrm{T}} = (1, 1, 1, 1)$, 并求出该内积空间的一个标准正交基.

习题 6　考虑四维实空间 $V =: M_2(\mathbb{R})$ 的子空间 $W = \{A \in V \mid A^{\mathrm{T}} = A\}$. 假设 V 中的内积是 $[A, B] =: \mathrm{tr}\,(A^{\mathrm{T}} B)$.

(1) 求 W 的正交补子空间 $W^\perp$;

(2) 求 $\begin{pmatrix} 1 & 1 \\ 0 & 0 \end{pmatrix}$ 在 W 上的正交投影.

习题 7*　求证如下的**正交变换基本定理**: 有限维欧氏空间上的任一正交变换在某个标准正交基下的矩阵为 $\mathrm{diag}\{E, -E, A_1, \cdots, A_u\}$, 其中 A_i 形为

$$\begin{pmatrix} \cos(\theta) & \sin(\theta) \\ -\sin(\theta) & \cos(\theta) \end{pmatrix} \quad (0 \leqslant \theta < 2\pi).$$

习题 8　假设 $_\mathbb{F} V$ 是带有内积 $[-, -]$ 的内积空间.

(1) 求证: 对于任意线性变换 σ, 存在唯一的一个线性变换 τ, 使得

$$[\sigma(v), w] = [v, \tau(w)], \quad \forall v, w \in V.$$

称 τ 为 σ 的对偶 (dual) 变换, 并记为 $\tau = \sigma^\star$.

(2) 取定 $_\mathbb{F} V$ 的一个基 $v_1, \cdots, v_n$. 如果 A 是 σ 在 $v_1, \cdots, v_n$ 下的矩阵, 求证: $A^\star$ 是 $\sigma^\star$ 在 $v_1, \cdots, v_n$ 下的矩阵.

(3) 如果 $\sigma\sigma^\star = \sigma^\star\sigma$, 则称 σ 是内积空间 V 上的一个正规线性变换. 请问: 这与正规矩阵的概念是否和谐?

3.4　线性空间的 σ-子空间直和分解式与分块对角矩阵

现在回到一般线性空间 $_\mathbb{F} V$ (未必赋予内积) 上的一个给定线性变换 σ, 考虑与 σ 有关系的子空间 W, 以及相应的子空间分解问题.

如果 $\dim_\mathbb{F}(W) < \dim_\mathbb{F}(V)$, 而且 $\sigma(W) \subseteq W$, 则 σ 可以限制到真子空间 W 上, 即 σ 可以看成具有更低维数的子空间 $_\mathbb{F} W$ 上的线性变换. 此时, 在很多情形, 就可以使用归纳法的思想进行逻辑推理或者进行合理猜测.

如果 $\sigma(W) \subseteq W$, 则称 W 是 V 的一个 **σ-不变子空间** (σ-invariant subspace), 简称 σ-子空间. 注意除了平凡子空间 V 与 0 之外, $\sigma^i(V)$ 与 $\ker(\sigma^i)$ 都是 V 的 σ-子空间.

命题 3.4.1　假设 $\sigma \in \mathrm{End}_\mathbb{F}(V)$. 则 V 有关于 σ-子空间 W_i 的直和分解 $V = \bigoplus_{i=1}^{t} W_i$, 当且仅当存在 V 的某个基, 使得 σ 在此基下的矩阵形为块准对角阵 $\mathrm{diag}\{A_1, \cdots, A_t\}$, 其中方阵 A_i 的阶数与 $\dim_\mathbb{F} W_i$ 相同.

证明 $\Longrightarrow$ 可以假设 $V = W_1 \oplus W_2$, 其中 $\sigma(W_i) \subseteq W_i$. 假设 W_1 有基 α_1, α_2, 而 W_2 有基 $\beta_1, \beta_2, \beta_3$. 由于 $\sigma(\alpha_1) \in L(\alpha_1, \alpha_2) = W_1$, 所以有 $\mathbb{F}$ 上的 2 阶方阵 A, 使得

$$\sigma(\alpha_1, \alpha_2) = (\alpha_1, \alpha_2)A;$$

同理, 存在 $B \in M_3(\mathbb{F})$, 使得

$$\sigma(\beta_1, \beta_2, \beta_3) = (\beta_1, \beta_2, \beta_3)B.$$

由于 $V = L(\alpha_1, \alpha_2) \oplus L(\beta_1, \beta_2, \beta_3)$, 所以 $\alpha_1, \alpha_2, \beta_1, \beta_2, \beta_3$ 是 $_{\mathbb{F}}V$ 的一个基, 且有

$$\sigma(\alpha_1, \alpha_2, \beta_1, \beta_2, \beta_3) = (\alpha_1, \alpha_2, \beta_1, \beta_2, \beta_3) \begin{pmatrix} A & 0 \\ 0 & B \end{pmatrix},$$

即 σ 在基 $\alpha_1, \alpha_2, \beta_1, \beta_2, \beta_3$ 下的矩阵是块准对角阵

$$\begin{pmatrix} A & 0 \\ 0 & B \end{pmatrix}.$$

$\Longleftarrow$ 略去验证的细节. $\qquad\qquad\qquad\qquad\qquad\qquad\qquad\qquad\qquad\qquad$ $\square$

引理 3.4.2 假设 $\lambda_1, \cdots, \lambda_r$ 是线性变换 $\sigma \in \mathrm{End}_{\mathbb{F}}(V)$ 的全部两两互异的特征值. 则 σ 在某个基下的矩阵是对角阵, 当且仅当 $V = \bigoplus_{i=1}^{r} V_i$, 其中

$$V_i = V_{\lambda_i} =: \{v \in V \mid \sigma(v) = \lambda_i v\}$$

是 σ 的属于特征值 λ_i 的特征子空间.

证明 (1) 记 $W = \sum_{i=1}^{r} V_i$, 则有 $W = \bigoplus_{i=1}^{r} V_i$. 事实上, 从假设

$$0_V = \sum_{i=1}^{r} v_i \quad (v_i \in V_i)$$

出发, 用线性变换 σ^i 逐次施以作用, 可得

$$\begin{pmatrix} 1 & 1 & \cdots & 1 \\ \lambda_1 & \lambda_2 & \cdots & \lambda_r \\ \lambda_1^2 & \lambda_2^2 & \cdots & \lambda_r^2 \\ \vdots & \vdots & \ddots & \vdots \\ \lambda_1^{r-1} & \lambda_2^{r-1} & \cdots & \lambda_r^{r-1} \end{pmatrix} \begin{pmatrix} v_1 \\ v_2 \\ \vdots \\ v_r \end{pmatrix} = \begin{pmatrix} 0_V \\ 0_V \\ \vdots \\ 0_V \end{pmatrix},$$

由此即得 $v_i = 0$, $1 \leqslant i \leqslant r$.

(2) 根据 (1) 的结果, 等式 $V = \bigoplus_{i=1}^{r} V_i$ 成立, 当且仅当

$$\dim(V) = \sum_{i=1}^{r} \dim(V_i),$$

当且仅当 σ 在某个基下的矩阵是对角阵 $\mathrm{diag}\{\lambda_1 E, \lambda_2 E, \cdots, \lambda_r E\}$. □

命题 3.4.3　设 $\sigma \in \mathrm{End}_{\mathbb{F}}(V)$, 而 W 是 V 的一个 σ-子空间. 如果 σ 在某个基下的矩阵是对角阵, 则有:

(1) $\sigma|_W : W \to W, \alpha \mapsto \sigma(\alpha)$ 在 W 的某个基下的矩阵也是对角阵;

(2) 存在一个直和分解 $V = W \oplus W_1$, 其中 W_1 也是 σ-子空间.

证明　根据假设和引理 3.4.2, 有 $V = \bigoplus_{i=1}^{r} V_i$, 其中 V_i 的意义见引理. 注意到 $W \cap V_i$ 在 V_i 中有直和补 W_i, 其中 $\sigma(W_i) \subseteq W_i$; 如果能断定 $W = \oplus(W \cap V_i)$ 成立, 则显然 (1) 的结论成立; 同时, 还可取 $W_1 = \bigoplus_{i=1}^{r} W_i$, 从而完成 (2) 的论证.

显然有直和 $\bigoplus_{i=1}^{r}(W \cap V_i)$ 以及 $\bigoplus_{i=1}^{r}(W \cap V_i) \subseteq W$; 反过来, $\forall w \in W \subseteq V = \bigoplus_{i=1}^{r} V_i$, 可设 $w = \sum\limits_{i=1}^{r} v_i \, (v_i \in V_i)$, 则有

$$\sum_{i=1}^{r} \lambda_i^j v_i = \sum_{i=1}^{r} \sigma^j(v_i) = \sigma^j\left(\sum_{i=1}^{r} v_i\right) = \sigma^j(w) \in W.$$

于是有

$$\begin{pmatrix} 1 & 1 & \cdots & 1 \\ \lambda_1 & \lambda_2 & \cdots & \lambda_r \\ \lambda_1^2 & \lambda_2^2 & \cdots & \lambda_r^2 \\ \vdots & \vdots & \ddots & \vdots \\ \lambda_1^{r-1} & \lambda_2^{r-1} & \cdots & \lambda_r^{r-1} \end{pmatrix} \begin{pmatrix} v_1 \\ v_2 \\ \vdots \\ v_r \end{pmatrix} = \begin{pmatrix} w \\ \sigma(w) \\ \vdots \\ \sigma^{r-1}(w) \end{pmatrix},$$

从而得到

$$\begin{pmatrix} v_1 \\ v_2 \\ \vdots \\ v_r \end{pmatrix} = \begin{pmatrix} 1 & 1 & \cdots & 1 \\ \lambda_1 & \lambda_2 & \cdots & \lambda_r \\ \lambda_1^2 & \lambda_2^2 & \cdots & \lambda_r^2 \\ \vdots & \vdots & \ddots & \vdots \\ \lambda_1^{r-1} & \lambda_2^{r-1} & \cdots & \lambda_r^{r-1} \end{pmatrix}^{-1} \begin{pmatrix} w \\ \sigma(w) \\ \vdots \\ \sigma^{r-1}(w) \end{pmatrix},$$

由此即得 $v_i \in W \cap V_i$, 从而 $W \subseteq \sum\limits_{i=1}^{r}(W \cap V_i)$. 因此 $W = \bigoplus(W \cap V_i)$. □

请注意: 对于 ${}_{\mathbb{F}}V$ 上的一个一般线性变换 σ, 并非每个 σ-子空间一定会有 σ-子空间的直和补. 事实上, 在复数域 $\mathbb{C}$ 上, 对于一个线性变换 σ 来说, 每个 σ-子空间均有直和补, 当且仅当 σ 具有如下特性: σ 在某个基下的矩阵为对角阵. 读者可以设法给出此结论的一个论证 (详见习题 3; 论证并不显然).

由于这个原因, 对于一般的线性变换无法使用归纳法进行一般意义上的推理; 这也是将线性空间引进商空间概念的理由. 当然, 对于一些特殊的线性变换 (例如, 正规线性变换), 任意 σ-子空间都有 σ-子空间的补子空间, 详见习题 6.

习题与扩展内容

习题 1* 假设矩阵 $\begin{pmatrix} A & B \\ 0 & D \end{pmatrix}$ 相似于对角阵. 求证: A 和 D 均相似于对角阵.

习题 2 对于任意 $r \geqslant 1$, 利用命题 3.4.3 的结论, 证明: A 相似于对角矩阵, 当且仅当分块矩阵 $\begin{pmatrix} A & A^r \\ A^r & A \end{pmatrix}$ 相似于对角阵.

习题 3 对于 $\sigma \in \mathrm{End}_{\mathbb{C}}(V)$, 求证: σ 在某个基下的矩阵是对角阵, 当且仅当 V 的每个 σ-子空间都有一个 σ-子空间直和补.

习题 4 假设 $\sigma \in \mathrm{End}_{\mathbb{F}}(V)$, 而 $_{\mathbb{F}}V$ 的维数大于 1. 如果 σ 在某个基下的矩阵是一个 Jordan 块, 即形为

$$\lambda E_n + E_{12} + \cdots + E_{n-1,n}.$$

(1) 求证: 对于 V 的任意非平凡的 σ-子空间 W, W 没有 σ-子空间直和补;

(2) 构造尽量多的 σ-子空间.

习题 5 假设 $\sigma \in \mathrm{End}_{\mathbb{F}}(V)$, 而 $_{\mathbb{F}}(V)$ 的维数是 n; 假设 σ 有 n 个两两互异的特征值. 试利用习题 4 的结论 (2) 确定 V 的 σ-子空间的个数.

习题 6 假设 σ 是内积空间 $_{\mathbb{F}}V$ 上的一个正规变换, 且其特征根都在 $\mathbb{F}$ 中. 求证:

(1) 对于 V 的任意 σ-子空间 W, $W^{\perp}$ 也是 σ-子空间;

(2) 如下的正规变换基本定理: σ 在某个标准正交基下的矩阵是对角阵, 当且仅当 σ 是正规矩阵.

3.5 根子空间分解定理

如下定理在 Jordan 标准形理论中具有重要的地位.

定理 3.5.1 (线性空间关于某类线性变换 σ 的 σ-根子空间的直和分解)   对于线性空间 $_{\mathbb{F}}V$ 上的线性变换 σ, 假设 σ 的特征多项式 $f(x)$ 在 $\mathbb{F}[x]$ 中可以完全分解:

$$f(x) = (x-\lambda_1)^{r_1}(x-\lambda_2)^{r_2}\cdots(x-\lambda_s)^{r_s}, \quad \lambda_i \in \mathbb{F}, \lambda_i \neq \lambda_j, i = 1, 2, \cdots, s, i \neq j. \quad (9)$$

记

$$f_i(x) = \frac{f(x)}{(x-\lambda_i)^{r_i}}, \quad W_i = \mathrm{im}\, f_i(\sigma) \stackrel{\text{i.e.}}{=} f_i(\sigma)V,$$

$$R_i = \{\alpha \in V \mid \exists\, m_\alpha \in \mathbb{N} \text{ s.t. } (\sigma - \lambda_i I_V)^m(\alpha) = 0\}.$$

则有

(1) $R_i = \bigcup_{m=1}^{\infty} \ker(\sigma - \lambda_i I_V)^m$, 且 R_i 是 V 的 σ-子空间, 也是 $\sigma - \lambda_i I_V$-不变子空间. 称 R_i 为 σ 的属于特征值 λ_i 的**根空间**.

(2) $V = R_1 \oplus R_2 \oplus \cdots \oplus R_s$, $W_i = \ker\,(\sigma - \lambda_i I_V)^{r_i} = R_i$.

特别地, 任意有限维复空间 $_\mathbb{C}V$ 关于其上的任意线性变换 σ 具有唯一的 σ- 根子空间直和分解式.

证明与求解　　**方法 1**　(i) 容易直接验证 (1) 的论断. 事实上, 还有 $R_1 = \bigcup\limits_{m \geqslant 1} V_m$, 其中

$$V_m = \ker\,(\sigma - \lambda_1 I_V)^m, \quad V_1 \subseteq V_2 \subseteq V_3 \subseteq \cdots.$$

而子空间升链之并仍为子空间. 所以 R_1 是 V 的 σ-子空间.

又根据代数基本定理, 复数域上任意 n 次多项式在 $\mathbb{C}[x]$ 中可以完全分解. 故只需在假设下证出 (2).

(ii) 先证明: $V = W_1 \oplus W_2 \oplus \cdots \oplus W_s$. 从多项式的根的角度出发进行考虑, 易见有

$$(f_1(x), f_2(x), \cdots, f_s(x)) = 1,$$

从而存在 $u_i(x) \in \mathbb{F}[x]$, 使得 $\sum\limits_{i=1}^{s} f_i(x)u_i(x) = 1$. 由此得到

$$I_V = \sum_{i=1}^{s} f_i(\sigma)u_i(\sigma) = \sum_{i=1}^{s} u_i(\sigma)f_i(\sigma). \tag{10}$$

由此即得到 $V = \sum\limits_{i=1}^{s} W_i$. 为进一步说明 $V = \bigoplus_{i=1}^{s} W_i$ 成立, 只需证明: 等式

$$0 = \sum_{i=1}^{s} \alpha_i \quad (\alpha_i \in W_i)$$

蕴涵了所有 α_i 都为零向量. 为了叙述方便, 下面只验证

$$0 = \sum_{i=1}^{s} \alpha_i \ (\alpha_i \in W_i) \Longrightarrow \alpha_1 = 0.$$

事实上, 假设 $0 = \sum\limits_{i=1}^{s} \alpha_i \ (\alpha_i \in W_i)$. 注意到 $\alpha_i \in W_i$ 意味着 $\alpha_i = f(\sigma)(\beta_i)$; 而对于 $i \neq j$, 有 $f(x) \mid f_i(x)f_j(x)$, 因此, 依据 Cayley-Hamilton 定理, 有

$$f_j(\sigma)(\alpha_i) = [f_j(\sigma)f_i(\sigma)](\beta_j) = 0(\beta_j) = 0_V, \quad \forall i \neq j.$$

于是, 若将等式 (10) 应用于 $-\alpha_1 = \sum\limits_{j=2}^{s} \alpha_j$, 将得到

$$-\alpha_1 = I_V(-\alpha_1) = u_1(\sigma)\left[\sum_{j=2}^{s} f_1(\sigma)(\alpha_j)\right] - \sum_{r=2}^{s} u_r(\sigma)[f_r(\sigma)(\alpha_1)] = 0_V.$$

这就证明了 $V = \bigoplus_{i=1}^{s} W_i$.

(iii) 根据 Cayley-Hamilton 定理, 易见 $W_1 \subseteq R_1$. 反过来, 对于任意 $\alpha \in R_1$, 存在 m 使得 $(\sigma - \lambda_1 I_V)^m(\alpha) = 0$. 由于 $((x - \lambda_1)^m, f_1(x)) = 1$, 仿前即得到 $\alpha = f_1(\sigma)[w(\sigma)(\alpha)]$. 这就证明了 $R_1 \subseteq W_1$, 因此有

$$R_i = W_i, \quad V = R_1 \oplus R_2 \oplus \cdots \oplus R_s.$$

最后, 由

$$R_i = W_i = \mathrm{im} f_i(\sigma) \subseteq \ker(\sigma - \lambda_i I_V)^{r_i} \subseteq R_i$$

可得 $R_i = W_i = \ker(\sigma - \lambda_i I_V)^{r_i}$.

方法 2 根据 Cayley-Hamilton 定理, 得到

$$V = W_1 \oplus \cdots \oplus W_s.$$

根据 Cayley-Hamilton 定理, 立即得到

$$W_i = \mathrm{im} f_i(\sigma) \subseteq \ker(\sigma - \lambda_i I_V)^{r_i} \subseteq \bigcup_{m \geqslant 1} \ker(\sigma - \lambda_i I_V)^m = R_i.$$

因此, 余下只需要验证: $\ker(\sigma - \lambda_i I_V)^m \subseteq W_i$, 即对于任意 $\alpha \in \ker(\sigma - \lambda_i I_V)^m$ 存在 $\beta \in V$ 使得 $\alpha = f_i(\sigma)(\beta)$. 事实上, 由于 $(f_i(x), (x - \lambda_i)^m) = 1$, 所以存在 $u(x), v(x) \in \mathbb{F}[x]$, 使得 $f_i(x)u(x) + v(x)(x - \lambda_i)^m = 1$, 因此有

$$\alpha = I_V(\alpha) = f_i(\sigma)[u(\sigma)(\alpha)] + v(\sigma)[(\sigma - \lambda_i I_V)^m(\alpha)] = f_i(\sigma)[u(\sigma)(\alpha)]. \qquad \square$$

注 (1) 相对而言, 通常 $W_i = f_i(\sigma)V$ 比 $R_i = \ker(\sigma - \lambda_i I_V)^{r_i}$ 更易于计算. 另一方面, 由于 R_i 是 $\sigma - \lambda_i I_V$- 不变子空间, 而将线性变换 $\sigma - \lambda_i I_V$ 限制在 R_i 上是幂零的, 这就将问题归结为了幂零情形. 所以等式 $R_i = W_i$ 具有不平凡的意义.

(2) 根子空间分解定理是 Jordan 标准形理论推导过程中的重要一步. 根据引理 3.4.2, 用矩阵的语言来叙述, 它标志着: 如果 $\mathbb{F}$ 上的矩阵 A 的特征多项式在 $\mathbb{F}[x]$ 中有形为 (9) 的充分分解式, 则存在 $\mathbb{F}$ 上的可逆矩阵 Q 使得

$$Q^{-1}AQ = \begin{pmatrix} B_1 & 0 & 0 & \cdots & 0 & 0 \\ 0 & B_2 & 0 & \cdots & 0 & 0 \\ 0 & 0 & B_3 & \cdots & 0 & 0 \\ \vdots & \ddots & \ddots & \ddots & \ddots & \vdots \\ 0 & 0 & 0 & 0 & B_{s-1} & 0 \\ 0 & 0 & 0 & \cdots & 0 & B_s \end{pmatrix},$$

其中 $B_i = \lambda_i E + C_i$, 其中 $C_i^{r_i} = 0$.

(3) 根子空间分解定理对于如下问题的解答十分重要: 对于给定方阵 A, 求可逆矩阵 P 使得 $P^{-1}AP$ 成为 Jordan 标准形. 根据此定理, 该问题直接归结为求幂零矩阵的相应问题. 而关于幂零矩阵, 相应问题的解答思路可参见定理 3.6.1 存在性部分的证明. 一般来说, 求 P 的过程十分复杂. 关于几种特殊情形的简单解答, 可参见 3.6 节的几个例题.

推论 3.5.2　线性空间 $_\mathbb{F}V$ 上的一个线性变换 σ 在某个基下的矩阵是对角阵, 当且仅当存在 $\mathbb{F}$ 中互异的数 $\lambda_1,\cdots,\lambda_r$ $(r \leqslant \dim_\mathbb{F}V)$, 使得 $f(x) = \prod_{i=1}^r(x-\lambda_i)$ 零化 σ.

证明　$\Longleftarrow$　由定理 3.5.1 立得.

$\Longrightarrow$　直接计算得到.　　　　　　　　　　　　　　　　　　　□

根子空间分解定理的程序实现 (矩阵版本)

假设矩阵 $A \in M_n(\mathbb{F})$ 的特征多项式的标准分解式已经得到:

$$f(x) = (x-\lambda_1)^{r_1}(x-\lambda_2)^{r_2}\cdots(x-\lambda_s)^{r_s}, \quad \lambda_i \in \mathbb{F},\ \lambda_i \neq \lambda_j.$$

Step 1　对于每个 λ_i, 用消元法求解 $(\lambda_i E - A)^{r_i}X = 0$ 在 $\mathbb{F}^{n\times 1}$ 中的一个基础解系, 设为

$$\alpha_{i1},\ldots,\alpha_{it_i}\ (t_i = n - r((\lambda_i E - A)^{r_i})).$$

则已经有 $n = t_1 + \cdots + t_s$.

Step 2　命 $P = (\alpha_{11},\ldots,\alpha_{1t_1},\ldots,\alpha_{s1},\ldots,\alpha_{st_s})$, 则可逆矩阵 P 使得

$$P^{-1}AP = \mathrm{diag}\{A_1,\ldots,A_s\}$$

其中 A_i 是 t_i 阶方阵, 且有 $(\lambda_i E - A_i)^{r_i} = 0$.

习题与扩展内容

习题 1　求欧氏空间 $\mathbb{R}^4$ 关于镜面反射的根子空间分解式.

习题 2　假设 4 阶实矩阵 A 满足 $A^2 = A, r(A) = 2$. 试求欧氏空间 $\mathbb{R}^4$ 关于由 A 确定的左乘线性变换的根子空间分解式.

习题 3　对于 $f(x),g(x) \in \mathbb{F}[x]$, 记 $d(x) = (f(x),g(x)), m(x) = [f(x),g(x)]$. 假设 σ 是线性空间 $_\mathbb{F}V$ 上的线性变换.

(1) 求证如下式子恒成立:

$$\mathrm{im}\,d(\sigma) = \mathrm{im}\,f(\sigma) + \mathrm{im}\,g(\sigma),$$

$$\ker f(\sigma) + \ker g(\sigma) = \ker m(\sigma).$$

(2) 如果 $(f,g) = 1$, 且多项式 $f(x)g(x)$ 零化线性变换 σ, 则有

$$V = \ker f(\sigma) \oplus \ker g(\sigma),$$

$$\ker f(\sigma) = \operatorname{im} g(\sigma), \quad \ker g(\sigma) = \operatorname{im} f(\sigma).$$

(本题结果可以有效简化根子空间定理类型的结论的论证过程.)

习题 4 假设 $a \neq b \in \mathbb{F}$, $\sigma \in \operatorname{End}_{\mathbb{F}}V$. 求证: 多项式 $x^2 - (a+b)x + ab$ 零化 σ 当且仅当 $r(\sigma - aI_V) + r(\sigma - bI_V) = \dim_{\mathbb{F}}V$, 当且仅当 σ 在某个基下的矩阵为对角阵 $\operatorname{diag}\{aE_r, bE_{n-r}\}$, 其中 $0 \leqslant r \leqslant n$.

3.6 Jordan 标准形

定理 3.6.1 (Jordan 标准形定理) 在复数域 $\mathbb{C}$ 上, 任一方阵一定唯一 (不考虑前后次序) 相似于一个形为 $\operatorname{diag}\{J_1, J_2, \cdots, J_s\}$ 的准对角阵 (Jordan 标准形), 其中, J_i 是形为 $\lambda_i E + B$ 的 r_i 阶 Jordan 块方阵 ($B = E_{12} + E_{23} + \cdots + E_{r_i-1, r_i}$).

对于特征值是 λ 的任意一个 u 阶 Jordan 块矩阵 B, 注意到矩阵 $\lambda E - B$ 的秩为 $u-1$, 因此 B 的属于特征值 λ 的特征向量只有 $1 = u - r(\lambda E - B)$ 个. 所以根据 Jordan 标准形定理, A 的 Jordan 标准形中有 s 个 Jordan 块, 当且仅当由 A 的特征向量组成的极大线性无关组恰含 s 个向量.

根据定理 3.2.2, 可以将矩阵 A 视作线性空间 $V =: \mathbb{C}^n$ 上的线性变换 $\sigma : V \to V$, $\alpha \mapsto A\alpha$, 此时

$$\sigma(V) = L(A(1), \cdots, A(n)),$$

它由 A 的列向量所生成且 $\sigma(V)$ 是 V 的 σ-子空间, 因而 σ 可看成 $\sigma(V)$ 上的线性变换. 根据 3.5 节介绍的根子空间分解定理, 还可以在下面讨论中, 假设 A 是幂零矩阵. 特别地, 在此假设下恒有 $r(A_n) < n$.

对于 4 阶 Jordan 块

$$\begin{pmatrix} 3 & 1 & 0 & 0 \\ 0 & 3 & 1 & 0 \\ 0 & 0 & 3 & 1 \\ 0 & 0 & 0 & 3 \end{pmatrix} = 3E + B,$$

注意到 $B^2 = \begin{pmatrix} 0 & 0 & 1 & 0 \\ 0 & 0 & 0 & 1 \\ 0 & 0 & 0 & 0 \\ 0 & 0 & 0 & 0 \end{pmatrix}$, $B^3 = \begin{pmatrix} 0 & 0 & 0 & 1 \\ 0 & 0 & 0 & 0 \\ 0 & 0 & 0 & 0 \\ 0 & 0 & 0 & 0 \end{pmatrix}$, $B^4 = 0$.

如果 σ 在向量组 w_1, w_2, w_3, w_4 之下的矩阵是一个特征值为零的 4 阶 Jordan 块, 则有

$$\sigma(w_1) = 0, \quad \sigma(w_i) = w_{i-1}, \quad \forall 2 \leqslant i \leqslant 4,$$

且易于看出此向量组线性无关. 称这样的向量序列 (w_1, w_2, w_3, w_4) 为 V 中的一条 Jordan σ-链. 注意

$$(w_1, w_2, w_3, w_4) = (\sigma^3(w_4), \sigma^2(w_4), \sigma(w_4), w_4),$$

所以这条 Jordan σ-链也可以写成 $(w_4, 4)$.

　　为了给出 Jordan 标准形定理存在性部分的一个简易论证, 我们需要两个简单事实.

　　引理 3.6.2　假设 $\sigma: V \to {}_{\mathbb{F}}V$ 是有限维线性空间上的线性变换; 假设 W 是 V 的 σ-子空间, 并记 $\tau = \sigma|_W$. 进一步假设

　　(1) $\ker(\sigma) \subseteq W$;

　　(2) $\sigma(V) = \sigma(W)$,

则有 $V = W$.

　　证明　因为

$$\dim(V) = r(\sigma) + \mathrm{Ndeg}(\sigma) = r(\tau) + \mathrm{Ndeg}(\tau) = \dim(W),$$

所以 $V = W$.　　　　　　　　　　　　　　　　　　　　　　　　　　　　□

　　假设 $\sigma: V \to {}_{\mathbb{F}}V$ 是有限维线性空间上的幂零线性变换. 假设 V 有一个基, 它是以下 d 个两两不相交的 Jordan σ-链之并:

$$\{v_{i1}, \cdots, v_{im_i}\} = (v_{im_i}, m_i) \quad (1 \leqslant i \leqslant d).$$

此时, 称 $\{v_{1m_1}, \cdots, v_{dm_d}\}$ 为 V 的一个 **Jordan σ-基**.

　　Jordan 标准形定理的存在性部分论证:

　　根据根子空间分解定理, 可以假设 σ 是幂零的线性变换. 此时, 有

$$r(\sigma) =: \dim \sigma(V) < \dim_{\mathbb{C}} V =: n.$$

以下对于涉及的线性空间的维数 n 用数学归纳法.

　　当 $n = 1$ 时, 结论当然成立. 以下假设 $n > 1$, 并假设在相应线性空间的维数 $< n$ 时结论成立.

　　由于 $\sigma(V)$ 是 σ-子空间, 所以 σ 可看成 ${}_{\mathbb{C}}V$ 的真子空间 $\sigma(V)$ 上的线性变换, 且 $\tau =: \sigma|_{\sigma(V)}$ 仍是幂零的线性变换. 因此根据归纳假设, 线性空间 $\sigma(V)$ 中有一个 Jordan τ-基

$$\{v_{1m_1}, \cdots, v_{dm_d}\} \subseteq \sigma(V).$$

以下假设 $v_{im_i} = \sigma(v_{i, m_i+1})$, 然后将 $v_{11}, \cdots, v_{d1}$ 补成 $\ker(\sigma)$ 的一个基

$$z_1, \cdots, z_q, v_1, \cdots, v_{d1},$$

其中根据维数公式 I 有

$$q + d = n - \sum_{i=1}^{d} m_i.$$

现在将每个 Jordan σ-链 (v_{im_i}, m_i) 加长到 Jordan 链 $(v_{i,\,m_i+1}, m_i + 1)$, 然后再加上 q 个长度为 1 的 Jordan 链 z_l; 这些链形式上含有

$$\sum_{i=1}^{d} (m_i + 1) + q = \sum_{i=1}^{d} m_i + d + q = n$$

个向量. 余下的问题在于说明它们线性无关.

事实上, 假设 W 由所有这些元素张成, 则有:

(1) $\ker(\sigma) \subseteq W$;

(2) W 是 σ-子空间, 而且还有 $\sigma(W) = \sigma(V)$.

根据引理 3.6.2, 可知 $V = W$, 因此, 前述 $d + q$ 个链中所含的 n 个向量确实线性无关, 从而 V 有一个 Jordan σ-基:

$$\{(v_{1,\,m_1+1}, m_1 + 1), \cdots, (v_{d,\,m_d+1}, m_d + 1), (z_1, 1), \cdots, (z_q, 1)\}. \qquad \square$$

本部分材料取自 J. I. Hall. *Another elementary approach to the Jordan form.* The Amer. Math. Monthly., 98 : 4 (Apr., 1991): 336–340. 作者在文中也给出了唯一性的一种证明. 这种方法本质上是苏联学者 A. F. Filippov 在 1971 年的一篇论文[1]中提出的, 是目前关于 Jordan 标准形理论的最短小高效的初等处理. 本书出于对第 4 章应用的考量, 我们特别强调如下的问题: 如何求出可逆矩阵 P 使得 $P^{-1}AP$ 成为 Jordan 标准形.

前述证明中无疑提供了一种思路, 其难点在于证明中的归纳假设部分; 当然也有其他求法, 例如, 在 [1] 中使用归纳法和商空间的概念求解存在性. 无论何种方法, 如果读者想要彻底搞清楚关于可逆矩阵 P 的一般求法, 建议仔细研读根子空间分解定理及其论证.

例 3.6.3 求可逆矩阵 P 使得 $P^{-1}AP$ 成为 Jordan 标准形, 其中

$$A = \begin{pmatrix} 1 & -3 & 0 & 3 \\ -2 & -6 & 0 & 13 \\ 0 & -3 & 1 & 3 \\ -1 & -4 & 0 & 8 \end{pmatrix}.$$

---

[1] Filippov A F. A short proof of the reduction to Jordan form. Moscow Univ. Math. Bull., 1971, 26: 70-71.

解　首先求出 A 的特征多项式的标准分解式

$$\det(xE-A)=\begin{vmatrix} x-1 & 3 & 0 & -3 \\ 2 & x+6 & 0 & -13 \\ 0 & 3 & x-1 & -3 \\ 1 & 4 & 0 & x-8 \end{vmatrix}=(x-1)^4.$$

所以 A 的特征值为 $\lambda_0=1$(四重根). 记

$$B=A-\lambda_0 E=\begin{pmatrix} 0 & -3 & 0 & 3 \\ -2 & -7 & 0 & 13 \\ 0 & -3 & 0 & 3 \\ -1 & -4 & 0 & 7 \end{pmatrix}=:(\delta_1,\delta_2,\delta_3,\delta_4).$$

(1) 先求出矩阵 A 的属于特征值 1 的特征子空间 V_1^A:

将 B 经过一系列的初等行变换化为 C

$$B \xrightarrow{\ r\ } \begin{pmatrix} 1 & 0 & 0 & -3 \\ 0 & 1 & 0 & -1 \\ 0 & 0 & 0 & 0 \\ 0 & 0 & 0 & 0 \end{pmatrix}=:C.$$

所以 B 的零化子空间 $V_{\lambda_0}^A$ 的一个基为

$$\alpha_1=\begin{pmatrix} 0 \\ 0 \\ 1 \\ 0 \end{pmatrix}, \quad \alpha_2=\begin{pmatrix} 3 \\ 1 \\ 0 \\ 1 \end{pmatrix}.$$

(2) **方法 1**　计算 B^2 和 B^3:

$$B^2=\begin{pmatrix} 3 & 9 & 0 & -18 \\ 1 & 3 & 0 & -6 \\ 3 & 9 & 0 & -18 \\ 1 & 3 & 0 & -6 \end{pmatrix}, \quad B^3=O.$$

任取使得 $B^2\alpha_3\neq 0$ 的向量 α_3, 例如 $\alpha_3=(1,1,1,1)^{\mathrm{T}}$. 则有 $B^2\alpha_3\in V_1$. 经计算

$$B^2\alpha_3=(-6,-2,-6,-2)^{\mathrm{T}}=-2\alpha_2-6\alpha_1.$$

注意到 $B^2\alpha_3\in V_{\lambda_0}$, 但是它与 α_1 线性无关. 于是, $B^2\alpha_3,B\alpha_3,\alpha_3,\alpha_1$ 线性无关. 命

$$P=(B^2\alpha_3,B\alpha_3,\alpha_3,\alpha_1)=\begin{pmatrix} -6 & 0 & 1 & 0 \\ -2 & 4 & 1 & 0 \\ -6 & 0 & 1 & 1 \\ -2 & 2 & 1 & 0 \end{pmatrix},$$

则有

$$P^{-1}BP = \begin{pmatrix} 0 & 1 & 0 & 0 \\ 0 & 0 & 1 & 0 \\ 0 & 0 & 0 & 0 \\ 0 & 0 & 0 & 0 \end{pmatrix} = J.$$

由于 $A = B + \lambda_0 E$, 故而

$$AP = (B + \lambda_0 E)P = P(J + \lambda_0 E),$$

因此有

$$P^{-1}AP = \begin{pmatrix} 1 & 1 & 0 & 0 \\ 0 & 1 & 1 & 0 \\ 0 & 0 & 1 & 0 \\ 0 & 0 & 0 & 1 \end{pmatrix}.$$

方法 2 (前述理论证明中的方法)   根据 (1) 的行标准形 C 可知, B 的列空间的一个基为 δ_1, δ_2. 通过解方程组, 得到

$$L(\delta_1, \delta_2) \cap L(\alpha_1, \alpha_2) = L(\beta_1) \quad (\beta_1 = (3,1,3,1)^{\mathrm{T}}).$$

因此, V 中有一个长度为 2 的 Jordan σ-链 β_1, β_2. 然后通过解方程组

$$(B\delta_1, B\delta_2)(x,y)^{\mathrm{T}} = \beta_1,$$

即

$$\begin{pmatrix} 3 & 9 \\ 1 & 3 \\ 3 & 9 \\ 1 & 3 \end{pmatrix} \begin{pmatrix} x \\ y \end{pmatrix} = \begin{pmatrix} 3 \\ 1 \\ 3 \\ 1 \end{pmatrix},$$

得出 $x=1, y=0$, 即可取 $\beta_2 = \delta_1$ 使得 $B\beta_2 = \beta_1$; 再通过解方程组 $BX = \beta_2$, 得到 $\beta_3 = \varepsilon_1$ 使得 $B\beta_3 = \beta_2$. 最后命

$$P = (\beta_1, \beta_2, \beta_3, \alpha_1) = \begin{pmatrix} 3 & 0 & 1 & 0 \\ 1 & -2 & 0 & 0 \\ 3 & 0 & 0 & 1 \\ 1 & -1 & 0 & 0 \end{pmatrix},$$

得到

$$P^{-1}BP = \begin{pmatrix} 0 & 1 & 0 & 0 \\ 0 & 0 & 1 & 0 \\ 0 & 0 & 0 & 0 \\ 0 & 0 & 0 & 0 \end{pmatrix},$$

故

$$P^{-1}AP = \begin{pmatrix} 1 & 1 & 0 & 0 \\ 0 & 1 & 1 & 0 \\ 0 & 0 & 1 & 0 \\ 0 & 0 & 0 & 1 \end{pmatrix}.$$

□

例 3.6.4　求可逆矩阵 P 使得 $P^{-1}AP$ 成为 Jordan 标准形, 其中

$$A = \begin{pmatrix} 1 & 1 & 1 & 2 \\ 0 & 1 & 3 & 4 \\ 0 & 0 & 2 & 2 \\ 0 & 0 & 0 & 2 \end{pmatrix}.$$

解　首先求出 A 的特征多项式的标准分解式

$$\det(xE - A) = (x-1)^2(x-2)^2.$$

然后考虑

$$B =: A - 1 \cdot E = \begin{pmatrix} 0 & 1 & 1 & 2 \\ 0 & 0 & 3 & 4 \\ 0 & 0 & 1 & 2 \\ 0 & 0 & 0 & 1 \end{pmatrix}, \quad C =: A - 2 \cdot E = \begin{pmatrix} -1 & 1 & 1 & 2 \\ 0 & -1 & 3 & 4 \\ 0 & 0 & 0 & 2 \\ 0 & 0 & 0 & 0 \end{pmatrix}.$$

则有

$$C^2 = \begin{pmatrix} 1 & -2 & 2 & 4 \\ 0 & 1 & -3 & 2 \\ 0 & 0 & 0 & 0 \\ 0 & 0 & 0 & 0 \end{pmatrix} \xrightarrow{l} \begin{pmatrix} 1 & 0 & -4 & 8 \\ 0 & 1 & -3 & 2 \\ 0 & 0 & 0 & 0 \\ 0 & 0 & 0 & 0 \end{pmatrix}.$$

再取 $\alpha =: (0,1,0,0)^{\mathrm{T}}$, $\beta =: (-8,-2,0,1)^{\mathrm{T}}$. 则有

$$B\alpha \neq 0, \quad B^2\alpha = 0, \quad C\beta \neq 0, \quad C^2\beta = 0,$$

$B\alpha, \alpha, C\beta, \beta$ 线性无关, 且使得

$$A \cdot B\alpha = B\alpha, \quad A\alpha = B\alpha + \alpha, \quad A \cdot C\beta = 2 \cdot C\beta, \quad A\beta = C\beta + 2\beta.$$

最后命 $P = (B\alpha, \alpha, C\beta, \beta)$, 则 P 是可逆矩阵, 且使得

$$AP = P \begin{pmatrix} 1 & 1 & 0 & 0 \\ 0 & 1 & 0 & 0 \\ 0 & 0 & 2 & 1 \\ 0 & 0 & 0 & 2 \end{pmatrix},$$

从而 $P^{-1}AP$ 是 Jordan 标准形.

□

也可采用本节的论证方法, 计算过程类似.

Jordan 标准形定理的唯一性论证:

假设 σ 在某个基下的矩阵为 Jordan 标准形 $J = \mathrm{diag}\{J_1, \cdots, J_s\}$, 其中 J_i 是具有特征值 λ_i 的 Jordan 块. 注意到每个 Jordan 块对应 V 的一个 σ-子空间. 对于每个特征值 λ_i, 将含有 λ_i 的 Jordan 块所对应的 σ-子空间之和记为 M_i. 则不难验证 M_i 恰好是根子空间 R_i. 注意到 V 的根空间分解式中, R_i 由 σ 唯一确定, 唯一性问题归结为证明如下的论断:

如果 σ 的特征多项式为 x^n, 则 σ 的 Jordan 标准形是唯一的.

为了证明这一论断, 首先回顾两个事实:

(a) σ 的秩 $r(\sigma)$ 被定义为像空间 $\mathrm{im}(\sigma)$ 的维数. 容易证明: $r(\sigma)$ 等于 σ 在 V 的任意一个基下矩阵 A 的秩, 从而 $r(A^k) = r(\sigma^k)$.

(b) 对于对角线元素为零的 m 阶 Jordan 块矩阵 B, 有

$$r(B^k) = \begin{cases} 0, & k \geqslant m, \\ m - k, & k \leqslant m - 1, \end{cases}$$

从而有

$$r(B^k) - r(B^{k+1}) = \begin{cases} 0, & k \geqslant m, \\ 1, & k \leqslant m - 1. \end{cases} \tag{11}$$

以下假设 σ 的特征多项式为 x^n, 并设 σ 在 V 的某一个基下的矩阵具有 Jordan 标准形

$$J = \mathrm{diag}\{J_1, \cdots, J_s\},$$

其中 J_i 是主对角线元素为 0 的 Jordan 块矩阵. 由于 $J^k = \mathrm{diag}\{J_1^k, \cdots, J_s^k\}$, 所以根据 (11) 式可知

$$r(J^k) - r(J^{k+1}) = \sum_{i=1}^{s} (r(J_i^k) - r(J_i^{k+1}))$$

是 J 中阶数 $\geqslant k+1$ 的 Jordan 块的个数 (这里 $k \geqslant 1$). 因此, 对于 $l \geqslant 1$, J 的 l 阶 Jordan 块的个数为

$$\begin{aligned} m_l &= [r(J^{l-1}) - r(J^l)] - [r(J^l) - r(J^{l+1})] \\ &= r(J^{l-1}) + r(J^{l+1}) - 2r(J^l) \\ &= r(\sigma^{l-1}) + r(\sigma^{l+1}) - 2r(\sigma^l). \end{aligned}$$

这就证明了 J 的 Jordan 块所组成的族的唯一性.

注意到 1 阶 Jordan 块的个数为 $n + r(\sigma^2) - 2r(\sigma)$. □

推论 3.6.5 假设 λ 是 $_{\mathbb{F}}V$ 上的线性变换 σ 的特征值, 并记 $\tau = \sigma - \lambda I_V$. 则在 σ 的 Jordan 标准形矩阵中, 属于特征值 λ 的 l 阶 Jordan 块的个数为

$$r(\tau^{l-1}) + r(\tau^{l+1}) - 2r(\tau^l).$$

特别地, 属于特征值 λ 的一阶 Jordan 块的个数为 $n + r(\tau^2) - 2r(\tau)$.

当然, 本节的线性变换 τ 可被 τ 在 V 的任意一个基下的矩阵 A 所代替, 从而提供了求矩阵的 Jordan 标准形的一种算法.

本节小结

一、对于低阶数的方阵 A, 一般情况下可根据以下两个基本事实, 求出可逆矩阵 P, 使得 $P^{-1}AP$ 成为 Jordan 标准形:

(i) A 的 Jordan 标准形 J 中每一个 Jordan 块恰好为 A 提供一个相应于某特征值的特征向量. 因此, 对于每个特征值 λ, $(\lambda E - A)X = 0$ 的基础解系所含向量的个数 $n - r(\lambda E - A)$ 就是 J 中以 λ 为特征值的 Jordan 块的个数.

(ii) 若 $A^r\alpha = 0, A^{r-1}\alpha \neq 0$, 则有

$$A(A^{r-1}\alpha, A^{r-2}\alpha, \ldots, A\alpha, \alpha) = (A^{r-1}\alpha, A^{r-2}\alpha, \ldots, A\alpha, \alpha) \cdot B,$$

其中 B 是一个 r 阶的幂零 Jordan 块形状的矩阵.

二、根据 Jordan 标准形定理的唯一性证明部分, 可知求约当标准形也是可以采用消元法用算法实现的.

三、对于幂零矩阵 A, 约当标准形的存在性证明还是提供了求相应可逆矩阵 P 的一般通用方法 (同时也是一个机器算法), 用矩阵语言简述如下:

Step 1. 首先计算 A 的方幂, 确定 r 使得 $A^r = 0, A^{r-1} \neq 0$.

Step 2. 用消元法确定列空间 $l(A^{r-1})$ 的一个极大无关组, 设为

$$\alpha_{11}, \alpha_{21}, \ldots, \alpha_{m1}.$$

Step 3. 记 $V = l(A^{r-2})$, 命 $\sigma : V \to V, v \mapsto Av$ 为 A 确定的左乘线性变换. 根据 Step 2, 已经找到了 $\sigma(V)$ 即 $l(A^{r-1})$ 的一个 Jordan σ- 基

$$\alpha_{11}, \alpha_{21}, \ldots, \alpha_{m1}.$$

用存在性证明的方法 (主要是使用基础解系基本定理), 将该基提升为 V 的一个 Jordan σ- 基:

$$\alpha_{12}, \alpha_{22}, \ldots, \alpha_{m2}; \beta_{11}, \ldots, \beta_{q1}.$$

(其中, $\alpha_{j1} = A\alpha_{j2}, A\beta_{k1} = 0, q + m = r(A^{r-2}) - r(\sigma)$.)

Step 4. 记 $V = l(A^{r-3})$, 命 $\sigma : V \to V, v \mapsto Av$ 为 A 确定的左乘线性变换. 根据 Step 3, 已经找到了 $\sigma(V)$ 即 $l(A^{r-2})$ 的一个 Jordan σ- 基. 用存在性证明的方法 (主要是使用基础解系基本定理), 将该基提升为 V 的一个 Jordan σ- 基.

Step 5. 重复这一步骤直到 $V = l(E_n) = \mathbb{F}^{n \times 1}$ 为止. 此时, 仍命

$$\sigma : V \to \mathbb{V}, v \mapsto Av$$

为 A 确定的左乘线性变换. 用存在性证明的方法, 将 $\sigma(V) = l(A)$ 的已得 Jordan 基提升到 $V =: \mathbb{F}^{n \times 1}$. 最后, 用此基组成的矩阵 P 即为所求可逆阵, 它使得 $P^{-1}AP = J$ 成为一个 Jordan 标准形矩阵.

习题与扩展内容

习题 1* 假设 V 是数域 $\mathbb{F}$ 上的 n 维线性空间, 而 σ 是 V 上的线性变换, 且 σ 的特征多项式的根全部属于 $\mathbb{F}$. 利用 $\mathbb{F}[x]$ 中的中国剩余定理证明:

(1) σ 有唯一的如下分解式 $\sigma = \tau + \eta$, 其中 $\tau\eta = \eta\tau$, τ 的最小多项式无重根且根全在 $\mathbb{F}$ 中, 而 η 幂零;

(2) 存在 $\mathbb{F}[x]$ 中常数项为零的多项式 $f(x)$, 使得 $\tau = f(\sigma)$.

习题 2   求可逆矩阵 P 使得 $P^{-1}AP = J$, 其中 $A = \begin{pmatrix} 3 & -1 & 0 & 0 \\ 1 & 1 & 0 & 0 \\ 3 & 0 & 5 & -3 \\ 4 & -1 & 3 & -1 \end{pmatrix}$.

习题 3   假设 σ 是 n 维酉空间 $_\mathbb{C}V$ 上的线性变换. 求证: σ 使得

$$[\sigma(\alpha), \beta] = [\alpha, \sigma(\beta)], \quad \forall \alpha, \beta \in V$$

成立, 当且仅当对于任意二维 σ-子空间 W, $\sigma|_W$ 必在 W 的某一组标准正交基下矩阵是实对角阵.

习题 4   对于 $2 \leqslant n \leqslant 5$, 求 $m_\sigma(x)$, 其中 σ 是由矩阵 A_n 确定的左乘线性变换, 而

$$A = \begin{pmatrix} 0 & 0 & 0 & \cdots & 0 & 0 & (-1)^n \\ 1 & 0 & 0 & \cdots & 0 & 0 & (-1)^{n-1} \\ 0 & 1 & 0 & \cdots & 0 & 0 & (-1)^{n-2} \\ \vdots & \vdots & \ddots & \ddots & & \vdots & \vdots \\ 0 & 0 & 0 & \cdots & 1 & 0 & (-1)^2 \\ 0 & 0 & 0 & \cdots & 0 & 1 & -1 \end{pmatrix}.$$

习题 5   假设 σ 是 n 维线性空间 $_\mathbb{F}V$ 上的线性变换. 对于 V 的向量 α, 记

$$C_\sigma(\alpha) = L(\alpha, \sigma(\alpha), \sigma^2(\alpha), \cdots)$$

称为由 α 生成的 σ-**循环子空间**. 显然它是 V 的 σ-子空间.

(1) 如果 $W = C_\sigma(\alpha)$ 的维数为 m, 求证: $\alpha, \sigma(\alpha), \cdots, \sigma^{m-1}(\alpha)$ 为其一个基,

而 $\sigma|_W$ 在此基下的矩阵形为

$$F = \begin{pmatrix} 0 & 0 & 0 & \cdots & 0 & 0 & -a_1 \\ 1 & 0 & 0 & \cdots & 0 & 0 & -a_2 \\ 0 & 1 & 0 & \ddots & 0 & 0 & -a_3 \\ 0 & 0 & 1 & \ddots & 0 & 0 & -a_4 \\ \vdots & \vdots & \ddots & \ddots & \ddots & \vdots & \vdots \\ 0 & 0 & 0 & \cdots & 1 & 0 & -a_{m-1} \\ 0 & 0 & 0 & \cdots & 0 & 1 & -a_m \end{pmatrix}.$$

(2) 求证: 如下条件中, 有 (iii) $\Longleftarrow$ (i) $\Longrightarrow$ (ii).

(i) V 是一个 σ-循环空间;

(ii) σ 的特征多项式 $f_\sigma(x)$ 与最小多项式 $m_\sigma(x)$ 相等;

(iii) $Z_S(\sigma) = \mathbb{F}[\sigma]$, 其中

$$S = \mathrm{End}_{\mathbb{F}} V, \quad Z_S(\sigma) = \{\tau \mid \sigma\tau = \tau\sigma\}.$$

(3) 如果进一步假设 σ 在某个基下矩阵的特征根都在 $\mathbb{F}$ 中, 则 (2) 中三个条件等价.

(4) 假设 σ 在某个基下的矩阵为对角阵 $D = \mathrm{diag}\{\lambda_1, \cdots, \lambda_n\}$, 其中 $\lambda_i \neq \lambda_j$. 直接验证: V 满足条件 (iii).

3.7　张量积、商空间与外幂

3.7.1　两个线性空间 (线性映射、矩阵) 的张量积

定义 3.7.1　假设 $_{\mathbb{F}}V$ 与 $_{\mathbb{F}}W$ 是分别以 $v_1, \cdots, v_n$ 与 $w_1, \cdots, w_m$ 为基的有限维线性空间. 引进符号 u_{ij} $(1 \leqslant i \leqslant n; 1 \leqslant j \leqslant m)$, 并构造以 u_{ij} 为基的线性空间 U, 称之为 V 与 W 的**张量积**, 并记

$$U = V \otimes_{\mathbb{F}} W \overset{\mathrm{or}}{=} V \otimes W, \quad v_i \otimes v_j = u_{ij}.$$

不难看出, 两个线性空间的张量积是存在的, 且在同构的意义下唯一.

假设 $\sigma: {}_{\mathbb{F}}V \to {}_{\mathbb{F}}V_1$ 与 $\tau: {}_{\mathbb{F}}W \to {}_{\mathbb{F}}W_1$ 都是线性映射, 则可构造映射

$$\sigma \otimes \tau: V \otimes W \to V_1 \otimes W_1, \quad \sum_{i,j} k_{ij}(v_i \otimes w_j) \mapsto \sum_{i,j} k_{ij}[\sigma(v_i) \otimes \tau(w_j)],$$

可以验证, $\sigma \otimes \tau$ 是线性映射, 称之为 σ 与 τ 的张量积.

进一步假设 $_{\mathbb{F}}V_1$ 与 $_{\mathbb{F}}W_1$ 是分别以 $v_1', \cdots, v_r'$ 与 $w_1', \cdots, w_s'$ 为基的有限维线性空间. 根据定理 3.2.2 的思想, 线性映射与矩阵之间存在集合双射. 具体来说, 可以假设

$$\sigma(v_1, \cdots, v_n) = (v_1', \cdots, v_r')A_{r \times n}, \qquad \tau(w_1, \cdots, w_m) = (w_1', \cdots, w_s')B_{s \times m}. \quad (12)$$

下面通过一个具体的简单例子来计算线性变换张量积 $\sigma \otimes \tau$ 所对应的矩阵, 注意例中线性空间 $V \otimes W$ 之基的排列次序.

例 3.7.2　在前面的记号下, 取 $n = m = r = s = 2$. 经过计算可得到

$$(\sigma \otimes \tau)(v_1 \otimes w_1, v_1 \otimes w_2) = (v_1' \otimes w_1', v_1' \otimes w_2', v_2' \otimes w_1', v_2' \otimes w_2') \begin{pmatrix} a_{11}b_{11} & a_{11}b_{12} \\ a_{11}b_{21} & a_{11}b_{22} \\ a_{21}b_{11} & a_{21}b_{12} \\ a_{21}b_{21} & a_{21}b_{22} \end{pmatrix}.$$

因此有

$$(\sigma \otimes \tau)(u_{11}, u_{12}, u_{21}, u_{22}) = (u_{11}', u_{12}', u_{21}', u_{22}') \begin{pmatrix} a_{11}B & a_{12}B \\ a_{21}B & a_{22}B \end{pmatrix}.$$

换句话说, 在定理 3.2.2 的对应意义下, $\sigma \otimes \tau$ 对应矩阵 $\begin{pmatrix} a_{11}B & a_{12}B \\ a_{21}B & a_{22}B \end{pmatrix}$.

定义 3.7.3　对于数域 $\mathbb{F}$ 上的矩阵 $A_{m \times n}, B_{s \times t}$, 定义 A 与 B 的张量积为一个分块矩阵

$$A \otimes B =: \begin{pmatrix} a_{11}B & a_{12}B & \cdots & a_{1n}B \\ a_{21}B & a_{22}B & \cdots & a_{2n}B \\ \vdots & \vdots & \ddots & \vdots \\ a_{m1}B & a_{m2}B & \cdots & a_{mn}B \end{pmatrix}.$$

根据例 3.7.2 的计算过程可知, 如下结果成立.

命题 3.7.4　在定理 3.2.2 意义下, 线性映射的张量积 $\sigma \otimes \tau$ 对应矩阵张量积 $A \otimes B$, 其中 A, B 的意义如同例 3.7.2 之前的 (12) 式.

例 3.7.5　假设 A 与 B 分别是数域 $\mathbb{F}$ 上给定的 $m \times n, u \times v$ 矩阵. 记

$$W = \{C \in \mathbb{F}^{n \times u} \mid ACB = 0\}.$$

试求线性空间 $\mathbb{F}^{n \times u}$ 的子空间 W 的维数 $\dim_{\mathbb{F}} W$.

解　**方法 1** (分块矩阵)　显然, W 构成 $\mathbb{F}^{n \times u}$ 的子空间.

假设 $r(A) = r, r(B) = s$, 则有可逆矩阵 P_i, Q_j 使得

$$P_1 A Q_1 = \begin{pmatrix} E_r & 0 \\ 0 & 0 \end{pmatrix}, \quad P_2 B Q_2 = \begin{pmatrix} 0 & 0 \\ 0 & E_s \end{pmatrix}.$$

显然, 对于 $C \in \mathbb{F}^{n \times u}$, $C \in W$ 当且仅当 $P_1 ACBQ_2 = 0$. 而若假设

$$Q_1^{-1} C P_2^{-1} = \begin{pmatrix} C_1 & C_2 \\ C_3 & C_4 \end{pmatrix},$$

则有

$$P_1 ACBQ_2 = \begin{pmatrix} E_r & 0 \\ 0 & 0 \end{pmatrix} \begin{pmatrix} C_1 & C_2 \\ C_3 & C_4 \end{pmatrix} \begin{pmatrix} 0 & 0 \\ 0 & E_s \end{pmatrix} = \begin{pmatrix} 0 & C_2 \\ 0 & 0 \end{pmatrix}.$$

注意到 C_2 是 $r \times s$ 矩阵, 于是有

$$\dim_{\mathbb{F}} W = nu - rs = nu - r(A)r(B).$$

W 的一个基为

$$\{Q_1 E_{ij} P_2 \mid 1 \leqslant i \leqslant r, 1 \leqslant j \leqslant u - s\} \cup \{Q_1 E_{ij} P_2 \mid r + 1 \leqslant i \leqslant n, 1 \leqslant j \leqslant u\}.$$

方法 2 (解线性方程组法 [①])　　假设 $r(A) = a, r(B) = b$, 则有可逆矩阵 $P \in$ $\mathrm{GL}_m(\mathbb{F}), Q \in \mathrm{GL}_v(\mathbb{F})$, 使得 $PA = \begin{pmatrix} A_1 \\ 0 \end{pmatrix}$, $BQ = (B_1, 0)$ 其中 $A_1 \in \mathbb{F}^{a \times n}$ 行满秩, 而 $B_1 \in \mathbb{F}^{u \times b}$ 列满秩. 此时, $PACBQ = \begin{pmatrix} A_1 C B_1 & 0 \\ 0 & 0 \end{pmatrix}$, 因而有

$$ACB = 0 \Longleftrightarrow PACBQ = 0 \Longleftrightarrow A_1 C B_1 = 0.$$

故不妨假设 A 行满秩, 而 B 列满秩; 假设 $C = (x_{ij})_{n \times u}$, 其中 x_{ij} 是未知元. 假设 A 的行向量为 $\delta_1^{\mathrm{T}}, \cdots, \delta_m^{\mathrm{T}}$, 而 B 的列向量为 $\eta_1, \cdots, \eta_v$, 则 C 满足 $ACB = 0$, 当且仅当

$$\delta_i^{\mathrm{T}} C \eta_j = 0, \quad 1 \leqslant i \leqslant m, 1 \leqslant j \leqslant v,$$

即

$$\sum_{\substack{1 \leqslant s \leqslant n \\ 1 \leqslant t \leqslant u}} a_{is} x_{st} b_{tj} = 0, \quad 1 \leqslant i \leqslant m, 1 \leqslant j \leqslant v. \tag{13}$$

对于固定的 i, j, 方程组 (13) 关于位置向量

$$X = (x_{11}, x_{12}, \cdots, x_{1v}, x_{21}, x_{22}, \cdots, x_{2v}, \cdots, x_{n1}, x_{n2}, \cdots, x_{nv})^{\mathrm{T}}$$

的系数向量为

$$\alpha_{ij} = (a_{is} b_{tj})_{1 \leqslant s \leqslant n, 1 \leqslant t \leqslant u} = (a_{i1} \eta_j^{\mathrm{T}}, a_{i2} \eta_j^{\mathrm{T}}, \cdots, a_{in} \eta_j^{\mathrm{T}});$$

因此, 方程组 (13) 关于位置向量

$$X = (x_{11}, x_{12}, \cdots, x_{1v}, x_{21}, x_{22}, \cdots, x_{2v}, \cdots, x_{n1}, x_{n2}, \cdots, x_{nv})^{\mathrm{T}}$$

---

① 注意到方法 2 事实上提供了等式 $r(A \otimes B) = r(A) \cdot r(B)$ 的较为初等的证明.

的系数矩阵为矩阵 A 与 B^{T} 的张量积, 即

$$A \otimes B^{\mathrm{T}} \stackrel{\text{i.e.}}{=} \begin{pmatrix} a_{11}B^{\mathrm{T}} & a_{12}B^{\mathrm{T}} & \cdots & a_{1n}B^{\mathrm{T}} \\ a_{21}B^{\mathrm{T}} & a_{22}B^{\mathrm{T}} & \cdots & a_{2n}B^{\mathrm{T}} \\ \vdots & \vdots & \ddots & \vdots \\ a_{m1}B^{\mathrm{T}} & a_{m2}B^{\mathrm{T}} & \cdots & a_{mn}B^{\mathrm{T}} \end{pmatrix}.$$

现在, 将其第 (i,j) 个行向量

$$\alpha_{ij} = (a_{is}b_{tj})_{1\leqslant s\leqslant n, 1\leqslant t\leqslant u} = (a_{i1}\eta_j^{\mathrm{T}}, a_{i2}\eta_j^{\mathrm{T}}, \cdots, a_{in}\eta_j^{\mathrm{T}})$$

视作矩阵 $\delta_i \cdot \eta_j^{\mathrm{T}}$. 下面验证 α_{ij} 线性无关.

事实上, 如果 $\sum\limits_{i,j} k_{ij}\alpha_{ij} = 0$, 则有

$$0 = \sum_{j=1}^{v} \left(\sum_{i=1}^{m} k_{ij}\delta_i \right) \eta_j^{\mathrm{T}}.$$

由于 $\eta_1, \cdots, \eta_v$ 线性无关, 所以必有

$$\sum_{i=1}^{m} k_{ij}\delta_i = 0, \quad \forall j.$$

因此根据假设得 $k_{ij} = 0$, $\forall i,j$.

最后得到, $\dim_{\mathbb{F}}(W) = nu - r(A)r(B)$. 根据基础解系基本定理, 这就表明, $r(A \otimes B^{\mathrm{T}}) = r(A) \cdot r(B^{\mathrm{T}})$. $\qquad\square$

对偶地, 如果将齐次线性方程组 $AXB = 0$ 整理成 $Z^{\mathrm{T}}C = 0$ 的样子, 其中

$$Z^{\mathrm{T}} = (X(1)^{\mathrm{T}}, \ldots, X(u)^{\mathrm{T}}),$$

则可以看出相应的系数矩阵 C 为

$$\begin{pmatrix} A^{\mathrm{T}}b_{11} & A^{\mathrm{T}}b_{12} & \ldots & A^{\mathrm{T}}b_{1v} \\ A^{\mathrm{T}}b_{21} & A^{\mathrm{T}}b_{22} & \ldots & A^{\mathrm{T}}b_{2v} \\ \vdots & \vdots & \ddots & \vdots \\ A^{\mathrm{T}}b_{u1} & A^{\mathrm{T}}b_{12} & \ldots & A^{\mathrm{T}}b_{uv} \end{pmatrix}.$$

事实上, $AXB = 0$ 等价于 $B^{\mathrm{T}}X^{\mathrm{T}}A^{\mathrm{T}} = 0$. 已知将其写成 $DY = 0$ 时, 其中

$$Y^{\mathrm{T}} = ((1)X^{\mathrm{T}}, \ldots, (u)X^{\mathrm{T}}) = (x_{11}, \ldots, x_{n1}, \ldots, x_{1u}, \ldots, x_{nu}),$$

系数矩阵 $D = B^{\mathrm{T}} \otimes A$. 因此, 将齐次线性方程组 $AXB = 0$ 整理成 $Z^{\mathrm{T}}C = 0$ 的样子时, 系数矩阵是 $(B^{\mathrm{T}} \otimes A)^{\mathrm{T}}$, 即为前述 C. 因此, 也有人将此处矩阵 C 作为矩阵 A^{T} 与矩阵 B 的张量积之另一种定义.

这两种定义显然并不一样; 第一种定义以 A 入手, 通过 "发泡" B 得到; 第二种定义则从 B 入手, 同样通过 "发泡" A 得到. 两种定义相同, 当且仅当 A, B 都是列向量, 此时二者都等于矩阵乘积 AB. 但从解线性方程组的观点看来, 这两种定义并没有本质的区别.

矩阵的张量积也叫 Kronecker 积, 在求解线性矩阵方程、矩阵微分方程等方面有重要的理论应用; 在信号处理、随机静态分析、随机向量过程分析等工程领域也是一个基本的工具.

习题与扩展内容

习题 1   假设 $A, B \in V =: M_n(\mathbb{F})$. 考虑线性变换 $\sigma : V \to V,\ X \mapsto AX$ 与 $\tau : V \to V,\ X \mapsto XB$.

(1) 求证: $\sigma\tau = \tau\sigma$.

(2) 验证: $\sigma\tau$ 在基

$$E_{11}, E_{12}, \cdots, E_{1n}, E_{21}, \cdots, E_{2n}, \cdots, E_{n1}, \cdots, E_{nn}$$

之下的矩阵为 $A \otimes B^{\mathrm{T}}$.

(3)* 求证: τ 在某个基下的矩阵为对角阵, 当且仅当 B 在 $\mathbb{F}$ 上相似于对角阵.

(4) 假设 A, B 在 $\mathbb{F}$ 上均相似于对角阵. 求证: $\sigma\tau$ 在某个基下的矩阵为对角阵.

(5) 试利用 (2) 的结果, 求 $\sigma\tau$ 在基

$$E_{11}, E_{21}, \cdots, E_{n1}, E_{12}, \cdots, E_{n2}, \cdots, E_{1n}, \cdots, E_{nn}$$

之下的矩阵.

习题 2   假设矩阵 $A \in \mathbb{F}^{m \times n}, B \in \mathbb{F}^{u \times v}$ 已经给定. 试论证: $A \otimes B$ 是线性映射的合成 $\tau_B \sigma_A$ 在两个线性空间 $\mathbb{F}^{n \times v}$ 与 $\mathbb{F}^{m \times u}$ 的各一基 (排列方法均类似于习题 1) 下的矩阵, 其中

$$\sigma_A : \quad \mathbb{F}^{n \times v} \to \mathbb{F}^{m \times v},\ X \mapsto AX;$$
$$\tau_B : \quad \mathbb{F}^{m \times v} \to \mathbb{F}^{m \times u},\ Y \mapsto YB^{\mathrm{T}}.$$

并由此说明:

(1) 张量积运算不满足交换律;

(2) 映射

$$\otimes : \mathbb{F}^{m \times n} \times F^{u \times v} \to \mathbb{F}^{mu \times nv}, \quad (A, B) \mapsto A \otimes B$$

具有双线性性质;

(3) 线性变换 σ_A 的矩阵是 $A \otimes E_v$;

(4) 线性变换 τ_B 的矩阵是 $E_m \otimes B$.

习题 3 使用矩阵张量积的定义直接验证:

(1) 结合律: $(A \otimes B) \otimes C = A \otimes (B \otimes C), \ \forall A, B, C$;

(2) $(A \otimes B)^{\mathrm{T}} = A^{\mathrm{T}} \otimes B^{\mathrm{T}}, \ \overline{A \otimes B} = \overline{A} \otimes \overline{B}, \ (A \otimes B)^{\star} = A^{\star} \otimes B^{\star}$;

(3) $(E_m \otimes D_{v \times t})(A_{m \times n} \otimes E_t) = A \otimes D = (A_{m \times n} \otimes E_v)(E_n \otimes D_{v \times t})$.

习题 4 假设矩阵 $A \in \mathbb{F}^{m \times n}, B \in \mathbb{F}^{u \times v}, C \in \mathbb{F}^{n \times s}, D \in \mathbb{F}^{v \times t}$ 已经给定.

(1) 试验证: $(A \otimes B) \cdot (C \otimes D) = (AC) \otimes (BD)$;

(2) 假设 $P \in M_m(\mathbb{F}), Q \in M_n(\mathbb{F})$ 均为可逆矩阵. 验证: $P \otimes Q$ 可逆且有

$$(P \otimes Q)^{-1} = P^{-1} \otimes Q^{-1}.$$

习题 5 假设 $A \in M_m(\mathbb{F}), B \in M_n(\mathbb{F})$. 试利用 Jordan 标准形定理以及习题 4 的结果, 完成如下三个小题目:

(1) 求证: $A \otimes B$ 的特征多项式为: $\prod_{i=1}^{m} \prod_{j=1}^{n} (x - \lambda_i \mu_j)$, 其中 λ_i 与 μ_j 分别是 A 与 B 的特征根;

(2) 求证: $\det(A \otimes B) = [\det(A)]^n \cdot [\det(B)]^m$;

(3) 探讨 $A \otimes B$ 的最小多项式的性质. (开放性题目)

3.7.2 线性空间关于某个子空间的商空间

现在介绍 "商" 的概念; 商本质上就是一种压缩技术.

$\forall W \leqslant {}_{\mathbb{F}}V, \ \forall v \in V$, 记

$$\overline{v} = \{v + w \mid w \in W\}.$$

注意到 $\overline{v}$ 实际上是集合 V 的一个 (当 $W \neq 0$ 时, 它一定是无限的) 子集合, 但是这种记号表明我们是准备把它当成某个新构造集合 (V 关于 W 的**商集合**) 的元素来看待的; 这个集合自然就应该是

$$\{\overline{v} \mid v \in V\} =: V/W.$$

例如, 当 $V = \mathbb{R}^2$ (平面上的矢量所组成的线性空间) 而 ${}_{\mathbb{R}}W$ 维数为 1 时, 不难验证 W 是一条过原点 O 的直线 $\mathfrak{l}_0$. 此时, V/W 的一般元素 $\overline{v}$ 有两种解释:

(1) 当 $v \in W$ 时, 可以验证 $\overline{v} = \overline{0} =: W$, 即 $\overline{v}$ 是直线 $\mathfrak{l}_0$;

(2) 当 $v \notin W$ 时, $\overline{v}$ 是一条不过原点且平行于 $\mathfrak{l}_0$ 的直线, 如果点 P 使得 $\overrightarrow{OP} = v$, 则 $\overline{v}$ 是过点 P 且平行于 $\mathfrak{l}_0$ 的直线 (图 3.1).

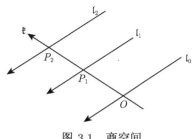

图 3.1   商空间

进一步地, 可以取定一条不平行于 $\mathfrak{l}_0$ (且过原点 O) 的直线 $\mathfrak{k}$; 对于 $\mathfrak{k}$ 与 $\mathfrak{l}_0$ 的任意一个交点 P_i, 记 $v_i = \overrightarrow{OP_i}$, 则 $\overline{v_i}$ 是过点 P_i 且平行于 $\mathfrak{l}_0$ 的直线 $\mathfrak{l}_i$ $(i = 1, 2)$, 从而 $\overline{v_1} = \overline{v_2} \Longleftrightarrow P_1 = P_2$. 因此从本质上看, 可将 V/W 看成直线 $\mathfrak{k}$, 其中, 直线 $\mathfrak{k}$ 上每个点可以唯一代表它所在的平行于 $\mathfrak{l}_0$ 的直线.

注意到代表元的选取通常有无限多种可能. 特别地, 代表元的选取并不唯一确定.

我们在线性空间关于某个子空间 "做压缩", 理由如下:

(1) 在 V/W 上, 确实有一个合理的 "相等" 概念. 事实上, 注意 $\overline{v_1} = \overline{v_2}$ 是集合相等, 也就是集合的双包含, 因此不难验证

$$\boxed{\overline{v_1} = \overline{v_2} \Longleftrightarrow v_1 - v_2 \in W.}$$ (14)

注意到第二个等价条件相对来说简单明了, 且易于操作.

(2) 对于任意两个 $v, w \in V$, 根据 (14) 不难验证: 如果 $\overline{v} \cap \overline{w} \neq \varnothing$, 则必有 $\overline{v} = \overline{w}$.

(3) 在 V/W 上, 可以定义加法和数乘, 使得 $_{\mathbb{F}}(V/W)$ 成为一个新的线性空间. 事实上, 对于 $v_1, v_2 \in V$, $k \in \mathbb{F}$ 定义

$$\overline{v_1} + \overline{v_2} =: \overline{v_1 + v_2}, \quad k \cdot \overline{v_1} =: \overline{kv_1},$$

则这两种定义是合理的 (与代表元的选取无关), 且作成一个线性空间.

验证   假设 $\overline{v_1} = \overline{u_1}, \overline{v_2} = \overline{u_2}$. 根据 (14), 这等价于两个关系式 $v_1 - u_1 \in W, v_2 - u_2 \in W$. 由于 $W \leqslant {}_{\mathbb{F}}V$, 所以有

$$(v_1 + v_2) - (u_1 + u_2) = (v_1 - u_1) + (v_2 - u_2) \in W;$$

再用 (14) 的等价性, 得到 $\overline{v_1 + v_2} = \overline{u_1 + u_2}$, 即 $\overline{v_1} + \overline{v_2} = \overline{u_1} + \overline{u_2}$. 这就说明加法定义合理; 同理验证数乘定义合理.   □

命题 3.7.6 $\dim_{\mathbb{F}}(V/W) = \dim_{\mathbb{F}} V - \dim_{\mathbb{F}} W$.

证明   不妨假设 V 的子空间 $_{\mathbb{F}}U$ 是 W 的一个直和补, 即有 $V = W \oplus U$. 定义一个映射

$$\sigma : U \to V/W, \quad u \mapsto \overline{u} = u + W.$$

则可直接验证 σ 是线性映射, 且为双射, 即 σ 是线性空间的同构映射, 从而

$$\dim_{\mathbb{F}}(V/W) = \dim_{\mathbb{F}} U = \dim_{\mathbb{F}} V - \dim_{\mathbb{F}} W. \qquad \square$$

从命题 3.7.6 的证明过程看出, 如果只考虑线性空间及其子空间, 商空间的价值似乎不大; 但是一旦将线性空间与线性映射 (以及线性变换) 结合起来, 商空间概念的重要性立即凸显. 例如, 如果假设 τ 是 V 上的一个线性变换, 且 W 是 τ- 子空间, 则 τ 诱导出具有更小维数的线性空间 V/W 上的一个线性变换

$$\bar{\tau} : V/W \to V/W, \quad \bar{v} \mapsto \overline{\tau(v)}.$$

验证　要验证 $\bar{\tau}$ 是一个线性变换, 要点在于验证它确实是个映射. 注意到定义域中的元素事实上是 V 的子集合, 是使用代表元表达的, 因此需要验证: 像 $\overline{\tau(v)}$ 与代表元 v 的选取无关.

事实上, 假设 $\bar{v} = \bar{u}$, 即 $v - u \in W$. 因为 $\tau(W) \subseteq W$, 所以

$$\tau(v) - \tau(u) = \tau(v - u) \in W;$$

而这等价于 $\overline{\tau(v)} = \overline{\tau(u)}$, 恰为所求, 所以 $\bar{\tau}$ 确为映射. $\qquad \square$

现在可重返 3.4 节的最后一段; 对于 τ- 子空间 W, 可试将本节 "τ 可在 V/W 上诱导出一个相关的线性变换 $\bar{\tau}$" 这一事实与 3.4 节陈述的另一事实 "τ- 子空间通常没有 τ- 子空间的直和补" 相比较, 可以初步体会商空间概念的潜在应用价值. 我们强调, 对于某类线性变换 τ, 如果 τ-子空间 W 有一个 τ-子空间的直和补 M, 则一般优先在 M 上使用线性变换 τ; 否则, 只好在商空间 V/W 上使用诱导出的线性变换 $\bar{\tau}$.

在 3.8 节将介绍商概念的另一重要应用. 注意到商概念不仅仅是一种 "压缩技术", 它已经被成功地应用于几乎所有的领域, 其意义远超这里的解释.

3.7.3　外幂 $\wedge^m {}_{\mathbb{F}} V$

仿照 $V \otimes W$ 的定义, 可以类似定义若干个线性空间 ${}_{\mathbb{F}} V_i$ 的张量积

$$V_1 \otimes V_2 \otimes \cdots \otimes V_r;$$

当然, 也可以使用归纳法通过两个张量积的概念给出一般情形的定义. 不过, 此时需要说明

$$(V_1 \otimes V_2) \otimes V_3 \cong V_1 \otimes (V_2 \otimes V_3).$$

特别地, 规定

$$\otimes^0 {}_{\mathbb{F}} V = \mathbb{F}, \quad \otimes^r {}_{\mathbb{F}} V =: V \otimes \cdots \otimes V,$$

后者是 r 个线性空间 $_{\mathbb{F}}V$ 的张量积.

现在假设 $_{\mathbb{F}}V$ 是一个以 $v_1, \cdots, v_n$ 为基的 n 维线性空间. 考虑 $\otimes^r {}_{\mathbb{F}}V$ 的如下子集合 S 生成的子空间 $W =: L(S)$:

$$S = \{u_1 \otimes \cdots \otimes u_r \mid (u_i \in V) \, \exists 1 \leqslant i \neq j \leqslant r \text{ s.t. } u_i = u_j\}.$$

则可验证, W 也可由 $\otimes^r {}_{\mathbb{F}}V$ 的子集合 $S_1 \bigcup S_2$ 张成, 其中

$$S_1 = \{v_{i_1} \otimes \cdots \otimes v_{i_r} \mid \exists 1 \leqslant j \leqslant r - 1 \text{ s.t. } v_{i_j} = v_{i_{j+1}}\},$$

$$S_2 = \{v_{i_1} \otimes \cdots \otimes \boxed{v_k \otimes v_l} \otimes \cdots \otimes v_{i_r} + v_{i_1} \otimes \cdots \otimes \boxed{v_l \otimes v_k} \otimes \cdots \otimes v_{i_r} \mid k \neq l\}.$$

考虑如下的商空间

$$\wedge^r {}_{\mathbb{F}}V =: (\otimes^r {}_{\mathbb{F}}V)/W$$

叫作线性空间 $_{\mathbb{F}}V$ 的 r-重外幂 (exterior power), 或者楔形幂 (wedge power). 由于在 $\wedge^r {}_{\mathbb{F}}V$ 中有

$$u_1 \wedge \cdots \wedge (v_i + v_j) \wedge (v_i + v_j) \wedge \cdots \wedge u_r = 0,$$

所以有

$$u_1 \wedge \cdots \wedge v_i \wedge v_j \wedge \cdots \wedge u_r = -\ u_1 \wedge \cdots \wedge v_j \wedge v_i \wedge \cdots \wedge u_r.$$

由此可以得到一些有趣的具有典型组合特性的公式. 例如

$$v_1 \wedge u_2 \wedge \cdots \wedge u_{r-1} \wedge v_2 = (-1)^{r-1}\ v_2 \wedge v_1 \wedge u_2 \wedge u_3 \wedge \cdots \wedge u_{r-1},$$

$$v_1 \wedge u_2 \wedge \cdots \wedge u_{r-1} \wedge v_2 = -\ v_2 \wedge u_2 \wedge u_3 \wedge \cdots \wedge u_{r-1} \wedge v_1.$$

一般地, 在一个楔积单项式中, 交换任意两个 u_i 的位置而保持其余位置不变, 改变该单项式的符号.

命题 3.7.7　假设 $\dim {}_{\mathbb{F}}V = n$. 则有

(1) $\dim \wedge^0 {}_{\mathbb{F}}V = 1$;

(2) 如果 $0 < r \leqslant n$, 则有 $\dim \wedge^r {}_{\mathbb{F}}V = \mathrm{C}_n^r$;

(3) 如果 $r > n$, 则 $\dim \wedge^r {}_{\mathbb{F}}V = 0$.

证明　(1) $\wedge^0 {}_{\mathbb{F}}V = F$.

(2) 如果 $0 < r \leqslant n$, 则 $\wedge^r {}_{\mathbb{F}}V$ 以下述 C_n^r 个元素作为一个基 (详细验证留给读者作为习题):

$$v_{i_1} \wedge v_{i_2} \wedge \cdots \wedge v_{i_r} \ (1 \leqslant i_1 < i_2 < \cdots < i_r \leqslant n).$$

(3) 由 (2) 可知, $\wedge^r {}_{\mathbb{F}}V = 0$.　　　　　　　　　　　　　　　　　　　　□

外幂在微分几何、拓扑学和代数组合理论、组合交换代数、组合Hopf 代数理论中均有重要的应用, 经常被用来讨论有关的组合性质.

在本章的最后, 我们介绍一个常用的公式; 其证明可以由读者自己完成 (各取定一个基, 适当编号; 然后使用命题 3.7.7 的结果).

命题 3.7.8 $\wedge^r(V \oplus W) = \oplus_{i=0}^r [(\wedge^i V) \otimes (\wedge^{r-i} W)]$.

习题与扩展内容

习题 1 假设 $_\mathbb{F}V$ 与 $_\mathbb{F}W$ 分别是以 $v_1, v_2, v_3; v_1, v_2, v_3, v_4$ 为基的线性空间. 试验证:

(1) $\wedge^2 V = (V \otimes V)/L(S_1 \bigcup S_2)$, 其中

$$S_1 \cup S_2 = \{v_i \otimes v_i, v_i \otimes v_j + v_j \otimes v_i \mid 1 \leqslant i < j \leqslant 3\},$$

且在 $V \otimes V$ 中线性无关, 因此, $v_1 \wedge v_2, v_1 \wedge v_3, v_2 \wedge v_3$ 是 2-重外幂 $\wedge^2 V$ 的一个基.

(2) 求证: $v_1 \wedge v_2 \wedge v_3, v_1 \wedge v_2 \wedge v_4, v_1 \wedge v_3 \wedge v_4, v_2 \wedge v_3 \wedge v_4$, 是线性空间 (3-重外幂) $\wedge^3 W$ 的一个基.

(3) 考虑 $\sigma\tau$ 的特征多项式与最小多项式.

习题 2* 求证: $\wedge^r(V \oplus W) = \oplus_{i=0}^r [(\wedge^i V) \otimes (\wedge^{r-i} W)]$.

习题 3 求证: $V_1 \otimes V_2$ 具有如下的**泛性质**(universal property):

$$\forall _\mathbb{F}U, \ \forall \sigma : V_1 \times V_2 \to U$$

存在唯一的线性映射 $\tau : V_1 \otimes V_2 \to U$, 使得 $\tau(v_1 \otimes v_2) = \sigma((v_1, v_2))$, $\forall v_i \in V_i$, 其中的 σ 是任意给定的所谓**双线性映射**: 它关于第一分量和第二分量分别具有线性性质.

(此处, $V_1 \times V_2$ 仅作为集合看待, 即不作为线性空间看待. 另外, **这个泛性质也可作为向量空间张量积的定义**. 泛性质的优点是包容性强, 因此便于推广到更广泛的系统.)

第 4 章 矩 阵 分 析

本章假设涉及的数域 $\mathbb{F}$ 都是完备的, 即 $\mathbb{F}$ 中任意收敛序列的极限都在 $\mathbb{F}$ 中. 例如, 实数域 $\mathbb{R}$ 与复数域 $\mathbb{C}$ 都是完备的, 而有理数域 $\mathbb{Q}$ 则不是完备的. 为了简便起见, 也可以假设 $\mathbb{F} = \mathbb{R}$ 或者 $\mathbb{F} = \mathbb{C}$.

现在准备在矩阵分析中经常用到的几个经典不等式, 这些不等式的证明通常都要用微积分的技术手段.

引理 4A　假设 a, b 是正实数. 则

(1) 对于实数 $\epsilon \in [0, 1]$, 恒有 $a^\epsilon b^{1-\epsilon} \leqslant \epsilon a + (1 - \epsilon)b$;

(2) 当 $\epsilon \in (0, 1)$ 时, 还有 $ab \leqslant \epsilon a^{\frac{1}{\epsilon}} + (1 - \epsilon)b^{\frac{1}{1-\epsilon}}$.

证明　(1) 不妨假设 $0 < a \leqslant b$ 且 $0 < \epsilon < 1$. 构造函数 $f(x) = x^\epsilon - \epsilon x$. 显然 $f(x)$ 是 $(0, 1]$ 上的连续函数. 由于 $f'(x) = \epsilon(x^{\epsilon-1} - 1)$, 所以当 $0 < x < 1$ 时, 有 $f'(x) > 0$, 即 $f(x)$ 在开区间 $(0, 1)$ 上单调增. 因此由连续性得到

$$f(x) \leqslant f(1), \text{ i.e., } x^\epsilon - \epsilon x \leqslant 1 - \epsilon, \ \forall x \in (0, 1].$$

将 $x = \dfrac{a}{b}$ 代入并稍加整理, 即得第一不等式.

(2) 当 $\epsilon \in (0, 1)$ 时, 对于 (1) 的不等式作适当的变量替换, 得第二不等式.　□

注　上述引理 4A(2) 是使用率较高的不等式. 事实上还可以先证明 e^x 是**凸函数** (又叫**上凹函数**), 然后使用对数, 从而得到不等式 (2). 根据原始定义, 区间 $[a, \infty)$ 上的一个凸函数是这样的实值函数 $y = f(x)$, 它满足

$$f\left(\frac{x_1 + x_2}{2}\right) \leqslant \frac{1}{2}f(x_1) + \frac{1}{2}f(x_2), \quad \forall x_i \in [a, \infty).$$

对于连续的凸函数 $f(x)$, 有

$$f[tx_1 + (1 - t)x_2] \leqslant tf(x_1) + (1 - t)f(x_2), \ \forall t \in [0, 1], \ \forall x_i \in [a, \infty).$$

引理 4B (Hölder 不等式)　假设实数 p 满足 $1 < p < \infty$. 对于 $\mathbb{C}^n$ 中的向量 $v = (a_1, \cdots, a_n)^{\mathrm{T}}$, 定义

$$\|v\|_p = \left(\sum_{i=1}^{n} |a_i|^p\right)^{\frac{1}{p}}.$$

则有
$$|[v, w]| \leqslant \|v\|_p \cdot \|w\|_q, \quad \forall \frac{1}{p} + \frac{1}{q} = 1.$$

证明 事实上, 由于 $|c_1 + c_2| \leqslant |c_1| + |c_2|$ ($\forall c_i \in \mathbb{C}, \ i = 1, 2$), 所以不妨假设

$$v = (a_1, \cdots, a_n)^{\mathrm{T}} \in (\mathbb{R}^+)^n, \quad w = (b_1, \cdots, b_n) \in (\mathbb{R}^+)^n.$$

由于必要时, 可以用 $\frac{1}{\|v\|_p} v$ 代替 v, 所以还可以假设 $\|v\|_p = 1 = \|w\|_q$. 此时, 问题归结为验证: 对于满足 $\|v\|_p = 1 = \|w\|_q$ 的正实向量 v, w, 有

$$|[v, w]| \leqslant 1, \quad \forall \frac{1}{p} + \frac{1}{q} = 1.$$

事实上, 根据引理 4A, 有

$$a_j b_j \leqslant \frac{1}{p} a_j^p + \frac{1}{q} b_j^q.$$

对于两侧分别求和, 即得

$$|[v, w]| \leqslant \frac{1}{p}\|v\|_p^p + \frac{1}{q}\|w\|_q^q = \frac{1}{p} + \frac{1}{q} = 1, \quad \forall \frac{1}{p} + \frac{1}{q} = 1, \quad \forall \|v\|_p = 1 = \|w\|_q.$$

这就证明了 Hölder 不等式. □

引理 4C (Minkowski 不等式) 假设实数 p 满足 $1 < p < \infty$. 则在引理 4B 的记号下, 有
$$\|v + w\|_p \leqslant \|v\|_p + \|w\|_p.$$

证明 首先假设 $\frac{1}{p} + \frac{1}{q} = 1$ 且 $\|v + w\|_p \neq 0$, 则有 $p - 1 > 0$, 以及

$$\|v + w\|_p^p = \sum_{k=1}^n |a_k + b_k|^p \leqslant \sum_{k=1}^n |a_k||a_k + b_k|^{p-1} + \sum_{k=1}^n |b_k||a_k + b_k|^{p-1}.$$

然后对于其中的两项分别使用 Hölder 不等式. 例如, 注意到

$$p - 1 = \frac{p}{q}, \quad \frac{1}{q} = 1 - \frac{1}{p} = \frac{p-1}{p}.$$

因此有

$$\sum_{k=1}^n |a_k||a_k + b_k|^{p-1} \leqslant \|v\|_p \cdot \left(\sum_{k=1}^n |a_k + b_k|^{(p-1)q} \right)^{\frac{1}{q}}$$

$$= \|v\|_p \cdot \left(\sum_{k=1}^n |a_k + b_k|^p \right)^{\frac{p-1}{p}} = \|v\|_p \cdot \|v + w\|_p^{p-1}.$$

因此有如下的 Minkowski 不等式

$$||v + w||_p^p \leqslant (||v||_p + ||w||_p)||v + w||_p^{p-1}, \quad \text{故} \quad ||v + w||_p \leqslant ||v||_p + ||w||_p. \qquad \square$$

习题与扩展内容

习题 1 (Sierpinski 定理)   求证: 对于凸函数 $f(x)$, 有

$$f\left(\frac{p}{2^u}x_1 + \frac{q}{2^u}x_2\right) \leqslant \frac{p}{2^u}f(x_1) + \frac{q}{2^u}f(x_2), \quad \forall p, q \in \mathbb{Z}^+ \quad (2^u = p+q).$$

如果 $f(x)$ 还是连续函数, 则对于任意满足 $p + q = 1$ 的正实数 p 与 q, 有

$$f(px_1 + qx_2) \leqslant pf(x_1) + qf(x_2).$$

4.1 矩阵的多项式/矩阵函数初探

我们的目标是对于性质良好的函数 (通常要求无限次可导) $f(x) \in \mathbb{F}[x]$, 给出 $f(A)$ 的定义, 这里 $A \in M_n(\mathbb{F})$. 我们自然希望利用已经熟悉的知识点进行探索. 第 3 章的 Jordan 标准形, 就提供了一个这样的可能: 假设对于矩阵 A, 已经得到可逆矩阵 P 使得 $P^{-1}AP = J$ 是 Jordan 标准形; 接下来的第一步是对于 Jordan 块矩阵 J, 给出 $f(J)$ 的合理定义; 进而尝试将 $f(A)$ 定义为 $f(A) = P \cdot f(J) \cdot P^{-1}$; 考虑到 $f(x)$ 在一定范围内有 Taylor 展式, 而 Taylor 展式是一个无穷级数, 是多项式函数序列的极限函数, 所以我们先来考虑多项式函数的情形.

引理 4.1.1   考虑 m 阶 Jordan 块矩阵 $I = \lambda E + B \in M_m(\mathbb{F})$, 其中 $B = E_{12} + \cdots + E_{m-1, m}$. 对于多项式 $g(x) = \sum\limits_{i=0}^{n} a_i x^i \in \mathbb{F}[x]$, 则有

$$g(I) = g(\lambda)E + \frac{1}{1!}g^{(1)}(\lambda)B^1 + \frac{1}{2!}g^{(2)}(\lambda)B^2 + \cdots + \frac{1}{(m-1)!}g^{(m-1)}(\lambda)B^{m-1}. \quad (15)$$

证明   根据 $I = \lambda E + B$, 可命 $x = \lambda + y$, 其中 $y = x - \lambda$. 由于当 $0 \leqslant i < j$ 时, 有 $\dfrac{d^j(x^i)}{dx^j} = 0$, 于是

$$g(x) = \sum_{i=0}^{n} a_i(\lambda + y)^i = \sum_{i=0}^{n}\sum_{j=0}^{i} a_i \binom{i}{j} \lambda^{i-j} y^j$$

$$= \sum_{j=0}^{n}\sum_{i=j}^{n} a_i \binom{i}{j} \lambda^{i-j} y^j = \sum_{j=0}^{n}\sum_{i=j}^{n} a_i \frac{1}{j!} \left.\frac{d^j(x^i)}{dx^j}\right|_{x=\lambda} \cdot y^j$$

$$= \sum_{j=0}^{n}\sum_{i=0}^{n} a_i \frac{1}{j!} \left.\frac{d^j(x^i)}{dx^j}\right|_{x=\lambda} \cdot y^j = \sum_{j=0}^{n} \frac{1}{j!} y^j \left.\left(\frac{d^j}{dx^j}\sum_{i=0}^{n} a_i x^i\right)\right|_{x=\lambda}$$

$$=\sum_{j=0}^{n}\frac{1}{j!}\,y^j\cdot g^{(j)}(x)\bigg|_{x=\lambda}=\sum_{j=0}^{n}\frac{1}{j!}\,g^{(j)}(\lambda)\,y^j.$$

若命 $x=I$, 则 $y=B$. 注意到

$$B=\begin{pmatrix}0&1&0&0&\cdots&0&0\\0&0&1&0&\cdots&0&0\\0&0&0&1&\cdots&0&0\\\vdots&\vdots&\vdots&\vdots&\ddots&\vdots&\vdots\\0&0&0&0&\cdots&1&0\\0&0&0&0&\cdots&0&1\\0&0&0&0&\cdots&0&0\end{pmatrix},\quad B^2=\begin{pmatrix}0&0&1&0&\cdots&0&0\\0&0&0&1&\cdots&0&0\\0&0&0&0&\ddots&0&0\\\vdots&\vdots&\vdots&\vdots&\ddots&\vdots&\vdots\\0&0&0&0&\cdots&0&1\\0&0&0&0&\cdots&0&0\\0&0&0&0&\cdots&0&0\end{pmatrix},$$

$$B^{m-1}=\begin{pmatrix}0&0&\cdots&0&1\\0&0&\cdots&0&0\\\vdots&\vdots&&\vdots&\vdots\\0&0&\cdots&0&0\end{pmatrix},\quad B^m=0,$$

因此有 $g(I)=\sum\limits_{j=0}^{m-1}\frac{1}{j!}\,g^{(j)}(\lambda)\,B^j$, 即

$$g(I)=\begin{pmatrix}g(\lambda)&\frac{1}{1!}g^{(1)}(\lambda)&\frac{1}{2!}g^{(2)}(\lambda)&\cdots&\frac{1}{(m-2)!}g^{(m-2)}(\lambda)&\frac{1}{(m-1)!}g^{(m-1)}(\lambda)\\0&g(\lambda)&\frac{1}{1!}g^{(1)}(\lambda)&\cdots&\frac{1}{(m-3)!}g^{(m-3)}(\lambda)&\frac{1}{(m-2)!}g^{(m-2)}(\lambda)\\0&0&g(\lambda)&\cdots&\frac{1}{(m-4)!}g^{(m-4)}(\lambda)&\frac{1}{(m-3)!}g^{(m-3)}(\lambda)\\\vdots&\vdots&\vdots&\ddots&\vdots&\vdots\\0&0&0&\cdots&g(\lambda)&\frac{1}{1!}g^{(1)}(\lambda)\\0&0&0&\cdots&0&g(\lambda)\end{pmatrix}.$$

$$(16)$$

$\square$

注 (15) 及 (16) 很重要, 在本节以及 4.3 节中会经常被用到.

下面的结论是线性代数中众所周知的一个标准结论.

引理 4.1.2 假设 $g(x)\in\mathbb{F}[x]$ 是一元多项式. 对于准对角矩阵

$$A=\mathrm{diag}\{A_1,A_2,\cdots,A_s\}\in M_n(\mathbb{F}),$$

则恒有

$$g(A)=\mathrm{diag}\{g(A_1),\,g(A_2),\cdots,g(A_s)\}.$$

称 $\mathbb{F}^{m \times n}$ 中的一个矩阵序列

$$A_1, A_2, \cdots, A_{r-1}, A_r, A_{r+1}, \cdots$$

收敛, 是指对于满足 $1 \leqslant i \leqslant m$, $1 \leqslant j \leqslant n$ 的任意一对指标 (i,j), 数列

$$A_1(i,j), A_2(i,j), \cdots, A_{r-1}(i,j), A_r(i,j), A_{r+1}(i,j), \cdots$$

均收敛. 此时如果 $\lim\limits_{r \to \infty} A_r(i,j) = b_{ij}$, 则记

$$\lim_{r \to \infty} A_r = (b_{ij}) =: B \in \mathbb{F}^{m \times n}.$$

类似地, 可利用全部分量的性质定义数域 $\mathbb{F}$ 上的矩阵函数 $A(t) =: (a_{ij}(t))$ 在点 $t = t_0$ 处的极限值、连续性、可导性、导函数等.

命题 4.1.3   假设数域 $\mathbb{F}$ 上的幂级数 $\sum\limits_{i=0}^{\infty} a_i x^i$ 在圆盘 $|x| < R$ 内收敛于一个无限次可导的函数 $f(x)$, 即有

$$f(x) = \lim_{n \to \infty} \sum_{i=0}^{n} a_i x^i.$$

则对于具有 Jordan 标准形矩阵 $J = \text{diag}\{J_1, J_2, \cdots, J_s\}$, 如果相应特征根 λ_i 均满足 $|\lambda_i| < R$, 则 $\sum\limits_{i=0}^{\infty} a_i J^i$ 收敛; 记为 $f(J) =: \sum\limits_{i=0}^{\infty} a_i J^i$.

证明   命 $f_r(x) = \sum\limits_{i=0}^{r} a_i x^i$. 根据定义, 多项式序列 $f_1(x), f_2(x), \cdots$ 在圆盘 $|x| < R$ 内收敛于一个函数 $f(x) \in \mathbb{F}[x]$. 则对于每一个 $0 \leqslant j < \infty$, 多项式序列的导函数序列

$$f_1^{(j)}(x), f_2^{(j)}(x), f_3^{(j)}(x), \cdots$$

收敛于函数 $f^{(j)}(x)$. 据引理 4.1.1 可知, 矩阵序列 $f_1(J), f_2(J), \cdots$ 对 Jordan 块矩阵 J 收敛, 记

$$f(J) = \lim_{r \to \infty} f_r(J) = \sum_{i=0}^{\infty} a_i J^i;$$

再根据引理 4.1.2 知, 矩阵序列 $f_1(J), f_2(J), \cdots$ 对于 Jordan 标准形矩阵 J 收敛, 即级数 $\sum\limits_{i=0}^{\infty} a_i J^i$ 收敛于 $f(J)$. $\square$

注意到上述证明是一个严格的有说服力的数学论证; 与之比较, 我们期望如下的一个结论, 但是其严格论证很难在目前给出.

引理 4.1.4   假设 $T \in \text{GL}_n(\mathbb{F})$, 而 $A \in M_n(\mathbb{F})$. 则对于收敛于 $f(x)$ 的幂级

数 $\sum\limits_{i=0}^{\infty} a_i x^i$, 矩阵序列 $\left\{ \sum\limits_{i=0}^{n} a_i A^i \right\}_{n \geqslant 0}$ 收敛, 当且仅当矩阵序列

$$\left\{ \sum_{i=0}^{m} a_i (T^{-1}AT)^i \right\}_{m \geqslant 0}$$

收敛; 换句话说, $\sum\limits_{i=0}^{\infty} a_i A^i = f(A)$, 当且仅当 $T^{-1}\left(\sum\limits_{i=0}^{\infty} a_i A^i \right) T = f(T^{-1}AT)$.

证明 只需要证明必要性; 而必要性似应该由矩阵乘法的定义以及级数的性质得到, 但是一个有说服力的论证事实上在现阶段很难得到.

更准确也更简明扼要且有说服力的详细推理, 可参见命题 4.2.10 与命题 4.2.4.

$\square$

定义 4.1.5 假设 $f(x)$ 是一个无限次可导的函数, 且其 Taylor 展式在 $|x| < R$ 内收敛. 假设 A 的 Jordan 标准形矩阵为 J, 且有 $P^{-1}AP = J$. 进一步假设 A 的特征根 λ_i 均满足 $|\lambda_i| < R$. 则记

$$f(J) = \sum_{j=0}^{\infty} \frac{f^{(j)}(0)}{j!} J^j, \quad f(A) = Pf(J)P^{-1}.$$

根据引理 4.1.4, $f(A) = \sum\limits_{j=0}^{\infty} \frac{f^{(j)}(0)}{j!} A^j$, 从而与可逆矩阵 P 的选取无关.

例 4.1.6 (矩阵函数 e^A) 如果可逆矩阵 P 使得

$$P^{-1}AP = J = \mathrm{diag}\{J_1, \cdots, J_s\}$$

成为 Jordan 标准形, 其中 J_i 是 n_i 阶 Jordan 块矩阵, 则可定义

$$e^A = P \cdot \mathrm{diag}\{e^{J_1}, \cdots, e^{J_s}\} \cdot P^{-1}, \tag{17}$$

而如果 $J_1 = \lambda_1 E_m + B_1$, $B_1 = E_{12} + \cdots + E_{m-1,m}$, 则有

$$e^{J_1} = \lim_{k \to \infty} \sum_{r=0}^{k} \frac{1}{r!} J_1^r = e^{\lambda_1} \left(E + \frac{1}{1!} B_1 + \frac{1}{2!} B_1^2 + \cdots + \frac{1}{(m-1)!} B_1^{m-1} \right).$$

求证: e^A 与 P 的选取无关, 并验证:

(1) $(e^A)^\mathrm{T} = e^{A^\mathrm{T}}$;

(2) 如果 A 与 B 均可相似对角化且有 $AB = BA$, 则有 $e^A \cdot e^B = e^{A+B}$;

(3) $\det(e^A) = e^{\mathrm{tr}\,(A)}$;

(4) $P^{-1}e^A P = e^{P^{-1}AP}$.

证明   由于级数 $\sum\limits_{i=0}^{\infty} \dfrac{1}{k!} x^k$ 收敛于 e^x, 其收敛半径为 ∞, 故而借助 P 用 (8) 式定义的 e^A 对于所有方阵 A 均有意义. 另一方面, 易见

$$e^A = P \left(\lim_{k\to\infty} \sum_{r=0}^{k} \frac{1}{r!} J^r \right) P^{-1} = \lim_{k\to\infty} \sum_{r=0}^{k} \frac{1}{r!} A^r = \sum_{r=0}^{\infty} \frac{1}{r!} A^r. \tag{18}$$

这就表明 e^A 与 P 的选取无关, 而由 A 唯一确定. 注意, 这里用到了未被严格论证的引理 4.1.4.

(1) 与 (4) 可由 (18) 式得到, 而 (3) 由 (17) 得到

$$\det(e^A) = \prod_{k=1}^{s} \det(e^{J_k}) = \prod_{k=1}^{s} (e^{\lambda_k})^{n_k} = e^{\sum\limits_{k=1}^{s} n_k \lambda_k} = e^{\mathrm{tr}(A)}.$$

(2) 所给条件蕴涵了 A, B 可以同时相似对角化. 于是使用 (17) 可得结果.   □

注记 1   如下结果成立: 如果 $AB = BA$, 则有 $e^A \cdot e^B = e^{A+B}$. 它比上面 (2) 中的结论更强.

注记 2   对于具体的矩阵 A, 一般用 (17) 式计算 e^A; 另一方面, (18) 也有其独特的作用, 如前面证明所示.

例 4.1.7   试计算 e^A, 其中

$$A = \begin{pmatrix} 9 & -9 & 4 \\ 7 & -7 & 4 \\ 3 & -4 & 4 \end{pmatrix}.$$

解   经计算, $|xE - A| = (x-2)^3$, 而属于特征值 2 的特征向量极大无关组为 α, 其中 $\alpha^{\mathrm{T}} = (2, 2, 1)$. 记 $B = A - 2E$. 经计算, 得到

$$B = \begin{pmatrix} 7 & -9 & 4 \\ 7 & -9 & 4 \\ 3 & -4 & 2 \end{pmatrix}, \quad B^2 = \begin{pmatrix} -2 & 2 & 0 \\ -2 & 2 & 0 \\ -1 & 1 & 0 \end{pmatrix}, \quad B^3 = 0.$$

于是可取 $\beta = (1, 0, 0)^{\mathrm{T}}$, 则有 $B^2 \beta = -\alpha$. 命

$$P = (B^2 \beta, B\beta, \beta) = \begin{pmatrix} -2 & 7 & 1 \\ -2 & 7 & 0 \\ -1 & 3 & 0 \end{pmatrix},$$

则有

$$P^{-1} = \begin{pmatrix} 0 & 3 & -7 \\ 0 & 1 & -2 \\ 1 & -1 & 0 \end{pmatrix}, \quad P^{-1}AP = \begin{pmatrix} 2 & 1 & 0 \\ 0 & 2 & 1 \\ 0 & 0 & 2 \end{pmatrix} = J.$$

而

$$e^J = e^2 \begin{pmatrix} 1 & 1 & \dfrac{1}{2} \\ 0 & 1 & 1 \\ 0 & 0 & 1 \end{pmatrix}.$$

最后得到

$$e^A = P \cdot e^J \cdot P^{-1} = \frac{e^2}{2} \begin{pmatrix} 14 & -16 & 8 \\ 12 & -14 & 8 \\ 5 & -7 & 6 \end{pmatrix}. \qquad \square$$

习题与扩展内容

习题 1　　计算 $\sin(A)$ 和 e^A, 其中 $A = \begin{pmatrix} 3 & -1 & 0 & 0 \\ 1 & 1 & 0 & 0 \\ 3 & 0 & 5 & -3 \\ 4 & -1 & 3 & -1 \end{pmatrix}$.

习题 2　　在引理 4.1.1 的证明中, 为何要做那样的变量替换?

习题 3　　可否严格证明 (按照分量收敛的意义下的) 引理 4.1.4?

习题 4*　　求证: A 是正交矩阵且 $\det(A) = 1$, 当且仅当存在反对称实矩阵 S, 使得 $A = e^S$.

4.2　范　　数

4.2.1　向量范数

定义 4.2.1　　设数域 $\mathbb{F}$ 具有性质: $\forall k \in \mathbb{F}$, 恒有 $\overline{k} \in \mathbb{F}$. 设 $_{\mathbb{F}}V$ 为线性空间. 假设映射 $||-|| : V \to \mathbb{R}, v \mapsto ||v||$ 满足如下三个条件:

(1) **正定性**　$||v|| > 0, \ \forall 0 \neq v \in V$;

(2) **齐次性**　$||kv|| = |k| \cdot ||v||$;

(3) **三角不等式**　$||v + w|| \leqslant ||v|| + ||w||$,

则称 $||-||$ 为 $_{\mathbb{F}}V$ 上的一个**范数**; 具有范数的线性空间叫作**赋范线性空间**或者叫作**度量空间**(metric space).

注意到任意内积 $[-,-]$ 给定 $_{\mathbb{F}}V$ 上的一个范数, 即 $||v||_2 = \sqrt{[v,v]}$, 而且还有 Cauchy-Schwarz 不等式

$$||v + w||_2 \leqslant ||v||_2 + ||w||_2.$$

特别地, 我们规定在 $\mathbb{C}^{n \times 1}$ 中有 $[\alpha, \beta] = \alpha^\star \beta$. 注意到对于复数 c_i, 作为前述 Cauchy-Schwarz 不等式的直接推论, 马上得到 $|c_1 + c_2| \leqslant |c_1| + |c_2|$. 下面例子提供了泛函分析中一类经典的向量范数.

例 4.2.2　　假设实数 p 满足 $1 \leqslant p < \infty$. 考虑复空间 $V = \mathbb{C}^{n \times 1}$. 对于 $v = (a_1, \cdots, a_n)^{\mathrm{T}}$, 有以下两种常见的范数:

(1) l_∞ 范数 (或 ∞-norm) $\|-\|_\infty$:

$$\|v\|_\infty = \max\{ |a_i| \mid 1 \leqslant i \leqslant n \}.$$

(2) l_p 范数 (或 p-norm) $\|-\|_p$:

$$\|v\|_p = \left(\sum_{i=1}^n |a_i|^p \right)^{\frac{1}{p}}.$$

证明　　直接验证可得 (1); (2) 由引理 4C 得到.　　　　　　　　　　　　　　　□

定义 4.2.3　　假设 V 是实空间或复空间, N 与 M 是 V 上的范数. 如果存在正实数 c, d, 使得 $N \leqslant cM, M \leqslant dN$, 则称两个范数**等价**.

显然有 $\|-\|_\infty \leqslant \|-\|_1$, 另一方面有 $\|-\|_1 \leqslant n \cdot \|-\|_\infty$. 因此范数 $\|-\|_\infty$ 与范数 $\|-\|_1$ 等价.

由于向量是特殊的矩阵, 根据 4.1 节的定义, 向量序列的敛散性、向量函数的极限与连续性等是根据分量的相应性质定义的. 因此可以看出, 在 $\mathbb{F}^{n \times 1}$ 中, 向量序列 $(v_i)_{i=1}^\infty$ 收敛于向量 v, 当且仅当 $(v_i)_{i=1}^\infty$ 关于度量 $\|-\|_1$ 收敛于向量 v, 当且仅当它关于度量 $\|-\|_\infty$ 收敛于 v.

类似可以定义关于某个向量范数 (度量的) 的收敛性、极限以及连续性等 (可参看下面命题的证明过程); 下面的命题将表明, 这种根据度量引进的 (敛散性、极限以及连续性等) 性质与根据分量引进的性质是一致的:

命题 4.2.4　　假设 $\mathbb{F}$ 是实数域或者复数域, $V = \mathbb{F}^{n \times 1}$. 则 V 上任意两个范数均等价.

证明　　只需证明: 任一范数 N 与 $\|-\|_1$ 等价即可.

事实上, 取定 V 的标准正交基 ε_i, 并命 $c = \max\limits_{1 \leqslant i \leqslant n} \{ N(\varepsilon_i) \}$. 则有

$$\forall v =: (k_1, \ldots, k_n)^{\mathrm{T}} \in V, \ N(v) = N(\sum_{i=1}^n k_i \varepsilon_i) \leqslant \sum_{i=1}^n |k_i| c \leqslant c\|v\|_1;$$

这表明, $N \leqslant c \cdot \|-\|_1$.

上述不等式蕴含了如下的一个基本事实: 实 (复) 值函数 N 在度量空间 $X = (V, \|-\|_1)$ 上是连续的. 这是因为对于任意一个向量范数 $\|-\|$, 恒有

$$\|\|v\| - \|w\|\| \leqslant \|v - w\|, \quad \forall v, w \in V.$$

欲得另一个不等式, 使用反证法如下：如果不存在正实数 d 使得 $\|-\|_1 \leqslant d \cdot N(-)$, 则对于任意正整数 m, 存在 $w_m \in V$ 使得 $\|w_m\|_1 > m \cdot N(w_m)$, 于是有满足 $\|v_m\|_1 = 1$ 的无穷向量列 $\{v_m\}_{m=1}^{\infty} \subseteq V$, 使得 $0 \leqslant N(v_m) \leqslant \frac{1}{m}$ 成立. 因此当 $m \mapsto \infty$ 时, 显然有 $N(v_m) \mapsto 0$. 又由于 V 中的单位闭圆球是紧空间, 即其任一开覆盖有限的子覆盖; 因此, 其中的任意一个无限序列存在收敛的无限子序列. 不妨假设向量序列 $\{v_m\}_{m=1}^{\infty}$ 在度量空间 $(V, \|-\|_1)$ 中收敛于 $v \in V$. 根据实值函数 N 在度量空间 $X = (V, \|-\|_1)$ 上的连续性, 得到

$$0 = \lim_{m \to \infty} N(v_m) = N(\lim_{m \to \infty} v_m) = N(v),$$

从而由 N 的正定性得到 $v = 0$. 另一方面, 根据 $\|-\|_1$ 在度量空间 $(V, \|-\|_1)$ 上的的连续性, 得

$$\|v\|_1 = \|\lim_{m \to \infty} v_m\|_1 = \lim_{m \to \infty} \|v_m\|_1 = 1,$$

因此 $v \neq 0$, 矛盾. 矛盾表明, 存在正实数 d 使得 $\|-\|_1 \leqslant d \cdot N(-)$, 因此 $\|-\|_1$ 与 N 等价. □

　　注　关于紧 (compact) 的概念以及等价刻画, 可以参见一本数学分析教程 (例如, 欧阳光中、姚云龙主编的 "数学分析"(上册第 11 章第三节的开覆盖定理)), 或参见参考文献 [5].

　　附注. 以下用 $\varepsilon - \delta$ 语言验证 "N 在度量空间 $(V, \|-\|_1)$ 上的连续性"： $\forall \varepsilon > 0$, $\exists \delta = \frac{\varepsilon}{c}$, s.t. 对于满足 $\|v - w\|_1 < \delta$ 的向量 $v, w \in V$, 恒有

$$|N(v) - N(w)| \leqslant N(v - w) \leqslant c \cdot \|v - w\|_1 < c \cdot \frac{\varepsilon}{c} = \varepsilon.$$

这表明 V 上函数 N 在在度量空间 $(V, \|-\|_1)$ 的任一点 v 处连续, 因此 $\|-\|$ 关于度量 $\|-\|_1$ 连续.)

　　命题 4.2.5　假设 $\|-\|$ 是线性空间 $V =: \mathbb{F}^{n \times 1}$ 上的一个范数. 则对于 V 中任一序列 $(v_i)_{i=1}^{\infty}$, 它收敛于 v 当且仅当在赋范空间 $(V, \|-\|)$ 中, v_i 收敛于 v, 即

$$\lim_{i \to \infty} \|v_i - v\| = 0.$$

　　证明　根据命题 4.2.4 的证明已知: v_i 收敛于 v 当且仅当在空间 $(V, \|-\|_1)$ 中, v_i 收敛于 v; 又根据命题 4.2.4, 可以假设正实数 a, b 使得

$$a\|-\|_1 \leqslant \|-\| \leqslant b\|-\|_1.$$

因此, 序列 $(v_i)_{i=1}^{\infty}$ (依照分量) 是 Cauchy 序列 (并收敛于 v), 当且仅当它依照范数 $\|-\|$ 成为 Cauchy 序列 (并收敛于 v), 这就证明了结论成立. □

　　命题 4.2.5 解释了引进范数这一概念的意义, 同时也指出了引进范数这个概念的必要性.

习题与扩展内容

习题 1　假设 $\|-\|$ 是 $\mathbb{F}^{m\times 1}$ 中的一个范数, 而 $A_{m\times n}$ 是 $\mathbb{F}$ 上的列满秩矩阵. 求证: $\|\alpha\| = \|A\alpha\|$ 给定 $\mathbb{F}^{n\times 1}$ 之中的一个范数.

习题 2　假设 $\alpha \in \mathbb{F}^{n\times 1}$. 求证: $\lim\limits_{p\to\infty}\|\alpha\|_p = \|\alpha\|_\infty$.

习题 3　假设 A_n 是一个 Hermite 正定矩阵. 求证: $\|\alpha\|_A =: \sqrt{\alpha^\star A\alpha}$ 定义了复空间 $V =: \mathbb{C}^{n\times 1}$ 上的一个向量范数, 并说明: 当 A 遍历全部 n 阶 Hermite 正定矩阵时, $\|-\|_A$ 遍历全部由 V 上全部内积确定的范数.

4.2.2　矩阵范数

注意到每个方阵 A 都可以看成 V 上的一个左乘变换 $\sigma_A : v \mapsto Av$, 因此自然有如下的考虑.

命题 4.2.6　假设 A 是 $M_n(\mathbb{F})$ 中的矩阵, 而 $\|-\|$ 是 $V =: \mathbb{F}^{n\times 1}$ 中的一个向量范数. 若记

$$\|A\|_{\mathbf{m}} =: \sup_{0\neq v\in V}\frac{\|Av\|}{\|v\|},$$

则 $\|A\|_{\mathbf{m}} = \sup\limits_{\|v\|=1}\|Av\| = \max\limits_{\|v\|=1}\|Av\|$, 且有:

(1) $\|-\|_{\mathbf{m}}$ 是线性空间 $M_n(\mathbb{F})$ 上的一个向量范数.

(2) $\|AB\|_{\mathbf{m}} \leqslant \|A\|_{\mathbf{m}} \cdot \|B\|_{\mathbf{m}}$; 特别地, 有 $\|A^r\|_{\mathbf{m}} \leqslant (\|A\|_{\mathbf{m}})^r$.

(3) $\|E\|_{\mathbf{m}} = 1$.

证明　易见 $\|-\|_{\mathbf{m}}$ 是线性空间 $M_n(\mathbb{F})$ 上的一个向量范数. 又根据范数的连续性以及单位圆球的闭性质和有界性质, 得到 $\sup\limits_{\|v\|=1} = \max\limits_{\|v\|=1}$; 余下只需要证明 (2).

事实上, 不妨假设 $AB \neq 0$, 从而 $\|B\|_{\mathbf{m}} \neq 0$. 根据向量范数的连续性, 可以进一步假设 $\|B\|_{\mathbf{m}} = \|Bv_1\| > 0$, 其中的取定向量 v_1 满足 $\|v_1\| = 1$, 则

$$\frac{1}{\|Bv_1\|} \leqslant \frac{1}{\|Bv\|}, \quad \forall\|v\|=1 \ \ \text{s.t.} \ \ \|Bv\| \neq 0,$$

从而由 $\|AB\|_{\mathbf{m}} = \sup\limits_{\|w\|=1,Bw\neq 0}\|(AB)w\|$ 得到

$$\frac{\|AB\|_{\mathbf{m}}}{\|Bv_1\|} \leqslant \sup_{\|w\|=1,Bw\neq 0}\frac{\|A(Bw)\|}{\|Bw\|} \leqslant \|A\|_{\mathbf{m}},$$

因此, $\|AB\|_{\mathbf{m}} \leqslant \|A\|_{\mathbf{m}} \cdot \|Bv_1\| = \|A\|_{\mathbf{m}} \cdot \|B\|_{\mathbf{m}}$.　$\square$

定义 4.2.7　如果映射 $\|-\| : M_n(\mathbb{F}) \to \mathbb{R}$ 满足命题 4.2.6 中的前两个条件, 则称 $\|-\|$ 是矩阵代数 $M_n(\mathbb{F})$ 中的一个**矩阵范数**. 由某一个向量范数诱导出的矩阵范数叫作一个**代数的矩阵范数** (algebraic matrix norm).

以下为了书写方便, 仍用 $\|-\|$ 表示由某个向量范数 $\|-\|$ 诱导出的矩阵范数. 毫无疑问, 从向量范数诱导出的矩阵范数是所有矩阵范数中的重要一类. 特别地, 我们有如下经常用到的诱导矩阵范数.

例 4.2.8　向量的 l_p-范数 $(p=1,2,\infty)$ 诱导出的三个矩阵范数分别为:

(1) $\|A\|_1 = \max\limits_{1\leqslant j\leqslant n} \|A(j)\|_1 = \max\limits_{1\leqslant j\leqslant n} \sum\limits_{i=1}^{n} |a_{ij}|$ (max 列).

(2) $\|A\|_2 = \sqrt{\rho(A^\star A)}$, 其中 $\rho(B)$ 是矩阵 B 的**谱半径**, 即 B 的特征根的模长最大值. 特别地, 对于 Hermite 矩阵 A, 有 $\|A\|_2 = \rho(A)$.

(3) $\|A\|_\infty = \max\limits_{1\leqslant i\leqslant n} \|(i)A\|_1 = \max\limits_{1\leqslant i\leqslant n} \sum\limits_{j=1}^{n} |a_{ij}|$ (max 行).

验证　三种情形都可以使用 $\|A\|_p = \max\limits_{\|v\|_p=1} \|Av\|_p$ 直接得到 "$\|A\|_p \leqslant$ 右侧". 事实上:

(1) 可设某个满足 $\|v_0\|_1 = 1$ 的 $v_0 = (k_1,\cdots,k_n)^{\mathrm{T}} = \sum\limits_{i=1}^{n} k_i\varepsilon_i$ 使得 $\|A\|_1 = \|Av_0\|$, 则有

$$\|A\|_1 = \|Av_0\|_1 = \left\|\sum_{i=1}^{n} k_i \cdot A\varepsilon_i\right\|_1 \leqslant \sum_{i=1}^{n} |k_i| \cdot \|A(i)\|_1$$

$$\leqslant \left[\max_{1\leqslant j\leqslant n} \|A(j)\|_1\right] \cdot \sum_{i=1}^{n} |k_i| = \left[\max_{1\leqslant j\leqslant n} \|A(j)\|_1\right] \cdot \|v_0\|_1 = \max_{1\leqslant j\leqslant n} \|A(j)\|_1.$$

(2) 注意到 $A^\star A$ 是 Hermite 矩阵且其特征根都是非负实数 (设为 $\lambda_1,\cdots,\lambda_n$); 根据正规矩阵基本定理, 存在酉阵 U 使得

$$U^\star(A^\star A)U = \mathrm{diag}\{\lambda_1,\cdots,\lambda_n\} =: \Lambda,$$

命 $\|A\|_2 = \|Av_0\|_2$, 其中 $\|v_0\|_2 = 1$; 再命 $\beta = U^\star v_0$, 则有 $\|\beta\|_2 = 1$, 且有

$$\|A\|_2 = [\beta^\star\Lambda\beta]^{\frac{1}{2}} \leqslant \max_{1\leqslant i\leqslant n} \lambda_i = \rho(A^\star A)^{\frac{1}{2}}.$$

(3) 假设 $\|A\|_\infty = \|Av_0\|_\infty$, 其中 $\|v_0\|_\infty$. 由于 v_0 的每个分量的模长至多为 1, 所以根据矩阵乘法的定义即得 $\|A\|_\infty \leqslant \|(i)A\|_1$.
$\qquad\qquad\qquad\qquad\qquad\qquad\qquad\qquad\qquad\qquad\qquad\qquad\quad {\scriptstyle 1\leqslant i\leqslant n}$

另一方面, 分别有

$(1')$ $\|A\|_1 = \max\limits_{\|v\|_1=1} \|Av\|_1 \geqslant \|A\varepsilon_j\|_1 = \|A(j)\|_1$, $\forall j$. 所以有 $\|A\|_1 \geqslant$ 右侧.

$(2')$ $\|A\|_2 = \max\limits_{[v,v]=1} \sqrt{v^\star A^\star Av}$. 注意到 $A^\star A$ 的特征根 μ 均为非负实数, 所以若取 v 为对应特征根 μ 的单位特征向量, 即得 "左 $\geqslant$ 右" 部分.

(3′) 不妨假设

$$0 < \max_{1 \leqslant i \leqslant n} \sum_{j=1}^{n} |a_{ij}| = \|(1)A\|_1.$$

取 $v = (v_1, \cdots, v_n)$ 使得当 $a_{1j} \neq 0$ 时, $v_j = \dfrac{\overline{a_{1j}}}{|a_{1j}|}$, 其余 $v_k = 0$, 即得 "左 $= \|A\|_\infty \geqslant \|Av\|_\infty \geqslant |(1)(Av)| = $ 右" 部分. □

定义 4.2.9　假设 $\|-\|$ 是 $V =: \mathbb{F}^{n \times 1}$ 中的向量范数, 而 $\|-\|_M$ 是 $M_n(\mathbb{F})$ 中的一个矩阵范数. 如果以下条件成立, 则称矩阵范数 $\|-\|_M$ 与向量范数 $\|-\|$ **相容**

$$\|Av\| \leqslant \|A\|_M \cdot \|v\|, \quad \forall A \in M_n(\mathbb{F}), \quad \forall v \in V.$$

根据定义, 任一向量范数与其诱导出的矩阵范数相容; 更多矩阵范数的例子以及相容性的例子, 可以见后面练习题.

在本节余下的讨论中, 我们将仍然回到由向量范数诱导出的矩阵范数. 首先我们有如下结论.

命题 4.2.10　假设 $T \in \mathrm{GL}_n(\mathbb{F})$ 给定, 即 T 是 $M_n(\mathbb{F})$ 中的一个给定的可逆矩阵, 并记 $V =: \mathbb{F}^{n \times 1}$. 则

(1) 对于线性空间 V 上的一个给定向量范数 $\|-\|$, $\|\alpha\|_T = \|T\alpha\|$ 给出 V 上的一个新向量范数 $\|-\|_T$.

(2) 若使用同一符号表示由向量范数导出的矩阵范数, 则有

$$\|A\|_T = \|TAT^{-1}\|, \quad \forall A \in M_n(\mathbb{F}).$$

(3) $\varphi: \|-\| \mapsto \|-\|_T$ 给出 V 上全体向量范数所组成集合的一个双射变换.

证明　(1) 详细验证留作练习.

(2) 记 $N(-) = \|-\|_T$. 根据定义有

$$N(A) = \sup_{0 \neq \alpha \in V} \frac{N(A\alpha)}{N(\alpha)} =: \sup_{0 \neq \alpha \in V} \frac{\|TA\alpha\|}{\|T\alpha\|}$$

$$= \sup_{0 \neq T\alpha \in V} \frac{\|TAT^{-1} \cdot T\alpha\|}{\|T\alpha\|} =: \|TAT^{-1}\|.$$

(3) 根据 (1) 可知 φ 是映射; 又易见, $\|-\| = (\|-\|_{T^{-1}})_T$, 从而 φ 是满射; 直接验证 φ 是单映射. □

根据命题 4.2.10 与命题 4.2.5, 可以给出引理 4.1.4 的一个严格而又简洁的论证如下.

引理 4.1.4 的证明　假设 $\|-\|$ 是线性空间 $V =: \mathbb{F}^{n \times 1}$ 上的任意一个取定范数; 它诱导出一个矩阵范数 $\|-\|$.

根据命题 4.2.5, 矩阵序列 $\left\{\sum_{i=0}^{n} a_i A^i\right\}_{n\geqslant 0}$ (按照分量) 收敛, 当且仅当该序列依

照矩阵范数 $\|-\|_T$ 收敛. 根据命题 4.2.10, 后者成立当且仅当矩阵序列

$$\left\{\sum_{i=0}^{m} a_i (TAT^{-1})^i\right\}_{m\geqslant 0}$$

依照矩阵范数 $\|-\|$ 收敛, 当且仅当矩阵序列 $\left\{\sum_{i=0}^{m} a_i (TAT^{-1})^i\right\}_{m\geqslant 0}$ (按照分量) 收

敛. $\square$

命题 4.2.11 假设 $\mathbb{F} = \mathbb{R}$ 或 $\mathbb{C}$; $\|-\|$ 是 $V =: \mathbb{F}^{n\times 1}$ 中的任意一个向量范数,
而 $\|-\|$ 表示其在 $M_n(\mathbb{F})$ 上诱导出的矩阵范数.

(1) 对于 $A \in M_n(\mathbb{F})$, 如果诱导出的矩阵范数满足 $\|A\| < 1$, 则 $E - A$ 可逆且
有 $(E - A)^{-1} = \sum_{i=0}^{\infty} A^i$ 以及 $A^k \to 0$;

(2) $\rho(B) \leqslant \|B\|$, $\forall B \in M_n(\mathbb{F})$.

证明 (1) 由于 $\left\|\sum_{i=0}^{k} A^i\right\| \leqslant \sum_{i=0}^{k} \|A\|^i$ 成立, 所以条件 $\|A\| < 1$ 保证了无穷级

数 $\sum_{i=0}^{\infty} A^i$ 是在度量空间 $(M_n(\mathbb{F}), \|-\|)$ 中收敛的, 且有 $A^k \to 0$. 由于线性空间 $\mathbb{F}^{n^2\times 1}$,
即 $M_n(\mathbb{F})$ 是一个完备的拓扑空间, 所以根据命题 4.2.5, 有

$$B =: E + A + A^2 + \cdots \in M_n(\mathbb{F}),$$

且在 $M_n(\mathbb{F})$ 中有 $A^k \to 0$. 因此由

$$(E - A)(E + A + A^2 + \cdots + A^k) = E - A^{k+1}$$

知 $E - A$ 可逆, 且有 $(E - A)^{-1} = E + A + A^2 + \cdots = B \in M_n(\mathbb{F})$.

(2) 当 $\mathbb{F} = \mathbb{C}$ 时, 可取 $0 \neq \alpha \in V$ 使得 $B\alpha = \lambda \cdot \alpha$, 其中 $|\lambda| = \rho(B)$. 则有

$$\rho(B)\|\alpha\| = \|\lambda \cdot \alpha\| = \|B\alpha\| \leqslant \|B\| \cdot \|\alpha\|,$$

而由范数的正定性, 得 $\|\alpha\| > 0$, 因而 $\rho(B) \leqslant \|B\|$.

而当 $\mathbb{F} = \mathbb{R}$ 时, 假设 $M_n(\mathbb{R})$ 中的范数 $\|-\|$ 是由 $\mathbb{R}^{n\times 1}$ 上的某个向量范数 $\|-\|$
诱导得到的. 此时, 任意取定 $\mathbb{C}^{n\times 1}$ 上的一个向量范数, 它诱导出 $M_n(\mathbb{C})$ 上的一
个矩阵范数; 然后将它限制到 $M_n(\mathbb{R})$ 上, 记为 N. 易见 N 是 $M_n(\mathbb{R})$ 中的一个矩
阵范数, 且 N 与 $\|-\|$ 等价 (由命题 4.2.4 得到). 进一步可假设某个正实数 k 使
得 $N(-) \leqslant k \cdot \|-\|$, 则有

$$\rho(B)^i = \rho(B^i) \leqslant N(B^i) \leqslant k \cdot \|B^i\| \leqslant k \cdot \|B\|^i, \quad \forall 1 < i < \infty.$$

两边开 i 次方, 然后取极限得到 $\rho(B) \leqslant \|B\|$, $\forall B \in M_n(\mathbb{R})$. □

根据命题 4.2.11 的证明过程, 可知它对于任意矩阵范数 $\|-\|$ 也是成立的: 其结论 (1) 由证明过程直接得到; 在 (2) 的论证中, 在复数域情形, 可取 $0 \neq \alpha \in V$ 使得 $B\alpha = \lambda \cdot \alpha$, 其中 $|\lambda| = \rho(B)$; 再命 $C = (\alpha, 0, \cdots, 0) \in M_n(\mathbb{C})$. 则有

$$\rho(B) \cdot \|C\| = \|BC\| \leqslant \|B\| \cdot \|C\|,$$

故 $\rho(B) \leqslant \|B\|$.

而将实数域情形的证明稍作修改, 即得结论 (2).

命题 4.2.11′　假设 $\mathbb{F} = \mathbb{R}$ 或 $\mathbb{C}$; $\|-\|$ 是 $M_n(\mathbb{F})$ 上的**任意一个矩阵范数**, 且 $A \in M_n(\mathbb{F})$.

(1) 如果 $\|A\| < 1$, 则 $E - A$ 可逆且有 $(E-A)^{-1} = \sum_{i=0}^{\infty} A^i$. 此时, 还有 $A^k \to 0$.

(2) $\rho(B) \leqslant \|B\|$, $\forall B \in M_n(\mathbb{F})$.

如果 B 是幂零的非零矩阵, 则对于任意矩阵范数 $\|-\|$, 有 $0 = \rho(B) < \|B\|$. 所以, $\|B\|$ 只是给出了 B 的谱半径的一个上界. 一般地, 对于任意固定的矩阵范数 $\|-\|$, $\|B\|$ 不是 $\rho(B)$ 的上确界.

下面的定理 4.2.12 在某种意义上是对于命题 4.2.11(2) 的一个有益补充.

定理 4.2.12 (Householder)　对于任一 n 阶复方阵 B 以及任一正实数 ϵ, 存在 $\mathbb{C}^n$ 上的一个向量范数 $\|-\|$, 使得对于其诱导出的矩阵范数, 有 $\|B\| \leqslant \rho(B) + \epsilon$.

换句话说, 对于任一复方阵 B, 有 $\rho(B) = \inf_{\|-\|} \|B\|$, 其中 $\|-\|$ 遍历 $M_n(\mathbb{F})$ 上的所有代数的矩阵范数 (由向量范数诱导出的矩阵范数).

证明　根据 Schur 引理, 存在可逆矩阵 $P \in \mathrm{GL}_n(\mathbb{C})$ 使得 $T =: PBP^{-1}$ 是一个上三角矩阵. 根据命题 4.2.10(3), 有

$$\inf_{\|-\|} \|B\|_\mathfrak{m} = \inf_{\|-\|} \|PBP^{-1}\|_\mathfrak{m} = \inf_{\|-\|} \|T\|_\mathfrak{m},$$

其中 $\|-\|$ 遍历 $\mathbb{C}^{n\times 1}$ 上所有的向量范数, 而 $\|-\|_\mathfrak{m}$ 表示由向量范数 $\|-\|$ 诱导出的矩阵范数. 注意到相似矩阵有相同的谱空间, 从而有相同的谱半径. 因此在下面的讨论中, 可以假设 B 是一个上三角复方阵.

对于任一取定的 $Q \in \mathrm{GL}_n(\mathbb{C})$, 根据命题 4.2.10, 有

$$N_Q(B) = \|QBQ^{-1}\|_2,$$

其中矩阵范数 $N_Q(-)$ 由向量范数 $N_Q(\alpha) =: \|Q\alpha\|_2$ 诱导得到, 因而有

$$\inf_{\|-\|} \|B\|_\mathfrak{m} \leqslant \inf_{Q\in \mathrm{GL}_n(\mathbb{C})} N_Q(B) = \inf_{Q\in \mathrm{GL}_n(\mathbb{C})} \|QBQ^{-1}\|_2.$$

对于充分大的正实数 μ, 记

$$Q_\mu = \mathrm{diag}\{1, \mu, \mu^2, \cdots, \mu^{n-1}\},$$

并考虑上三角矩阵 $Q_\mu B Q_\mu^{-1}$: 其 (i,j) 位置元素是 $\mu^{i-j} b_{ij}$, 因此有

$$\lim_{\mu \to \infty} Q_\mu B Q_\mu^{-1} = \mathrm{diag}\{b_{11}, \cdots, b_{nn}\} =: D.$$

注意到范数的连续性, 因此根据例 4.2.8(2), 有

$$\inf_{\|-\|} \|B\|_{\mathfrak{m}} \leqslant \lim_{\mu \to \infty} \|Q_\mu B Q_\mu^{-1}\|_2 = \|D\|_2 = \sqrt{\rho(D^\star D)} = \max_{1 \leqslant j \leqslant n} |b_{jj}| = \rho(B).$$

最后再根据命题 4.2.11(2), 得到 $\rho(B) = \inf_{\|-\|} \|B\|_{\mathfrak{m}}$. $\qquad\square$

根据命题 4.2.11, 如果存在矩阵范数 $\|-\|$ 使 $\|B\| < 1$ 成立, 则有

$$\lim_{k \to \infty} B^k = 0.$$

在复数域上, 根据定理 4.2.12, 可作出适当的推广如下.

推论 4.2.13　假设 $B \in M_n(\mathbb{C})$. 则有

(1)　$\lim_{k \to \infty} B^k = 0$ 当且仅当 $\rho(B) < 1$.

(2) (Gelfand 公式) 对于 $M_n(\mathbb{C})$ 中任意给定的**矩阵范数** $\|-\|$, 有

$$\rho(B) = \lim_{k \to \infty} \|B^k\|^{\frac{1}{k}}.$$

证明　(1) $\Longrightarrow$　假设 $\|-\|$ 是任一向量范数. 假设 $B\alpha = \lambda\alpha$, 其中 $\alpha \neq 0$, 则有 $B^k \alpha = \lambda^k \alpha$, 从而

$$|\lambda|^k \|\alpha\| = \|B^k \alpha\| \leqslant \|B^k\| \|\alpha\|;$$

而根据命题 4.2.5, 有

$$\lim_{k \to \infty} B^k = 0 \Longleftrightarrow \lim_{k \to \infty} \|B^k\| = 0,$$

因此, $\lim_{k \to \infty} B^k = 0$ 时, 必有 $|\lambda| < 1$, 故 $\rho(B) < 1$.

$\Longleftarrow$　假设 $\rho(B) < 1$, 则有 $\epsilon > 0$, 使得 $\rho(B) + \epsilon < 1$. 根据 Householder 定理, 存在向量范数 $\|-\|$, 使得

$$\|B\| \leqslant \rho(B) + \epsilon.$$

根据命题 4.2.11(1), 有 $\lim_{k \to \infty} B^k = 0$.

(2) 一方面对于任意矩阵范数 $\|-\|$, 根据命题 4.2.11′ 得到 $\rho(B)^k = \rho(B^k) \leqslant \|B^k\|$, 所以有

$$\rho(B) \leqslant \|B^k\|^{\frac{1}{k}}.$$

另一方面, 对于任意给定的正实数 ϵ, 命 $B(\epsilon) = \dfrac{1}{\epsilon + \rho(B)} B$, 则 $\rho[B(\epsilon)] < 1$, 因此根据推论 4.2.13(1), 当 $k \to \infty$ 时, 有 $[B(\epsilon)]^k \to 0$, 因此据命题 4.2.5, 有

$$\frac{1}{[\varepsilon + \rho(B)]^k \|B\|^k} = \|B(\epsilon)^k\| \to 0.$$

特别地, 存在自然数 N, 当 $k \geqslant N$ 时, 有 $\|B^k\| < [\epsilon + \rho(B)]^k$, 从而有

$$\rho(B) \leqslant \|B^k\|^{\frac{1}{k}} < \rho(B) + \epsilon.$$

根据实数序列极限的定义, 即得 $\rho(B) = \lim\limits_{k \to \infty} \|B^k\|^{\frac{1}{k}}$. □

在本节的最后, 我们要指出在有限维空间上引进向量范数 (以及矩阵范数) 具有重要的意义; 范数不仅仅是矩阵分析的基本工具, 对于将来学习无限维空间上的相关理论 (即泛函分析) 也会有所帮助. 由于范数的重要性以及内容上的极为丰富[1], 所以本节将收录较多的练习题.

习题与扩展内容

习题 1　求证: 将矩阵看成 "拉长" 向量得到的向量范数

$$\|A\|_{M_1} =: \sum_{1 \leqslant i,j \leqslant n} |a_{ij}|$$

是矩阵范数. 注意, $\|-\|_{M_1}$ 不具有命题 4.2.6 中的性质 (3).

习题 2　仔细验证: 若 $\|A\| < 1$, 则有 $\lim_{k \to \infty} A^k \to 0$, 即矩阵序列 $(A^k)_{k=1}^{\infty}$ 收敛.

习题 3　验证: $\|A\|_{\mathfrak{F}} =: \sqrt{\operatorname{tr}(A^{\star}A)}$ 是一个矩阵范数, 叫作 Frobenius 范数; Frobenius 范数具有如下的性质:

(1) $\|-\|_{\mathfrak{F}}$ 是 **酉不变的**, 即对于酉阵 U, 有 $\|A\|_{\mathfrak{F}} = \|UA\|_{\mathfrak{F}} = \|AU\|_{\mathfrak{F}}$;

(2) 对于正规矩阵 N, 有 $\|N\|_{\mathfrak{F}} = \sqrt{\sum\limits_{i=1}^{n} |\lambda_i|^2}$, 其中 $\lambda_1, \cdots, \lambda_n$ 是矩阵 N 的全部特征根.

习题 4　求证: 矩阵范数 $\|-\|_2$ 具有如下的性质:

(1) $\|-\|_2$ 是酉不变的矩阵范数;

(2) 对于正规矩阵 N, 有 $\|N\| = \max\limits_{1 \leqslant i \leqslant n} |\lambda_i|$, 其中 $\lambda_1, \cdots, \lambda_n$ 是 N 的全部特征根.

习题 5　对于 $A \in M_n(\mathbb{F})$, 求证: $\|A\|_{M_\infty} =: n \cdot \max\limits_{1 \leqslant i,j \leqslant n} |a_{ij}|$ 是一个矩阵范数.

习题 6　求证: (1) 矩阵范数 $\|-\|_{M_1}$ 与向量范数 $\|-\|_1$ 相容;

(2) 矩阵的 Frobenius 范数与向量范数 $\|-\|_2$ 相容;

(3) 矩阵范数 $\|-\|_{M_\infty}$ 与向量范数 $\|-\|_p$ 相容 $(p = 1, 2, \infty)$.

习题 7　假设 $\|-\|$ 是 $M_n(\mathbb{C})$ 上酉不变的矩阵范数. 求证: 存在 $\mathbb{R}^n$ 上的范数 N 使得 $\|A\| = N(s_A)$, 其中 $s_A \in \mathbb{R}^n$, $s_A(1), \cdots, s_A(n)$ 是 A 的奇异值全体.

习题 8　对于给定矩阵 $A, B \in M_n(\mathbb{F})$, 考虑 $\mathbb{R}^+$ 上的仿射映射

$$\sigma : \mathbb{R}^+ \to M_n(\mathbb{R}), \quad s \mapsto A + sB.$$

对于 $M_n(\mathbb{F})$ 上的任一范数 $\|-\|$, 引进 $\mathbb{R}^+$ 上的函数 $N(s) = \|\sigma(s)\|$. 验证: $N(x)$ 是 $\mathbb{R}^+$ 上的凸函数.

习题 9*　对于 $A \in M_n(\mathbb{C})$ 以及正定 Hermite 矩阵 H, 求证

$$\|HAH\|_2 \leqslant \frac{1}{2}\|H^2A + AH^2\|_2,$$

从而有 $\|HAH\|_2 \leqslant \frac{1}{2}\| |H^2A + AH^2| \|_2$.

习题 10*　假设 $\|-\|$ 是一个酉不变的矩阵范数. 求证: 对于正规矩阵 A 与一个 Hermite 矩阵 B, 有 $\|AB\| = \|BA\|$.

习题 11　根据习题 3 和习题 4, 有些矩阵范数是酉不变的. 注意到置换矩阵都是酉阵.

(1) 假设 $\|-\|_{\mathrm{m}}$ 是由向量范数 $\|-\|$ 诱导出的矩阵范数. 求证: 如果 $\|-\|$ 在坐标的任意置换下具有不变的性质, 则 $\|-\|_{\mathrm{m}}$ 在左或者右乘置换矩阵下保持不变 (简称**置换不变**).

(2) 试寻找更多置换不变的矩阵范数.

习题 12　对于由向量范数 $\|-\|$ 诱导出的矩阵范数, 定义非零矩阵 $A \in M_n(\mathbb{C})$ 的条件数为

$$\mathfrak{k}(A) = \begin{cases} \|A\|\|A^{-1}\|, & r(A) = n, \\ \infty, & r(A) \leqslant n - 1. \end{cases} \tag{19}$$

试求证

$$\mathfrak{k}(A) = \frac{\max\{\|Av\| \mid \|v\| = 1\}}{\min\{\|Av\| \mid \|v\| = 1\}}.$$

习题 13　(1) 对于向量范数 $\|-\|$, 定义其对偶

$$\|\alpha\|^D =: \max_{\|\beta\|=1} |\beta^\star \alpha|.$$

验证: $\|-\|^D$ 是一个向量范数, 并说明 $\|\alpha\|^D = \max_{\|\beta\|=1} \mathrm{Re}\,(\beta^\star \alpha)$.

(2) 对于矩阵范数 $\|-\|$, 定义其对偶为 $\|A\|^D =: \max_{\|B\|=1} \mathrm{Re}\,[\mathrm{tr}\,(B^\star A)]$. 验证 $\|A\|^D$ 是矩阵范数.

(3) 对于由向量范数诱导出的矩阵范数 $\|-\|$ 以及 1 秩矩阵 $\alpha\beta^\star$, 求证

$$\|\alpha\beta^\star\| = \|\alpha\| \cdot \|\beta\|^D.$$

习题 14* 　假设 $\|-\|$ 是向量范数. 求证:

(1) $\|A^\star\| = \max\{\,|\mathrm{tr}\,(B^\star A)|\,\mathrm{rank}(B)=1, \|B\|=1\}$;

(2) $\|A^\star\| \leqslant \|A\|^D, \ \forall A \in M_n(\mathbb{F})$;

(3) 若 $\mathrm{rank}(A) \leqslant 1$, 则 $\|A^\star\| = \|A\|^D$.

习题 15 　假设 $\|-\|$ 是由向量范数 $\|-\|$ 诱导出的矩阵范数. 求证

$$\|A\| = \max_{\|\alpha\|=1=\|\beta\|^D} |\beta^\star A\alpha|.$$

习题 16* 　假设 $\|-\|$ 是 $M_n(\mathbb{R})$ 上的诱导范数. 用 $S_{\|-\|}$ 表示 $M_n(\mathbb{R})$ 的这样一个子集合, 它由这样的矩阵 B 组成:

$$\exists \epsilon_0 > 0, r > 0 \ \text{s.t.}\ 0 < \epsilon < \epsilon_0 \Longrightarrow \|E - \epsilon B\| \leqslant 1 - r\epsilon.$$

(1) 对于 $\|-\|_\infty$, 求证 $S_{\|-\|}$ 由所有行严格对角占优的矩阵组成;

(2) 对于 $\|-\|_2$, 求证 $S_{\|-\|} = \{B \in M_n(\mathbb{R}) \mid B^{\mathrm{T}} + B \ \text{正定}\}$;

(3) 对于 $\|-\|_1$, 试刻画相应的 $S_{\|-\|}$.

4.3　矩阵函数 (续)

4.3.1　利用 Jordan 标准形求复变量函数的矩阵函数

对于实变量函数 $f(x)$, 如果假设 $f(x)$ 无限次可微, 则对于 $A \in M_n(\mathbb{R})$, 借助命题 4.2.4、命题 4.2.5、命题 4.2.11 以及 4.1 节的讨论, 已经完全解决了利用 Taylor 展式和 Jordan 标准形定义 $f(A)$ 的问题.

为了充分使用 4.2 节的结论于复变量复值 (单值) 函数, 需要首先了解一些基本的复变函数知识. 关于复数数列的敛散性、极限, 关于复变量函数的连续性、导函数等, 几乎与实变量情形是一致的, 只要注意到在相关概念的 ε-δ 定义里, 将实变量情形的绝对值 $|r|$ 换成复数的模长

$$|z| \overset{\text{i.e.}}{=\!=} \sqrt{a^2 + b^2}$$

即可, 其中

$$z = a + bi \quad (a,b \in \mathbb{R}).$$

如果 $f(z)$ 在 z_0 的一个邻域内处处可导, 则称 $f(z)$ 在点 z_0 处**解析**. 因此在一个开区间内, $f(z)$ 解析等价于可导; 而在 "一点处解析" 这一条件, 强于条件 "在该点可

导". 更多有关复变量函数的概念, 可参看复变函数教材. (只在极少处用到复变函数的深刻定理; 读者也可以在这样的几处地方跳过相关内容.)

定义 4.3.1　假设用幂级数表达的复变量函数 $f(z) = \sum\limits_{k=0}^{\infty} a_k z^k$ 的收敛范围为 $|z| < R$; 假设 $A \in M_n(\mathbb{C})$, 且 $\rho(A) < R$, 则定义 $f(A) = \sum\limits_{k=0}^{\infty} a_k A^k$.

根据推论 4.2.13, 当 $\rho(A) < 1$ 时, 对于 $f(z) = \dfrac{z}{1-z}$, 有

$$f(A) = \frac{E}{E-A} = \sum_{k=0}^{\infty} A^k = (E-A)^{-1}.$$

根据 4.1 节的讨论以及命题 4.2.10, 下述定理成立.

定理 4.3.2　对于方阵 A, 假设 $\rho(A) < R$, 可逆矩阵 P 使得

$$P^{-1}AP = \mathrm{diag}\{J_1, \cdots, J_s\},$$

其中 J_i 是属于特征值 λ_i 的、r_i 阶的 Jordan 块方阵. 则对于 $|z| < R$ 上的解析函数 $g(z)$, 有

$$g(A) = P \, \mathrm{diag}\{g(J_1), \cdots, g(J_s)\} P^{-1},$$

其中 (记 $\lambda = \lambda_1, m = r_1$)

$$g(J_1) = \begin{pmatrix} g(\lambda) & \frac{1}{1!}g^{(1)}(\lambda) & \frac{1}{2!}g^{(2)}(\lambda) & \cdots & \frac{1}{(m-2)!}g^{(m-2)}(\lambda) & \frac{1}{(m-1)!}g^{(m-1)}(\lambda) \\ 0 & g(\lambda) & \frac{1}{1!}g^{(1)}(\lambda) & \cdots & \frac{1}{(m-3)!}g^{(m-3)}(\lambda) & \frac{1}{(m-2)!}g^{(m-2)}(\lambda) \\ 0 & 0 & g(\lambda) & \cdots & \frac{1}{(m-4)!}g^{(m-4)}(\lambda) & \frac{1}{(m-3)!}g^{(m-3)}(\lambda) \\ \vdots & \vdots & \vdots & \ddots & \vdots & \vdots \\ 0 & 0 & 0 & \cdots & g(\lambda) & \frac{1}{1!}g^{(1)}(\lambda) \\ 0 & 0 & 0 & \cdots & 0 & g(\lambda) \end{pmatrix}.$$

4.3.2　单个矩阵的强收敛、收敛与幂有界性

注意到矩阵序列的收敛性、极限, 以及矩阵的幂级数的收敛性与极限等概念, 完全是从向量序列的角度定义的; 相关的四则运算法则等结果, 请读者自行验证.

至于对于一个矩阵 A, 有一个自然矩阵序列 $(A^k)_{k=1}^{\infty}$, 因此, 为了应用的考虑, 引进如下的定义:

一个方阵 $A \in M_n(\mathbb{F})$ 是**强收敛的**, 是指 $\lim\limits_{m\to\infty} A^m = 0$. 称 A **幂有界**, 是指存在正整数 R 使得 $|A^m(ij)| < R$, $\forall m \geqslant 1$, $\forall 1 \leqslant i, j \leqslant n$.

根据命题 4.2.5 与命题 4.2.6, A 强收敛当且仅当它关于任一 (诱导出的) 矩阵范数 $\|-\|$ 收敛, 即在度量空间 $(M_n(\mathbb{F}), \|-\|)$ 中收敛; 再根据推论 4.2.13, 一个矩阵强收敛, 当且仅当其特征根的模长全都小于 1. 此外易见, 强收敛的矩阵都是有界的; 但反过来显然不对.

一般地, 我们有如下的命题.

命题 4.3.3　假设 $A \in M_n(\mathbb{F})$. 则

(1) A 是强收敛的, 当且仅当其特征根的模长全都小于 1.

(2) A 是幂有界的, 当且仅当以下条件成立.

A 的特征根的模长全都小于等于 1, 而且模长等于 1 的特征根所对应的 Jordan 块全是 1 阶的. (这样的特征根叫作**半单特征根**.)

我们不准备写出 (2) 的详细验证, 而把细节留作一道 (难度不大的) 练习题.

几点提示:

(1) 根据 Jordan 标准形定理、命题 4.2.5 以及命题 4.2.10, 问题归结为 A 是一个 Jordan 块 J 的情形.

(2) 取 $n \geqslant m$. 对于 Jordan 块 $J_m = \lambda E_m + B$, 下式 (定理 4.3.2 中式子的特殊情形) 是关键:

$$J^n = \begin{pmatrix} \lambda^n & \mathrm{C}_n^1 \lambda^{n-1} & \mathrm{C}_n^2 \lambda^{n-2} & \cdots & \mathrm{C}_n^{m-2} \lambda^2 & \mathrm{C}_n^{m-1} \lambda \\ 0 & \lambda^n & \mathrm{C}_n^1 \lambda^{n-1} & \cdots & \mathrm{C}_n^{m-3} \lambda^3 & \mathrm{C}_n^{m-2} \lambda^2 \\ 0 & 0 & \lambda^n & \cdots & \mathrm{C}_n^{m-4} \lambda^4 & \mathrm{C}_n^{m-3} \lambda^3 \\ \vdots & \vdots & \vdots & \ddots & \vdots & \vdots \\ 0 & 0 & 0 & \cdots & \lambda^n & \mathrm{C}_n^1 \lambda^{n-1} \\ 0 & 0 & 0 & \cdots & 0 & \lambda^n \end{pmatrix}.$$

如果 $m \geqslant 2, |\lambda| = 1$, 这样的块之对角线的上方斜线上的元素很明显无界.

这里强收敛的定义本来还可以如下定义:

如果矩阵序列 $(A^k)_{k=1}^{\infty}$ 收敛, 则称矩阵 A **收敛**.

类似于命题 4.3.3, 不难证明: 矩阵 A 收敛, 当且仅当以下两个条件同时成立: 其特征根的模长全都小于等于 1, 而且模长等于 1 的特征根必半单而且为 1.

易见, 强收敛的矩阵一定收敛; 收敛的矩阵是幂有界的; 但是幂有界的矩阵未必收敛, 例如 $\mathrm{diag}\{1, -1\}$ 幂有界, 但不收敛.

4.3.3 A 的特征多项式的导函数是 A 的特征矩阵 $tE - A$ 的伴随矩阵的迹

记 $R = \mathbb{F}[t]$. 对于矩阵 $A(t) = (a_{ij}(t)) \in M_n(R)$, 可以定义矩阵的导函数如下

$$A'[t] = (a_{ij}'(t))_{n \times n}.$$

回忆行列式的定义

$$\det(A(t)) = \sum_{i_1 i_2 \cdots i_n} (-1)^{\tau(i_1 i_2 \cdots i_n)} a_{1 i_1}(t) \, a_{2 i_2}(t) \, \cdots \, a_{n i_n}(t),$$

其中

$$(-1)^{\tau} =: (-1)^{\tau(i_1 i_2 \cdots i_n)} = (-1)^{j+i_j} \cdot (-1)^{\tau(i_1 \cdots i_{j-1} i_{j+1} \cdots i_n)} =: (-1)^{j+i_j} \cdot (-1)^{\sigma}.$$

可知

$$\begin{aligned}
\frac{d}{dt} \det(A(t)) &= \sum_{i_1 i_2 \cdots i_n} \sum_{j=1}^{n} (-1)^{\tau} a_{1 i_1}(t) \cdots a_{j-1, \, i_{j-1}}(t) a_{j \, i_j}'(t) a_{j+1, \, i_{j+1}}(t) \cdots a_{n i_n}(t) \\
&= \sum_{i_j=1}^{n} \sum_{j=1}^{n} a_{j i_j}'(t)(-1)^{j+i_j} \\
&\quad \cdot \sum_{i_1 \cdots i_{j-1} i_{j+1} \cdots i_n} (-1)^{\sigma} a_{1 i_1}(t) \cdots a_{j-1, \, i_{j-1}}(t) a_{j+1, \, i_{j+1}}(t) \cdots a_{n i_n}(t) \\
&= \sum_{k=1}^{n} \sum_{j=1}^{n} a_{jk}'(t) \cdot A(t)_{jk} = \mathrm{tr}\,[A'(t) \cdot A(t)^*],
\end{aligned}$$

即有

$$\frac{d}{dt} \det(A(t)) = \mathrm{tr}\,[A'(t) \cdot A(t)^*]. \tag{20}$$

特别地, 当 $A(t) = tE - A$ 时, 有 $A'(t) = E$. 如果记

$$p(t) = \det(tE - A),$$

即 $p(t)$ 为 A 的特征多项式, 则有

$$p'(t) = \mathrm{tr}\,[(tE - A)^*] = \frac{d}{dt} \det(tE - A), \tag{21}$$

即 A 的特征多项式的导函数是 A 的特征矩阵 $tE - A$ 的伴随矩阵的迹(trace).

在某些情形, 这一发现有助于判断 A 的特征根是否为重根. 例如, 可以参见定理 4.5.10 的证明.

关于矩阵函数的更多内容或者更详细的讨论 (包括矩阵函数的微分、积分等), 请参考其他教材或者专著 [2,9]. 特别地, 文献 [9] 给出了矩阵理论至 2013 年为止的较为完整的主要研究结果, 还包括了有关该学科发展历史的不少素材, 故可将此 660 余页的大部头著作为矩阵理论的一部标准百科全书使用. 当然, 读者也可搜寻更新、更全面的专题内容.

习题与扩展内容

习题 1　验证命题 4.3.3.

习题 2　假设 $\alpha = (a_1, \cdots, a_n)^{\mathrm{T}}, \beta = (b_1, \cdots, b_n), p(x) = \det(xE - \alpha\beta^{\mathrm{T}})$, 其中 $a_i > 0 < b_j, \forall i, j$. 试求: $p'(x)$.

习题 3　试判断下列矩阵是否收敛, 是否幂有界:

$$
\begin{pmatrix} \dfrac{1}{3} & \dfrac{1}{3} & \dfrac{1}{3} \\ \dfrac{2}{3} & 0 & \dfrac{1}{3} \\ \dfrac{1}{2} & \dfrac{1}{2} & 0 \end{pmatrix}, \quad \begin{pmatrix} 1 & 1 & 1 & 1 \\ 1 & -1 & 1 & -1 \\ 1 & 1 & -1 & -1 \\ 1 & -1 & -1 & 1 \end{pmatrix}, \quad \begin{pmatrix} \dfrac{1}{\sqrt{5}} & \dfrac{1}{\sqrt{5}} & \dfrac{1}{\sqrt{5}} & \dfrac{1}{\sqrt{5}} \\ \dfrac{1}{\sqrt{5}} & \dfrac{1}{\sqrt{5}} & \dfrac{1}{\sqrt{5}} & \dfrac{1}{\sqrt{5}} \\ \dfrac{1}{\sqrt{5}} & \dfrac{1}{\sqrt{5}} & \dfrac{1}{\sqrt{5}} & \dfrac{1}{\sqrt{5}} \\ \dfrac{1}{\sqrt{5}} & \dfrac{1}{\sqrt{5}} & \dfrac{1}{\sqrt{5}} & \dfrac{1}{\sqrt{5}} \end{pmatrix}.
$$

习题 4　假设 $\alpha, \beta \in \mathbb{C}^{m \times 1}$. 试分别给出 $\alpha\beta^{\mathrm{T}}$ 强收敛、收敛、幂有界的充分必要条件.

习题 5　假设 $A \in M_n(\mathbb{C})$. 对于实自由变量 x, 求证: $\dfrac{d\, e^{Ax}}{dx} = Ae^{Ax}$.

习题 6　假设 $A \in M_n(\mathbb{C})$. 求证: $\dfrac{d \sin Ax}{dx} = A\cos(Ax)$.

4.4　特征值的估计 (几个典型圆盘定理)

在本节中, 假设 $n \geqslant 2, 0 \neq A = (a_{ij}) \in M_n(\mathbb{F})$.

在实际计算中, 要精确地算出特征值是比较困难的; 数学家利用分析的手段, 对于特征根的分布估计进行了很多有意义的研究, 得到了许多的圆盘定理 (disc theorem). 我们从其中最简单的开始介绍.

4.4.1　Gerschgorin 圆盘

命题 4.4.1 (Gerschgorin 行圆盘定理 I)　假设 $A = (a_{ij})_{n \times n} \in M_n(\mathbb{C})$, 而 λ 是 A 的一个特征根. 则有 $i \in \{1, 2, \cdots, n\}$, 使得

$$
|\lambda - a_{ii}| \leqslant \sum_{j \neq i} |a_{ij}| = |a_{i1}| + \cdots + |a_{i, i-1}| + |a_{i, i+1}| + \cdots + |a_{in}|.
$$

证明　假设 $A\alpha = \lambda\alpha$, 其中 $0 \neq \alpha \in \mathbb{C}^{n \times 1}$. 不妨假设 $\alpha = (b_1, \cdots, b_n)^{\mathrm{T}}$ 中, 有 $|b_1| \geqslant |b_i|, \forall i$. 命 $\beta = \dfrac{1}{|b_1|}\alpha = (1, c_2, \cdots, c_n)$. 则有 $|c_i| \leqslant 1 (i = 1, 2, \cdots, n)$,

而 $A \cdot \beta = \lambda\beta$. 考虑等式两侧 $(1,1)$ 位置的元素, 得到

$$a_{11} + c_2 a_{12} + \cdots + c_n a_{1n} = \lambda.$$

因此有

$$|\lambda - a_{11}| = |c_2 a_{12} + \cdots + c_n a_{1n}| \leqslant \sum_{j=2}^{n} |a_{1j}|. \qquad \square$$

对于矩阵 A^{T} 使用上述圆盘定理, 所得结论叫作关于矩阵 A 的**列圆盘定理**.

$\forall\, 1 \leqslant i \leqslant n$, 记

$$R_i(A) = \sum_{j \neq i} |a_{ij}|, \quad C_i(A) = R_i(A^{\mathrm{T}}) =: \sum_{j \neq i} |a_{ji}|.$$

若用平面上点表示复数, 则有如下的 n 个平面上的 Gerschgorin 圆盘 (其中可能有相重的, 重数计入总个数)

$$\mathfrak{D}_i = \{\, z \in \mathbb{C} \mid |z - a_{ii}| \leqslant R_i(A) \,\}.$$

上述命题是说, A 的每个特征根必落入以上某个圆盘中.

注意到 $D^{-1}AD$ 与 A 的谱空间完全相同; 所以可以取适当的可逆矩阵 D, 得到 Gerschgorin 圆盘定理的变种. 其中用得较多的是对于正数 u_i, 命

$$D = \mathrm{diag}\{u_1, \cdots, u_n\};$$

注意到 $D^{-1}AD$ 的 (i,j) 位置的元素是 $\dfrac{a_{ij}u_j}{u_i}$, 因此有如下结论.

推论 4.4.2 假设 $u_i > 0$ 是任给正实数. 则 A 的特征根包含在如下的 n 个 (行) 圆盘之并中

$$\bigcup_{i=1}^{n} \left\{ z \in \mathbb{C} \,\middle|\, |z - a_{ii}| \leqslant \frac{1}{u_i} \sum_{j \neq i} u_j |a_{ij}| \right\}$$

也包含在如下的 n 个 (列) 圆盘之并中

$$\bigcup_{j=1}^{n} \left\{ z \in \mathbb{C} \,\middle|\, |z - a_{jj}| \leqslant u_j \sum_{i \neq j} \frac{1}{u_i} |a_{ij}| \right\}.$$

现在继续假设 $A_n = (a_{ij})$; 对于任一实数 ϵ $(0 \leqslant \epsilon \leqslant 1)$, 命

$$A_\epsilon = D + \epsilon B,$$

其中

$$D = \mathrm{diag}\{a_{11}, \cdots, a_{nn}\}, \quad B = A - D.$$

注意到 $A_0 = D, A_1 = A$. 可以期望, 当 ϵ 足够小时, A_ϵ 的特征根会落在某个以 a_{ii} 为中心的、半径足够小的圆盘 (disc) 内. 下面细化这一想法, 我们有如下结论.

定理 4.4.3 (Gerschgorin 圆盘定理 II)   若 A_n 的 n 个 Gerschgorin 圆盘之并 $\mathfrak{G}(A)$ 中的一个连通分支 $\mathfrak{G}_k(A)$ 由 k 个圆盘组成, 则 $\mathfrak{G}_k$ 中恰好含有 A 的特征根族中的 k 个 (重根重复计数).

证明[①]   必要时可以取到一个置换矩阵 P, 用 $P^{\mathrm{T}}AP$ 代替 A, 所以不妨假设

$$\mathfrak{G}_k(A) = \bigcup_{i=1}^{k} \mathfrak{D}_i =: \bigcup_{i=1}^{k} \{z \in \mathbb{C} \mid |z - a_{ii}| \leqslant R_i(A)\}.$$

此时, 如前命 $\epsilon \in [0,1]$, 以及

$$D = \mathrm{diag}\{a_{11}, \cdots, a_{nn}\}, \ \ B = A - D, \ \ A_\epsilon = D + \epsilon B.$$

注意到

$$R_i(A_\epsilon) = R_i(\epsilon \cdot B) = \epsilon \cdot R_i(A), \ \ \ \forall 1 \leqslant i \leqslant n.$$

又由于 $0 \leqslant \epsilon \leqslant 1$, 所以 A_ϵ 的第 i 个 Gerschgorin 圆盘都包含在 A 的第 i 个 Gerschgorin 圆盘内 ($\forall i$). 特别地, $\mathfrak{G}_k(A_\epsilon) \subseteq \mathfrak{G}_k(A)$, 因此 $\mathfrak{G}_k(A_\epsilon)$ 与余下的 $n - k$ 个圆盘之并集 $\mathfrak{G}_k(A)^c =: \bigcup_{j=k+1}^{n} \mathfrak{D}_j$ 均不相交, 且 A_ϵ 的特征根含于 $\mathfrak{G}_k(A) \bigcup \mathfrak{G}_k(A)^c$.

在复平面上取一条简单的光滑闭曲线 Γ 环绕 $\mathfrak{G}_k(A)$, 而且要使得 Γ 不与余下圆盘之并 $\mathfrak{G}_k(A)^c$ 相交; 这样的 Γ 显然不与代表 A_ϵ 之特征值的点相交. 考虑矩阵 A_ϵ 的特征多项式 (关于 z)

$$p_\epsilon(z) = \det(zE - A_\epsilon) = \det(zE - D - \epsilon B);$$

其每一单项的系数都是 ϵ 的多项式; 其根是 A_ϵ 的特征根. 根据 Cauchy 辐角原理, 多项式 $p_\epsilon(z) \in \mathbb{C}[z]$ 在 Γ 内部的根的个数 (重根按照重数计入) 是曲线积分

$$N(\epsilon) =: \oint_\Gamma \frac{p'_\epsilon(z)}{p_\epsilon(z)} dz.$$

注意到被积函数关于 z 和 ϵ 均是有理函数, 对于每个 $\epsilon \in [0,1]$, 被积函数是关于 z 的解析函数, 因此整数值函数 $N(\epsilon)$ 是定义在闭区间 $[0,1]$ 上的一个连续函数, 因而必为常值函数. 进一步, 考虑

$$p_0(z) = (z - a_{11})(z - a_{22}) \cdots (z - a_{nn}),$$

根据假设, 在 Γ 内部区域它恰有 k 个根, 即为前 k 个 a_{ii}. 因此 $k = N(0) = N(1)$. □

---

① 证明用到一些复变函数知识, 可以在阅读下面证明部分前自行阅读复变函数教材 (到辐角原理出现为止), 当然也可以暂时略过此证明.

从证明过程可以看出, 如果 $\mathfrak{G}_k(A)$ 由多个连通分支组成, 它自然与余下的 $n-k$ 个圆盘不相交, 因而结论仍然成立. 特别地, 如果单个圆盘构成连通分支, 则其中所含特征根的个数是该圆盘在 A 的圆盘族中重复出现的次数; 如果 A 恰有 n 个两两不交的 Gerschgorin 圆盘, 则每个圆盘中恰好含有一个特征根.

例 4.4.4 利用 Gerschgorin 圆盘定理估计矩阵 A 的特征值的分布, 其中

$$A = \begin{pmatrix} 1+i & -1 & \sqrt{2}+\sqrt{2}i & 0 \\ -i & 3 & 2 & 0 \\ 0 & 1 & 9 & -i \\ -\sqrt{2}+\sqrt{2}i & 0 & 0 & 1+6i \end{pmatrix}.$$

解 $R_1(A) = 3 = R_2(A), R_3(A) = 2 = R_4(A)$. 四个圆盘的并含有 3 个连通分支, 即两个相交圆盘之并

$$\mathfrak{G}_2(A) = \{z \mid |z-1-i| \leqslant 3 \text{ 或 } |z-3| \leqslant 3\} = \mathfrak{D}_1 \cup \mathfrak{D}_2,$$

圆盘

$$\mathfrak{D}_3 = \{z \mid |z-9| \leqslant 2\}$$

与圆盘

$$\mathfrak{D}_4 = \{z \mid |z-1-6i| \leqslant 2\},$$

如图 4.4.1 所示.

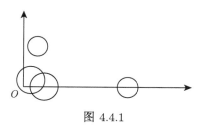

图 4.4.1

矩阵 A 的特征值分布如下: 在圆盘 $\mathfrak{D}_i$ $(i = 3,4)$ 各有一个特征根; 在连通分支 $\mathfrak{G}_2(A) =: \mathfrak{D}_1 \bigcup \mathfrak{D}_2$ 内有两个特征根. 因此, A 的四个特征根中, 至少有三个是两两互异的. □

4.4.2 Ostrowski 圆盘

Ostrowski 圆盘定理是对于 Gerschgorin 圆盘定理的进一步改进.

假设 $A = (a_{ij})_{n \times n}$, $\forall\, 1 \leqslant i, j \leqslant n$, 仍记

$$R_i(A) = \sum_{j \neq i} |a_{ij}|, \quad C_i(A) = R_i(A^{\mathrm{T}}) =: \sum_{j \neq i} |a_{ji}|,$$

分别叫作矩阵 A 的第 i 个圆盘行 (列) 半径. 任意取定一个实数 $\epsilon \in [0,1]$; 若用平面上点表示复数, 则有如下的 n 个 Ostrowski 圆盘 (其中可能有相重的, 重数计入总个数)

$$\mathfrak{O}_{i\,\epsilon} = \{z \in \mathbb{C} \mid |z - a_{ii}| \leqslant (R_i(A))^\epsilon \cdot (C_i(A))^{1-\epsilon}\}.$$

根据引理 4A, 可以将上述圆盘换做半径稍大但更便于计算的如下圆盘:

$$\mathfrak{O}'_{i\,\epsilon} = \{z \in \mathbb{C} \mid |z - a_{ii}| \leqslant \epsilon \cdot R_i(A) + (1 - \epsilon) \cdot C_i(A)\}.$$

定理 4.4.5 (Ostrowski) 对于任意取定的实数 $\epsilon \in [0,1]$, 矩阵 A 的任一特征根在某个 Ostrowski 圆盘 $\mathfrak{O}_{i\,\epsilon}$ 中.

证明 注意到 $\epsilon \in \{0, 1\}$ 时, 此即为 Gerschgorin 定理I, 所以, 可以假设 $0 < \epsilon < 1$.

假设 $A\beta = \lambda\beta$, 其中 $0 \neq \beta = (b_1, \cdots, b_n)^{\mathrm{T}} \in \mathbb{C}^n$. 不妨进一步假设 $b_1 \neq 0$, 则有

$$|\lambda - a_{11}| \cdot |b_1| \leqslant |a_{12}| \cdot |b_2| + \cdots + |a_{1n}| \cdot |b_n| = \sum_{2 \leqslant j \leqslant n} |a_{1j}| \cdot |b_j|. \tag{22}$$

下面采用反证法完成论证. 假设

$$|\lambda - a_{11}| \cdot |b_1| > [R_1(A)^\epsilon \cdot C_1(A)^{1-\epsilon}] \cdot |b_1|. \tag{23}$$

对于 (22) 式的右侧使用引理 4B (Hölder 不等式), 并将 (23) 式代入 (22) 式左侧得到

$$\begin{aligned}
&[R_1(A)^\epsilon \cdot C_1(A)^{1-\epsilon}] \cdot |b_1| \\
&< |\lambda - a_{11}| \cdot |b_1| \leqslant \sum_{2 \leqslant j \leqslant n} |a_{1j}| \cdot |b_j| = \sum_{2 \leqslant j \leqslant n} |a_{1j}|^\epsilon \cdot |a_{1j}|^{1-\epsilon} |b_j| \\
&\leqslant \left[\sum_{2 \leqslant j \leqslant n} (|a_{1j}|^\epsilon)^{\frac{1}{\epsilon}} \right]^\epsilon \cdot \left[\sum_{2 \leqslant j \leqslant n} (|a_{1j}|^{1-\epsilon}|b_j|)^{\frac{1}{1-\epsilon}} \right]^{1-\epsilon} \\
&= R_1(A)^\epsilon \cdot \left[\sum_{2 \leqslant j \leqslant n} |a_{1j}||b_j|^{\frac{1}{1-\epsilon}} \right]^{1-\epsilon},
\end{aligned}$$

从而

$$C_1(A) \cdot |b_1|^{\frac{1}{1-\epsilon}} < \sum_{2 \leqslant j \leqslant n} |a_{1j}||b_j|^{\frac{1}{1-\epsilon}}.$$

这样, 对于每个非零的 b_i, 有

$$C_i(A) \cdot |b_i|^{\frac{1}{1-\epsilon}} < \sum_{j \neq i} |a_{ij}||b_j|^{\frac{1}{1-\epsilon}}.$$

求和得到

$$\sum_{i=1}^{n} C_i(A) \cdot |b_i|^{\frac{1}{1-\epsilon}} < \sum_{i=1}^{n} \sum_{j \neq i} |a_{ij}||b_j|^{\frac{1}{1-\epsilon}}.$$

另一方面, 有

$$\sum_{i=1}^{n} C_i(A) \cdot |b_i|^{\frac{1}{1-\epsilon}} = \sum_{i=1}^{n} \sum_{j \neq i} |a_{ji}||b_i|^{\frac{1}{1-\epsilon}}$$

$$= \sum_{j \neq 1} |a_{ji}||b_i|^{\frac{1}{1-\epsilon}} + \cdots + \sum_{j \neq n} |a_{ji}||b_i|^{\frac{1}{1-\epsilon}}$$

$$= \sum_{i=1}^{n} \sum_{j=1}^{n} |a_{ji}||b_i|^{\frac{1}{1-\epsilon}} - \sum_{i=1}^{n} |a_{i\,i}||b_i|^{\frac{1}{1-\epsilon}}$$

$$= \sum_{j \neq 1} |a_{1\,j}||b_j|^{\frac{1}{1-\epsilon}} + \cdots + \sum_{j \neq n} |a_{n\,j}||b_j|^{\frac{1}{1-\epsilon}} = \sum_{i=1}^{n} \sum_{j \neq i} |a_{i\,j}||b_j|^{\frac{1}{1-\epsilon}},$$

产生矛盾, 从而完成论证. ☐

根据 定理 4.4.5, 使用引理 4A 和引理 4B (Hölder 不等式) 立即得到如下结论.

推论 4.4.6 假设 $\epsilon \in [0, 1]$. 则方阵 A 的谱半径 $\rho(A)$ 具有如下的性质:

(1) $\rho(A) \leqslant \max\limits_{1 \leqslant i \leqslant n} |a_{i\,i}| + \epsilon R_i(A) + (1 - \epsilon) C_i(A)$;

(2) $\rho(A) \leqslant \max\limits_{1 \leqslant i \leqslant n} \left[\sum\limits_{j=1}^{n} |a_{ij}| \right]^{\epsilon} \left[\sum\limits_{i=1}^{n} |a_{ij}| \right]^{1-\epsilon}$.

例 4.4.7 利用 Ostrowski 圆盘定理估计矩阵 A 的特征值的分布, 其中

$$A = \begin{pmatrix} 1+i & -1 & \sqrt{2}+\sqrt{2}i & 0 \\ -i & 3 & 2 & 0 \\ 0 & 1 & 9 & -i \\ -\sqrt{2}+\sqrt{2}i & 0 & 0 & 1+6i \end{pmatrix}.$$

解 (1) 利用 Ostrowski 第 I 圆盘定理 (用 $\mathfrak{D}_i(A)'$ 代替 $\mathfrak{D}_i(A)$), 经计算得四个圆盘的半径依次为 $3, 2, 3, 1.5$;

(2) 与 Gerschgorin 圆盘相交叉, 得到较优的半径序列: $3, 2, 2, 1.5$. ☐

4.4.3 Brauer 定理

使用 Gerschgorin 圆盘定理的证明思路, 将 n 个圆盘改为多个被称为 **Cassini 椭圆**的卵形子区域 $\left(\text{共有 } \dfrac{n(n-1)}{2} \text{ 个}\right)$, 则有如下的定理.

定理 4.4.8 (Brauer)   对于矩阵 A 的任一特征根 λ, 存在 $1 \leqslant i < j \leqslant n$, 使得 λ 在某个如下的 Cassini 椭圆中:

$$\mathfrak{C}_{ij} =: \{\, z \in \mathbb{C} \ \mid \ |z - a_{ii}| \cdot |z - a_{jj}| \leqslant R_i(A) \cdot R_j(A) \,\}.$$

此外, $\bigcup_{1 \leqslant i < j \leqslant n} \mathfrak{C}_{ij}$ 包含在 A 的 n 个 Gerschgorin 圆盘之并 $\mathfrak{G}(A)$ 中.

证明   (1) 假设 $A\beta = \lambda\beta$, 其中 $0 \neq \beta = (b_1, \cdots, b_n)^{\mathrm{T}} \in \mathbb{C}^n$. 不妨假设

$$|b_1| \geqslant |b_2| \geqslant |b_i|, \quad \forall i \geqslant 2.$$

如果 $b_2 = 0$, 则有 $\lambda = a_{11} \in \mathfrak{C}_{12}$; 如果 $b_2 \neq 0$, 则有

$$|b_1| \cdot |\lambda - a_{11}| \leqslant \sum_{j \geqslant 2} |a_{1j}||b_j| \leqslant R_1(A) \cdot |b_2|,$$

因此有

$$|\lambda - a_{11}| \leqslant R_1(A) \frac{|b_2|}{|b_1|}, \quad |\lambda - a_{22}| \leqslant R_2(A) \frac{|b_1|}{|b_2|}.$$

两者相乘, 即得 $\lambda \in \mathfrak{C}_{12}$.

(2) 只需要说明 $\mathfrak{C}_{ij} \subseteq \mathfrak{D}_i \bigcup \mathfrak{D}_j$. 事实上, 如果 $R_i(A)R_j(A) = 0$, 结论显然成立; 如果 $R_i(A)R_j(A) \neq 0$, 则有

$$\mathfrak{C}_{ij} =: \left\{ z \in \mathbb{C} \ \left| \ \frac{|z - a_{ii}|}{R_i(A)} \cdot \frac{|z - a_{jj}|}{R_j(A)} \leqslant 1 \right. \right\}.$$

因此, $z \in \mathfrak{C}_{ij}$ 蕴涵了 $\dfrac{|z - a_{ii}|}{R_i(A)} \leqslant 1$ 或者 $\dfrac{|z - a_{jj}|}{R_j(A)} \leqslant 1$, 即 $z \in \mathfrak{D}_i \bigcup \mathfrak{D}_j$. □

4.4.4 弱不可约矩阵与 Brualdi 定理

定义 4.4.9   对于每个方阵 $A = (a_{ij}) \in M_n(\mathbb{F})$, 如下定义一个**有向图** $\Gamma(A)$, 其顶点是新引进符号 $P_1, \cdots, P_n$, $\forall 1 \leqslant i, j \leqslant n$, 如果 $a_{ij} \neq 0$, 则从 P_i 到 P_j 有一个有向边.

一个有向图叫作**强连通图**, 是指从任意一点到另外一点都有有向道路; 一个有向图叫作**弱连通图**, 是指任一顶点含于某个非平凡的有向圈中; 矩阵 A 叫作**弱不可约**, 是指有向图 $\Gamma(A)$ 弱连通. 关于弱不可约矩阵概念的来源, 可以参见 4.5.4 节与命题 4.5.15.

注意图 $\Gamma(A)$ 中可能有自环 (叫作**平凡有向圈**), 但是没有重的同向有向边. 用 $C(A)$ 表示 $\Gamma(A)$ 中所有非平凡有向圈的集合. 本节的最后, 我们介绍如下的 Brualdi 圆盘定理.

定理 4.4.10 如果矩阵 A 弱不可约, 则 A 的特征根含于下面集合中

$$\bigcup_{\gamma \in C(A)} \left\{ z \in \mathbb{C} \,\middle|\, \prod_{P_i \in \gamma} |z - a_i| \leqslant \prod_{P_i \in \gamma} R_i(A) \right\}.$$

证明可参见文献 [1, 定理 6.4.18].

习题与扩展内容

习题 1 分别利用 Gerschgorin 圆盘定理、Ostrowski 圆盘定理与 Brauer 定理估计矩阵 A 的特征值的分布, 其中

$$A = \begin{pmatrix} 2+i & -1 & \sqrt{3}+\sqrt{3}i & 0 \\ 2-i & 8+9i & 1 & 0 \\ 0 & 1 & -19 & -i \\ -\sqrt{2}+\sqrt{2}i & 0 & 0 & 12-60i \end{pmatrix}.$$

习题 2 一个方阵 A 叫作**行(列)严格对角占优**, 是指

$$|a_{ii}| \geqslant R_i(A) \,(|a_{ii}| > R_i(A)), \quad \forall 1 \leqslant i \leqslant n.$$

对于行严格对角占优的矩阵 A, 求证:

(1) A 是可逆矩阵;

(2) 如果还假设 a_{ii} 全是正实数, 则特征根的实部均大于零;

(3) 如果还假设 A 是 Hermite 矩阵, 则特征根全是正实数.

习题 3 假设矩阵 $A \in M_n(\mathbb{F})$ 严格对角占优. 求证: $\rho(A) < 2 \max\limits_{1 \leqslant k \leqslant n} |a_{kk}|$.

习题 4 Brauer 定理的列版是怎样的?

习题 5 假设 $|a_{ii} - a_{jj}| > R_i(A) + R_j(A)$, $\forall i, j$. 试说明 A_n 有 n 个两两互异的特征根.

习题 6 如果一个矩阵的每条主斜线上的元素相同, 则称它为一个 Toeplitz 矩阵, 例如 $\begin{pmatrix} 1 & 2 & 3 \\ 4 & 1 & 2 \\ 5 & 4 & 1 \end{pmatrix}$.

求证: 如果 $A \in M_n(\mathbb{C})$ 是一个 Toeplitz 矩阵, 则 A 的行 Gerschgorin 圆盘之并与 A 的列 Gerschgorin 圆盘之并重合, 即有 $\mathfrak{G}(A) = \mathfrak{G}(A^{\mathrm{T}})$.

习题 7 假设 $A \in M_n(\mathbb{C})$, 并假设 $R_i(A) \geqslant R_{i+1}(A)$, $\forall 1 \leqslant i \leqslant n-1$. 求证: $\rho(A) \geqslant \sqrt{R_1(A) \cdot R_2(A)}$.

习题 8 假设 A 是一个非负矩阵, $v = (u_1, \cdots, u_n)^{\mathrm{T}}$ 是一个正向量, $Av = \lambda v$. 记 $D = \mathrm{diag}\{u_1, \cdots, u_n\}$. 求证或说明: $\lambda = \rho(A)$, 而且 $D^{-1}AD$ 的每个 Gerschgorin 圆盘都经过 λ.

习题 9　假设 $A, B \in M_n(\mathbb{C})$ 且都是正规矩阵. 求证:

(1) $\rho(A) = \|A\|_2$;

(2) $\rho(AB) \leqslant \rho(A)\rho(B)$.

4.5　正方阵与非负方阵

对于 n 阶实方阵 $A = (a_{ij})$ 与 $B = (b_{ij})$, 如果 $a_{ij} \geqslant b_{ij} \, (\forall i, j)$, 则记 $A \geqslant B$. 如果 $A > 0$, 则称 A 为一个正方阵 (positive matrix); 如果 $A \geqslant 0$, 则称 A 为一个非负方阵 (nonnegative matrix). 显然, $\geqslant$ 是 $M_n(\mathbb{R})$ 中的一个偏序关系.

本节主要介绍如下三个结果: 关于正方阵的 Perron 定理、关于非负方阵的 Perron-Frobenius 定理以及关于不可约矩阵的置换标准形的 Frobenius 定理.

4.5.1　非负方阵的谱半径与正向量

对于一般方阵 A, 引进记号

$$|A| =: (|a_{ij}|) \in M_n(\mathbb{R}).$$

根据定义, $|A|$ 是一个非负方阵. 我们首先介绍与 $|\cdot|$ 有关的一些基本性质. 本节的讨论将表明, 非负方阵确实具有不一般的特性; 从技术手段上来说, 很多个微小的逐次进步, 日积月累也可以导致巨大的进步; 这对于每个人来说应该是一个巨大鼓舞, 鼓励我们脚踏实地做一些探索, 也许某次的结果微小但可能具备潜在的价值, 且日积月累后有可能达到一个不错的境界.

性质 4.5.1　对于 $A = (a_{ij}) \in M_n(\mathbb{F})$, $\alpha = (b_1, \cdots, b_n)^{\mathrm{T}} \in \mathbb{F}^n$, 有

(1) $|A\alpha| \leqslant |A| \cdot |\alpha|$; 进而有 $|AB| \leqslant |A| \cdot |B|$.

(2) 若 $\alpha > 0$, 且 $A\alpha = |A|\alpha$, 则 A 是非负矩阵, 从而 $A = |A|$.

(3) 若非负矩阵 A 有一行正向量, 则条件 $|A\alpha| = A|\alpha|$ 表明存在 $\theta \in [0, 2\pi]$, 使得 $|\alpha| = e^{-i\theta}\alpha$.

证明　(1) 利用关于复数模长的不等式

$$|c_1 d_1 + c_2 d_2| \leqslant |c_1||d_1| + |c_2||d_2|$$

以及矩阵乘法的定义, 可直接得第一个不等式; 再用

$$AB = (A \cdot B(1), \cdots, A \cdot B(n))$$

得到第二个不等式.

(2) 由于 α 是实向量, 因此对于实数 b_1 使用实部公式

$$\mathrm{Re}\left(\sum z_k\right) = \sum \mathrm{Re}(z_k), \quad \mathrm{Re}(b_1 \cdot c) = b_1 \cdot \mathrm{Re}(c),$$

得

$$\mathrm{Re}(A) \cdot \alpha = \mathrm{Re}(A\alpha) = \mathrm{Re}(|A|\alpha) = |A|\alpha,$$

从而有 $[\,|A| - \mathrm{Re}(A)\,] \cdot \alpha = 0$; 但是 $\alpha > 0, |A| - \mathrm{Re}(A) \geqslant 0$, 因此有

$$|A| - \mathrm{Re}(A) = 0, \quad 故 \quad A = \mathrm{Re}(A) = |A|.$$

(3) 不妨假设 $(1)A > 0$, 则由条件 $|A\alpha| = A|\alpha|$ 有

$$\sum_{k=1}^{n} a_{1k}|b_k| = \left|\sum_{k=1}^{n} a_{1k}b_k\right|.$$

取 $\theta \in [0, 2\pi]$ 使得

$$e^{-i\theta}\left(\sum_{k=1}^{n} a_{1k}b_k\right) = \left|\sum_{k=1}^{n} a_{1k}b_k\right| = \sum_{k=1}^{n} a_{1k}|b_k|,$$

则再次使用实部公式, 即得

$$\sum_{k=1}^{n} a_{1k}|e^{-i\theta}b_k| = \sum_{k=1}^{n} a_{1k} \cdot \mathrm{Re}\,(e^{-i\theta}b_k).$$

注意到 $a_{1k} > 0, a_{1\,k} \cdot \mathrm{Re}\,(e^{-i\theta}b_k) \leqslant a_{1k} \cdot |e^{-i\theta}b_k|$, 因此有

$$a_{1k} \cdot |b_k| = a_{1\,k} \cdot e^{-i\theta}b_k, \qquad \square$$

所以 $b_k = e^{i\theta}|b_k|$, $\forall k$, 所以 $\alpha = e^{i\theta}|\alpha|$.

性质 4.5.2 如果 $|A| \leqslant B$, 则有 $\rho(A) \leqslant \rho(|A|) \leqslant \rho(B)$.

证明 根据例 4.2.8(1), 对于矩阵范数 $\|-\|_1$, 若 $0 \leqslant C \leqslant D$, 则有 $\|C\|_1 \leqslant \|D\|_1$; 又由性质 4.5.1 得 $|A^m| \leqslant |A|^m \leqslant B^m$. 于是有

$$\|A^m\|_1 = \|\,|A^m|\,\|_1 \leqslant \|\,|A|^m\,\|_1 \leqslant \|B^m\|_1;$$

再用推论 Gelfand 公式, 得 $\rho(A) = \lim_{k\to\infty}(\|A^k\|_1)^{\frac{1}{k}}$; 再根据范数 $\|-\|_1$ 的连续性, 即得

$$\rho(A) \leqslant \rho(|A|) \leqslant \rho(B). \qquad \square$$

例 4.5.3 设 A 是非负方阵.

(1) 若 A 的每一行元素的和都等于 r, 则 $\rho(A) = \|A\|_\infty = r$;

(2) 若 A 的每一列元素的和都等于 c, 则 $\rho(A) = \|A\|_1 = c$.

证明 (1) 此时, A 有特征值 r, 所以根据例 4.2.8, 有 $\|A\|_\infty = r \leqslant \rho(A)$, 从而由命题 4.2.11(2) 得 $\rho(A) \leqslant \|A\|_\infty$, 因此 $\rho(A) = \|A\|_\infty = r$.

(2) $\rho(A) = \rho(A^{\mathrm{T}}) = c = \|A^{\mathrm{T}}\|_\infty = \|A\|_1.$ □

性质 4.5.4 假设 A 是非负矩阵. 则有

$$\min_{1\leqslant i\leqslant n} \|(i)A\|_1 \leqslant \rho(A) \leqslant \|A\|_\infty = \max_{1\leqslant i\leqslant n} \|(i)A\|_1,$$

$$\min_{1\leqslant i\leqslant n} \|A(i)\|_1 \leqslant \rho(A) \leqslant \|A\|_1 = \max_{1\leqslant i\leqslant n} \|A(i)\|_1.$$

证明 考虑到 A 与 A^{T} 的对称性, 根据例 4.2.8 和命题 4.2.11, 只需要说明

$$\min_i \|(i)A\|_1 \leqslant \rho(A).$$

事实上, 不妨假设 $c =: \min_{1\leqslant i\leqslant n} \|(i)A\|_1 > 0$; 命

$$b_{ij} = \frac{c}{\|(i)A\|_1} \cdot a_{ij}, \quad B = (b_{ij}),$$

则有 $0 \leqslant B \leqslant A$, 且 B 的每行元素之和为 c. 根据例 4.5.3 与性质 4.5.2, 可知有

$$\min_i \|(i)A\|_1 = c = \rho(B) \leqslant \rho(A).$$ □

考虑到 $\rho(A) = \rho(Q^{-1}AQ)$, 所以对于正向量 $(u_1,\cdots,u_n)$, 命

$$Q = \mathrm{diag}\{u_1,\cdots,u_n\}.$$

注意到 $(Q^{-1}AQ)(i,j) = u_i^{-1}a_{ij}u_j$, 代入性质 4.5.4 中的不等式, 得到如下性质.

性质 4.5.5 对于非负矩阵 A 以及正向量 $(u_1,\cdots,u_n)$, 有

$$\min_i \frac{1}{u_i}\sum_{j=1}^n a_{ij}u_j \leqslant \rho(A) \leqslant \max_i \frac{1}{u_i}\sum_{j=1}^n a_{ij}u_j;$$

$$\min_j u_j \sum_{i=1}^n a_{ij}\frac{1}{u_i} \leqslant \rho(A) \leqslant \max_j u_j \sum_{i=1}^n a_{ij}\frac{1}{u_i}.$$

根据性质 4.5.5, 利用向量的分量分别验证推导, 立即得到如下性质.

性质 4.5.6 假设 A 是非负矩阵, 而 $\alpha =: (u_1,\cdots,u_n)^{\mathrm{T}}$ 是一个正向量. 则

(1) 对于非负实数 a,b, 若 $a\alpha \leqslant A\alpha \leqslant b\alpha$, 则有 $a \leqslant \rho(A) \leqslant b$;

(2) 若 $a\alpha < A\alpha < b\alpha$, 则有 $a < \rho(A) < b$;

(3) 若正向量 α 是非负矩阵 A 的特征向量, 则必有 $A\alpha = \rho(A)\alpha$.

证明 (1) 若 $a\alpha \leqslant A\alpha$, 则有 $a \leqslant \frac{1}{u_i}\sum_{j=1}^n a_{ij}u_j$, $\forall i$. 由性质 4.5.5, 即得 $a \leqslant \rho(A)$; 同样由条件 $A\alpha \leqslant b\alpha$ 得 $\rho(A) \leqslant b$.

(2) 如果 $a\alpha < A\alpha$, 则有 $a_1 > a$ 使得 $a_1\alpha \leqslant A\alpha$, 因此, $a < a_1 \leqslant \rho(A)$.

(3) 假设 $A\alpha = \lambda\alpha$, 则有 $\lambda \geqslant 0$. 由于 $\lambda\alpha \leqslant A\alpha \leqslant \lambda\alpha$, 所以有

$$\lambda \leqslant \rho(A) \leqslant \lambda, \quad \text{故} \quad \lambda = \rho(A). \qquad \square$$

性质 (3) 看起来是一个很强的结论:

如果非负矩阵 A 有一个正特征向量 α, 则 $\rho(A)$ 是 A 的特征值, 而且有 $A\alpha = \rho(A)\alpha$.

习题与扩展内容

习题 1 对于非负方阵 A, 求证:

(1) 对于 A 的任一主子矩阵 B, 有 $\rho(B) \leqslant \rho(A)$;

(2) $a_{ii} \leqslant \rho(A)$. 特别地, 如果 A 的主对角线元素不全为零, 则 $\rho(A) > 0$.

习题 2 对于非负方阵 A, 如果 A 有正的特征向量, 求证

$$\rho(A) = \max_{u>0} \min_{1\leqslant i\leqslant n} \frac{1}{u_i} \sum_{j=1}^{n} a_{ij}u_j = \min_{u>0} \max_{1\leqslant i\leqslant n} \frac{1}{u_i} \sum_{j=1}^{n} a_{ij}u_j. \qquad (24)$$

习题 3 对于非负方阵 A_n, 求证: $\rho(A) \geqslant \sqrt[n]{a_{1i_1}a_{2i_2}\cdots a_{ni_n}}$, 其中 $i_1i_2\cdots i_n$ 是 $1, 2, \cdots, n$ 的任一排列.

4.5.2 正方阵与 Perron 定理

首先, 利用前一部分关于非负矩阵的基本性质, 先来讨论一下正矩阵的基本性质.

性质 4.5.7 假设 A 是正矩阵, 且 $A\alpha = \lambda\alpha$, 其中 $0 \neq \alpha, |\lambda| = \rho(A)$, 则必有

$$\rho(A) > 0, \quad |\alpha| > 0, \quad A|\alpha| = \rho(A)|\alpha|.$$

证明 记 $z = A|\alpha|$. 首先, $|\alpha| \neq 0$ 蕴涵了 $z > 0$. 此外有

$$\rho(A)|\alpha| = |A\alpha| \leqslant A|\alpha| = z, \quad \text{故} \quad z - \rho(A)|\alpha| \geqslant 0.$$

断言 $z - \rho(A)|\alpha| = 0$; 否则, 将有 $z \geqslant \rho(A)|\alpha|$ 且 $z \neq \rho(A)|\alpha|$. 因而对于任意正向量 δ, 将有 $\delta^{\mathrm{T}}z > \rho(A)(\delta^{\mathrm{T}}|\alpha|)$, 从而

$$Az > \rho(A) \cdot (A|\alpha|) = \rho(A)z;$$

而根据性质 4.5.6(2), 将有 $\rho(A) > \rho(A)$, 矛盾.

最后, 回到 $0 < z = \rho(A)|\alpha|$, 得到

$$\rho(A) > 0 < |\alpha|, \quad A|\alpha| = \rho(A)|\alpha|. \qquad \square$$

性质 4.5.8   假设 A 是正矩阵. 则

(1) 存在正向量 α, β 使得 $A\alpha = \rho(A)\alpha$, $\beta^{\mathrm{T}}A = \rho(A)\beta^{\mathrm{T}}$;

(2) 如果 $\lambda \neq \rho(A)$ 且是 A 的特征值, 则有 $|\lambda| < \rho(A)$;

(3) A 的属于特征值 $\rho(A)$ 的特征向量都是某个正向量的倍数.

证明   (1) 对于正矩阵 A, A^{T} 分别使用特征值 $\rho(A)$, 由性质 4.5.7 即得论断.

(2) 假设 λ 是 A 的特征值, 且有 $|\lambda| = \rho(A), A\alpha = \lambda\alpha, 0 \neq \alpha$; 根据性质 4.5.7 得到 $|A\alpha| = \rho(A)|\alpha| = A|\alpha|$; 根据性质 4.5.1(3), 有 $|\alpha| = e^{-i\theta}\alpha$, 因而

$$\rho(A)\alpha e^{-i\theta} = \rho(A)|\alpha| = A|\alpha| = A\alpha e^{-i\theta} = \lambda\alpha e^{-i\theta},$$

从而 $\lambda = \rho(A)$.

(3) 由 (2) 的论证过程得到.   □

关于正规矩阵的进一步良好性质是说, $\rho(A)$ 的几何重数和代数重数均为 1. 众所周知, 一个特征值的几何重数 (相应特征子空间的维数) 不超过其代数重数 (其在特征多项式分解式中的重数). 下面首先给出几何重数是 1 的一个直接证明.

性质 4.5.9   对于正矩阵 A, 有

(1) $\dim_{\mathbb{C}}(V_{\rho(A)}^A) = 1$, 即 $\rho(A)$ 的几何重数为 1.

(2) A 有唯一的满足

$$\|\alpha\|_1 =: \sum_{1 \leqslant k \leqslant n} u_k = 1, \quad \alpha = (u_1, \cdots, u_n)^{\mathrm{T}}, \quad A\alpha = \rho(A)\alpha \tag{25}$$

的向量 $\alpha \in \mathbb{C}^n$, 这个向量必是正向量, 叫作 A 的**右 Perron 向量**.

(3) A^{T} 有唯一的满足 $A^{\mathrm{T}}\beta = \rho(A)\beta$ 且 $[\alpha, \beta] = 1$ 的正向量 β, 叫作 A 的**左 Perron 向量**.

证明   (1) 记 $\lambda = \rho(A)$, 则 $\lambda > 0$. 根据性质 4.5.8(3), 不妨假设正向量 α, β 使得 $\lambda\alpha = A\alpha = \lambda\beta$. 命

$$k = \min_{1 \leqslant j \leqslant n} \frac{(j)\beta}{(j)\alpha}, \quad \delta = \beta - k\alpha,$$

则 δ 不是正向量, 但它是一个非负向量. 我们断言 $\delta = 0$, 从而 α, β 线性相关, 所以 $\dim_{\mathbb{C}}V_{\rho(A)} = 1$; 否则将有 $0 < A\delta = \lambda(\beta - k\alpha) = \lambda \cdot \delta$, 从而 $\delta > 0$, 导致矛盾.

(2) 根据 (1) 的结果以及性质 4.5.8(2) 的证明过程, 可知属于特征值 $\rho(A)$ 的特征向量要么是一个正向量, 要么是一个正向量乘以一个复数 $e^{-i\theta}$, 所以满足 (25) 的向量 α 必是正向量且是唯一的. 对于 A^{T}, 满足 $A^{\mathrm{T}}\beta_0 = \rho(A)\beta_0$ 的单位正向量 β_0 也是唯一的; 当然两个正向量之内积 $[\alpha, \beta_0] \neq 0$. 最后, 用条件 $1 = [\alpha, k\beta_0] = k[\alpha, \beta_0]$ 确定出正数 k, 从而确定出唯一的正向量 $\beta = k\beta_0$.   □

现在, 我们总结关于正方阵的主要结论如下.

定理 4.5.10 (Perron) 对于正方阵 A, 以下成立.

(1) $\rho(A)$ 是 A 的正特征根, 且其几何重数与代数重数均为 1.

(2) A 的其他特征根 λ 均满足 $|\lambda| < \rho(A)$.

(3) A 有唯一的右 Perron 向量 $\alpha = (u_1, \cdots, u_n)^{\mathrm{T}} > 0$: 它使得

$$\sum_{1 \leqslant k \leqslant n} u_k = 1, \quad A\alpha = \rho(A)\alpha.$$

(4) A 有唯一的左 Perron 向量 $\beta = (v_1, \cdots, v_n)^{\mathrm{T}} > 0$: 它使得

$$[\alpha, \beta] = 1, \quad \beta^{\mathrm{T}} A = \rho(A)\beta^{\mathrm{T}}.$$

证明 只需要补证: $\lambda =: \rho(A)$ 的代数重数为 1.

事实上, 根据性质 4.5.9(1), λ 的几何重数为 1, 即 $r(\lambda E - A) = n - 1$. 于是 $r[(\lambda E - A)^*] = 1$. 假设 $0 \neq (\lambda E - A)^* = \eta \delta^{\mathrm{T}}$, 其中 η 与 δ 都是非零实向量. 将有

$$0 = (\lambda E - A)(\lambda E - A)^* = (\lambda E - A)\eta \delta^{\mathrm{T}} = (\lambda E - A)\eta \cdot (\cdot, \cdots, \cdot),$$

因此有 $(\lambda E - A)\eta = 0$, 故 $\eta = k\alpha$.

同理有 $\eta \delta^{\mathrm{T}}(\lambda E - A) = 0$; 类似可得 $\delta = l\beta$, 故

$$0 \neq (\lambda E - A)^* = (k\bar{l}) \cdot \alpha \beta^{\mathrm{T}}.$$

若用 $p(x)$ 表示 A 的特征多项式 $\det(xE - A)$, 则根据公式 (21) 得到

$$p'(\lambda) = \mathrm{tr}\,(\lambda E - A)^* = (k\bar{l}) \cdot \mathrm{tr}\,(\alpha \beta^{\mathrm{T}}) = (kl)([\beta, \alpha]) = k\bar{l} \neq 0,$$

因此 $\lambda =: \rho(A)$ 是多项式 $\det(xE - A)$ 的单重特征根, 即 $\rho(A)$ 的代数重数为 1. □

注 Perron 定理还对于正矩阵 A 证明了

$$\lim_{m \to \infty} \left[\frac{1}{\rho(A)} A\right]^m \to \alpha \beta^{\mathrm{T}},$$

其中 α 是 A 的右 Perron 向量, 而 β 则是 A 的左 Perron 向量, 因此 $\alpha \beta^{\mathrm{T}}$ 是一秩幂等矩阵. 限于篇幅, 这里不再详细阐述, 细节以及进一步展开的探讨, 可参看文献 [9].

Perron 定理有很多应用. 特别地, 有如下的圆盘定理 (由旅美著名数学家 Ky Fan(樊畿, 1914–2010) 做出的结果):

定理 4.5.11 (Fan) 假设 B 是一个非负矩阵, 且有 $b_{ij} \geqslant |a_{ij}|$, $\forall i \neq j$. 则 $A = (a_{ij})$ 的特征根都在如下 n 个 Fan 氏圆盘之并中:

$$\bigcup_{k=1}^{n} \{z \in \mathbb{C} \mid |z - a_{kk}| \leqslant \rho(B) - b_{kk}\}.$$

证明　如果 $B > 0$, 根据 Perron 定理, 可知存在正向量 $\alpha = (u_1, \cdots, u_n)^{\mathrm{T}}$, 使得 $B\alpha = \rho(B)\alpha$, 即得

$$\sum_{j \neq i} |a_{ij}| u_j \leqslant \sum_{j \neq i} b_{ij} u_j = (\rho(B) - b_{ii}) u_i, \quad \forall 1 \leqslant i \leqslant n,$$

故

$$\frac{1}{u_i} \sum_{j \neq i} |a_{ij}| u_j \leqslant \rho(B) - b_{ii}.$$

根据性质 4.5.5 以及推论 4.4.1, 可得 $|\rho(A) - a_{ii}| \leqslant \rho(B) - b_{ii}$ (对于某个 i).

如果 B 不是正矩阵, 则命 J 表示元都为 1 的方阵; 命 $B_\epsilon = B + \epsilon J$, 则 B_ϵ 是正方阵. 对于 B_ϵ 使用刚才结果, 然后命 $\epsilon \to 0$, 即得要证结论. □

4.5.3　非负方阵的谱半径 (续)

现在借助于正方阵的已知性质, 必要时用 ϵ- 扩张, 继续考察非负方阵的基本性质. 首先, 有如下的性质.

性质 4.5.12　假设 A 是非负方阵. 则

(1) 存在非负特征向量 α, 使得 $A\alpha = \rho(A)\alpha$. 特别地, $\rho(A)$ 是 A 的特征值.

(2) $\rho(E + A) = 1 + \rho(A)$.

(3) 如果存在正整数 r 使得 A^r 是正矩阵, 则 $\rho(A) > 0$ 且其代数重数为 1. 而其余特征根的模长严格小于 $\rho(A)$.

证明　(1) 思路与定理 4.5.11 类似: 使用放大的 ϵ 方法, 然后使用极限或者连续性. 具体如下: 命 J 表示元都为 1 的方阵. 对于任意一个正实数 ϵ, 构造一个正矩阵

$$A_\epsilon = A + \epsilon J.$$

并假设 α_ϵ 是 A_ϵ 的右 Perron 向量. 注意 $\alpha_\epsilon > 0, \|\alpha_\epsilon\|_1 = 1$. 考虑集合

$$\{\alpha_\epsilon \in \mathbb{C}^n \mid \epsilon > 0, \alpha_\epsilon > 0, \|\alpha_\epsilon\|_1 = 1\}.$$

由于该集合是紧闭子空间 $\{z \in \mathbb{C}^n : \|z\|_1 \leqslant 1\}$ 的子集合, 故而有单调递降的正实数数列 $\epsilon_1 \geqslant \epsilon_2 \geqslant \cdots$, 使得 $\epsilon_k \to 0$ 且 $\lim\limits_{k \to \infty} \alpha_{\epsilon_k} = \alpha$. 根据 $\|-\|_1$ 的连续性可得, $\alpha \geqslant 0, \|\alpha\|_1 = 1$. 根据性质 4.5.2, 有

$$\rho(A_{\epsilon_{k-1}}) \geqslant \rho(A_{e_k}) \geqslant \cdots \geqslant \rho(A),$$

因此, 有 $0 \leqslant \rho = \lim\limits_{k \to \infty} \rho(A_{\epsilon_k}) \geqslant \rho(A)$. 另一方面, 还有

$$A\alpha = \lim_{k \to \infty} A_{\epsilon_k} \alpha_{\epsilon_k} = \lim_{k \to \infty} \rho(A_{\epsilon_k}) \cdot \lim_{k \to \infty} \alpha_{\epsilon_k} = \rho \cdot \alpha,$$

因此, ρ 是 A 的非负特征根, 因而有

$$\rho \leqslant \rho(A),$$

故 $A\alpha = \rho(A)\alpha$, 其中 $\alpha \geqslant 0, \|\alpha\|_1 = 1$.

(2) 显然有 $\rho(E+A) = \max\limits_{1\leqslant k\leqslant n}|1+\lambda_k| \leqslant 1 + \max\limits_{1\leqslant k\leqslant n}|\lambda_k| = 1 + \rho(A)$. 又根据 (1), $1+\rho(A)$ 是非负方阵 $E+A$ 的特征根, 所以有 $\rho(E+A) \geqslant 1 + \rho(A)$.

(3) 如果 A 的谱空间是 $\{\lambda_i \mid 1 \leqslant i \leqslant n\}$, 则由命题 1.2.8 知 A^r 的谱空间是 $\{\lambda_i^r \mid 1 \leqslant i \leqslant n\}$. 由于 A^r 是正矩阵, 根据 Perron 定理即得本结论. 例如, $\rho(A)^r$ 是 $\det(yE - A^r)$ 的根但不是重根, 所以 $\rho(A)$ 的代数重数是 1. $\quad\square$

利用同样的 ϵ- 扩张的方法, 可以对于性质 4.5.6 作出部分推广 (将正向量改为非负非零向量).

性质 4.5.13　假设 $A \neq 0$ 是非负矩阵.

(1) 如果有正实数 a 以及非负向量 $\alpha \neq 0$ 使得 $a\alpha \leqslant A\alpha$, 则有 $a \leqslant \rho(A)$. 此外, 如果 $a\alpha < A\alpha$, 则相应地有 $a < \rho(A)$.

(2) 下面等式恒成立:

$$\rho(A) = \max_{u\geqslant 0; u\neq 0} \min_{1\leqslant i\leqslant n; u_i\neq 0} \frac{1}{u_i}\sum_{j=1}^{n} a_{ij}u_j. \tag{26}$$

证明　(1) 对于任意正实数 ϵ, 构造正矩阵 $A_\epsilon = A + \epsilon J$, 并假设 $\beta_\epsilon > 0$ 是 A_ϵ 的左 Perron 向量, 即 $\beta_\epsilon^{\mathrm{T}} A_\epsilon = \rho(A_\epsilon)\beta_\epsilon^{\mathrm{T}}$, 则有 $A_\epsilon\alpha - a\alpha > A\alpha - a\alpha \geqslant 0$, 因此

$$[\rho(A_\epsilon) - a](\beta_\epsilon^{\mathrm{T}}\alpha) = \beta_\epsilon^{\mathrm{T}}(A_\epsilon\alpha - a\alpha) > 0,$$

故 $\rho(A_\epsilon) - a > 0$. 如同性质 4.5.12 那样取一个收敛子列, 并取极限, 即得

$$\rho(A) = \lim_{\epsilon\to 0}\rho(A_\epsilon) \geqslant a.$$

(2) 对于任一非负向量 $u = (u_1, \cdots, u_n)^{\mathrm{T}} \neq 0$, 记

$$a_u = \min_{1\leqslant i\leqslant n; u_i\neq 0}\frac{1}{u_i}\sum_{j=1}^{n}a_{ij}u_j;$$

对于任一 $u_i \neq 0$, 易见有

$$a_u \cdot u_i \leqslant \sum_{j=1}^{n}a_{ij}u_j = (i)(Au), \ \forall i \implies a_u \cdot u \leqslant Au;$$

从而根据 (1) 的结论有

$$a_u \leqslant \rho(A), \quad \text{故} \quad \max_u a_u \leqslant \rho(A).$$

另一方面, 根据性质 4.5.12, 存在非零的非负向量 v 使得 $Av = \rho(A)v$; 对于这个特征向量 v, 可见 $\rho(A) = a_v$. 于是, $\max_u a_u \geqslant \rho(A)$, 因此有等式 (26). □

注意公式 (24) 对于一般非负矩阵未必成立, 即 $\rho(A)$ 未必等于 MinMax; 参见 4.5 节的习题 2.

根据性质 4.5.12, $\rho(A)$ 是非负矩阵 A 的特征值; 又根据性质 4.5.6(3), 如果一个正向量 α 是某个非负矩阵 A 的特征向量, 则此正向量 α 必属于特征值 $\rho(A)$.

下面从另一角度进行探讨.

性质 4.5.14　假设 A 是非零的非负矩阵.

(1) 进一步假设 A 还具有正的左特征向量. $\forall 0 \neq \alpha \in \mathbb{R}^n$, 若 $A\alpha \geqslant \rho(A)\alpha$, 则有 $A\alpha = \rho(A)\alpha$.

(2) 进一步假设 A 还具有正的左 (或者右) 特征向量, 则有 $\rho(A) > 0$, 而且具有模长 $\rho(A)$ 的特征值 λ 半单, 即在 A 的 Jordan 标准形中, λ 对应的 Jordan 块都是 1 阶的.

证明　据性质 4.5.6(3), 可以假设 $\beta^{\mathrm{T}} A = \rho(A)\beta^{\mathrm{T}}$, 其中 $\beta^{\mathrm{T}} = (b_1, \cdots, b_n) > 0$.

(1) 根据假设有 $A\alpha - \rho(A)\alpha \geqslant 0$. 断言 $A\alpha = \rho(A)\alpha$, 否则将有

$$0 < \beta^{\mathrm{T}}[A\alpha - \rho(A)\alpha] = (\beta^{\mathrm{T}} A)\alpha - \rho(A)(\beta^{\mathrm{T}}\alpha) = 0.$$

(2) 根据 $\beta^{\mathrm{T}} A = \rho(A)\beta^{\mathrm{T}}, A \geqslant 0, A \neq 0$, 立得 $\rho(A) > 0$.

构造矩阵

$$U = \mathrm{diag}\{u_1, \cdots, u_n\}, \quad B = \frac{1}{\rho(A)} U A U^{-1},$$

则 $\rho(B) = 1$ 且 B 非负. 所以只需要说明 B 的具有模长 1 的特征值 λ 半单.

事实上, 命 $e = (1, \cdots, 1)^{\mathrm{T}}$. 则有

$$\rho(A) \cdot e^{\mathrm{T}} B = (e^{\mathrm{T}} U) A U^{-1} = (\beta^{\mathrm{T}} A) U^{-1} = \rho(A)\beta^{\mathrm{T}} U^{-1} = \rho(A) e^{\mathrm{T}},$$

故 $e^{\mathrm{T}} B = e^{\mathrm{T}}$.

说明 B 是一个列随机矩阵; 而两个列随机矩阵的乘积还是列随机矩阵, 所以列随机矩阵都是幂有界矩阵. 于是根据命题 4.3.3, 可知 B 的具有模长 1 的特征值 λ 半单, 从而 A 的具有模长 $\rho(A)$ 的特征向量均半单. □

注记　证明过程给出了从具有左 (或者右) 的正特征向量的、非零、非负矩阵 A 出发构造列 (行) 随机矩阵的一般方法. 此外, 注意到 A 的许多性质可以由相应的随机矩阵得到.

习题与扩展内容

习题 1　假设 A 是一个 n 阶实矩阵, 且其非对角线元素均为非负实数. 将 A 的特征根的最大实部记为 σ, 将具有实部 σ 且虚部最大的特征根记为 τ.

(1) 求证: 对于足够大的实数 r, 恒有 $\rho(rE + A) = |r + \tau|$;

(2) 求证: $\tau = \sigma = \rho(A)$.

习题 2 假设 $\alpha_1, \cdots, \alpha_{n+2}$ 是 $\mathbb{R}^n$ 中的单位向量, 记 $G_{n+2} = (\alpha_i^{\mathrm{T}} \alpha_j)$. 求证: 如果 $E - G$ 非负, 则它必定可约, 从而 G 也可约. (可约的定义见下节开始部分)

习题 3 假设 $A, B \in M_n(\mathbb{R})$.

(1) 求证: A 可逆而且 A^{-1} 非负 (此时, 称 A 为**单调矩阵**; 称一个非负单调矩阵为**强单调矩阵**) 当且仅当以下条件成立:

$$\forall \alpha, \beta \in \mathbb{R}^n, A\alpha \geqslant A\beta \Longrightarrow \alpha \geqslant \beta.$$

(2) 求证: 若 A_n, B_n 单调, 则 AB 也单调;

(3) 求证: 所有 n 阶强单调矩阵作成一个群;

(4) 可否进一步刻画强单调矩阵的性质.

4.5.4 不可约非负方阵与 Perron-Frobenius 定理

Perron 定理 (即定理 4.5.10) 是 Perron 于 1907 年发现的; 1912 年, Frobenius 将此推广到**不可约**的非零非负矩阵. 所谓 A **可约** (reducible), 指的是存在置换矩阵 P, 使得

$$P^{\mathrm{T}} A P = \begin{pmatrix} B & C \\ 0 & D \end{pmatrix},$$

其中 B 和 D 都是不空的方阵; 不是可约的方阵叫作**不可约** (irreducible) **矩阵**.

回顾在 4.4.4 节中对于 n 阶矩阵 A 引进的有向图 $\Gamma(A)$: 其顶点是新引进符号 $P_1, \cdots, P_n$, $\forall 1 \leqslant i, j \leqslant n$, 如果 $a_{ij} \neq 0$, 则从 P_i 到 P_j 有一个有向边.

对于非负方阵 H 以及任意互异的整数 $1 \leqslant i \neq j \leqslant n$, 注意到 $(E + H)^{n-1}$ 的 (i, j) 位置元为零, 当且仅当在有向图 $\Gamma(H)$ 中, 从顶点 P_i 到顶点 P_j 不存在有向道路. 则有如下命题中 (2) 与 (4) 的等价性.

命题 4.5.15 对于 $A \in M_n(\mathbb{F})$, 以下条件等价:

(1) A 不可约;

(2) $(E + (|a_{ij}|))^{n-1} > 0$;

(3) $(E + M(A))^{n-1} > 0$, 其中 $M(A) = (\mu_{ij})$, 而 $\mu_{ij} = 1 \Longleftrightarrow a_{ij} \neq 0$, 其余情形, $\mu_{ij} = 0$;

(4) 有向图 $\Gamma(A)$ 强连通;

(5) 矩阵 A 具备性质 SC: $\forall 1 \leqslant p \neq q \leqslant n$, 存在一系列两两互异的数 $p = k_1, \cdots, k_t = q$, 使得 $a_{k_i k_{i+1}} \neq 0$.

证明 只说明 (1) 与 (2) 的等价性; (1) 与 (3) 的等价性是类似的; 其余验证留作练习. 首先注意, A 不可约当且仅当非负矩阵 $(|a_{ij}|)$ 不可约. 因此, 可以假设 A 是非负矩阵.

$(2) \Longrightarrow (1)$ 反设 A 可约, 则有置换矩阵 Q 使得

$$Q^{\mathrm{T}}AQ = \begin{pmatrix} B & C \\ 0 & D \end{pmatrix},$$

其中 B 和 D 都是不空的方阵; 注意到 $Q^{-1} = Q^{\mathrm{T}}$, 而且 $(Q^{\mathrm{T}}AQ)^k$ 的左下角块是 0, 所以

$$Q^{\mathrm{T}}(E + A)^{n-1}Q = Q[Q^{\mathrm{T}}(E + A)Q]^{n-1} = \begin{pmatrix} E + B & C \\ 0 & E + D \end{pmatrix}^{n-1}$$

的左下角块是 0, 因此 $(E + A)^{n-1}$ 不是正矩阵.

$(1) \Longrightarrow (2)$ 反设 $B =: (E + A)^{n-1}$ 不是正矩阵, 则有 $i \neq j$, 使得矩阵 $B(i, j) = 0$, 则在有向图 $\Gamma(A)$ 中, 从顶点 P_i 到顶点 P_j 没有有向道路. 定义一个集合

$$V_j = \{P_k \mid \text{或 } P_k = P_j, \text{或从 } P_k \text{ 到 } P_j \text{ 有 } \Gamma(A) \text{ 中的有向道路}\},$$

则有 $P_j \in V_j, P_i \in V_j^c$; 又不存在 V_j^c 中顶点到 V_j 中顶点的有向道路.

现在假设 $V_j = \{P_{i_1}, \ldots, P_{i_r}\}$, $V_j^c = \{P_{i_{r+1}}, \ldots, P_{i_n}\}$, 其中 $1 < r < n$. 构造 n 阶置换矩阵 Q, 使得 $k \leftrightarrow i_k$, $\forall k$, 则有

$$Q^{\mathrm{T}}AQ = \begin{pmatrix} B_r & C \\ 0 & D_{n-r} \end{pmatrix}.$$

这是因为一方面, $(0, 1)$ 矩阵 $M(Q^{\mathrm{T}}AQ)$ 恰为有向图 $\Gamma(A)$ 的底图 L(无向简单图) 按照顶点序

$$P_{i_1}, \ldots, P_{i_r}, P_{i_{r+1}}, \ldots, P_{i_n}$$

的邻接矩阵; 另一方面, 已知不存在 V_j^c 中顶点到 V_j 中顶点的有向一步路, 因而 $Q^{\mathrm{T}}AQ$ 的左下角部分是零子块. 这就证明了 A 是一个可约矩阵. $\square$

定理 4.5.16 (Perron-Frobenius)   假设 $n > 1$, 而 $A \neq 0$ 是不可约的 n 阶非负矩阵. 则:

(1) $\rho(A)$ 是 A 的一个正特征根, 且其代数重数是 1.

(2) A 有唯一的属于特征值 $\rho(A)$ 的特征向量 α, 使得 $\|\alpha\|_1 = 1$; α 是正向量, 叫作 A 的右 Perron 向量.

(3) A^{T} 有唯一的属于特征值 $\rho(A)$ 的特征向量 β, 使得 $[a, \beta] = 1$; β 是正向量, 叫作 A 的左 Perron 向量.

(4) 若 $0 \leqslant B < A$, 则有 $\rho(B) < \rho(A)$.

证明   根据性质 4.5.12, 有非负向量 α, 使得 $A\alpha = \rho(A)\alpha$, 因此

$$(E + A)^{n-1}\alpha = [1 + \rho(A)]^{n-1}\alpha;$$

根据命题 4.5.15、性质 4.5.12 和命题 1.2.8, 其中的 $[1+\rho(A)]^{n-1}$ 是正矩阵 $(E+A)^{n-1}$ 的谱半径; 再根据 Perron 定理知 α 是正向量, 因而 $\rho(A) > 0$. 我们还断言 $\rho(A)$ 的代数重数是 1; 否则, 根据命题 1.2.8, $[1+\rho(A)]^{n-1}$ 是正矩阵 $(E+A)^{n-1}$ 的重根, 与不可约假设矛盾; 这就证明了 (1).

用同样的思路, 也就证明了 (2) 与 (3).

(4) 的论证可见推论 4.5.18.　　　　　　　　　　　　　　　□

如果 $0 \leqslant A \leqslant B$, 依据性质 4.5.2, 已有 $\rho(A) \leqslant \rho(B)$. 我们可以期望, 如果 $0 \leqslant B < A$ 且 A 不可约, 则应有 $\rho(B) < \rho(A)$. 为了说明这一点, 我们需要将性质 4.5.1(3) 加以推广.

引理 4.5.17 假设 $A \neq 0$ 是不可约的非负矩阵, 且有 $A \geqslant |B|$. 如果 $\rho(A) = \rho(B)$, 且 B 有一个特征根 $\lambda =: e^{\theta i}\rho(A)$, 则有

(1) $A = |B|$;

(2) 存在对角酉阵 U 使得

$$B = e^{\theta i} \cdot UAU^{-1}.$$

证明 记 $\rho = \rho(A)$, 并假设 $B\alpha = \lambda\alpha, 0 \neq \alpha$. 则有

$$\rho|\alpha| = |\lambda\alpha| = |B\alpha| \leqslant |B||\alpha| \leqslant A|\alpha|. \tag{27}$$

因此有 $A|\alpha| \geqslant \rho|\alpha|$. 因为非负的不可约矩阵 A 有正特征向量, 所以性质 4.5.14(1) 保证 $A|\alpha| = \rho(A) \cdot |\alpha|$. 注意此时 (27) 中所有项均相等. 又由定理 4.5.16 知 $|\alpha| > 0$. 然后再由 $A - |B| \geqslant 0, (A-|B|)|\alpha| = 0$ 得 $A = |B|$.

现在取唯一的酉阵 U 使得 $U|\alpha| = \alpha$, 即若 $\alpha = (a_1, \cdots, a_n)^{\mathrm{T}}$, 则

$$U = \mathrm{diag}\{a_1/|a_1|, \cdots, a_n/|a_n|\},$$

而且 $U^{-1} = U^\star = \mathrm{diag}\{\overline{a_1}/|a_1|, \cdots, \overline{a_n}/|a_n|\}$. 将 $\lambda =: e^{\theta i}\rho, U|\alpha| = \alpha$ 代入 $B\alpha = \lambda\alpha$, 经过整理得到 $C|\alpha| = \rho|\alpha| = A|\alpha|$, 其中 $C = e^{-\theta i}U^{-1}BU$. 考虑

$$B\alpha = \lambda\alpha, \quad C = e^{-\theta i}U^{-1}BU;$$

将其中的矩阵的分量全部代入, 经过直接繁杂的计算, 得知 $C|\alpha| = |C||\alpha|$, 因此, 由性质 4.5.1(2) 得 $C = |C| = |B| = A$, 因此 $B = e^{\theta i} \cdot UAU^{-1}$.　　　□

根据性质 4.5.2 与引理 4.5.17, 有如下推论.

推论 4.5.18 对于 $B \in M_n(\mathbb{F})$ 以及非负不可约方阵 A_n, 如果 $|B| < A$, 则有 $\rho(B) \leqslant \rho(|B|) < \rho(A)$.

作为引理 4.5.17 的另一个重要应用, 下面证明关于非负矩阵的另一个基本定理.

定理 4.5.19 (Frobenius)　假设 $A \neq 0$ 是非负矩阵且不可约, 并假设它有 k 个特征值的模长为 $\rho(A)$. 则

(1) A 相似于 $e^{\frac{2r\pi i}{k}} A$, $\forall 0 \leqslant r \leqslant k-1$;

(2) 若在 A 的 Jordan 标准形中, $\mathrm{diag}\{ J_{m_1}(\lambda), \cdots, J_{m_s}(\lambda) \}$ 作为主子矩阵出现, 则对于 $r \in \{0, 1, \cdots, k-1\}$, $\mathrm{diag}\{ J_{m_1}(e^{\frac{2r\pi i}{k}}\lambda), \cdots, J_{m_s}(e^{\frac{2r\pi i}{k}}\lambda) \}$ 也作为主子矩阵出现于 A 的 Jordan 标准形中;

(3) A 的模最大的特征值全体为

$$e^{\frac{2r\pi i}{k}} \rho(A), \quad \forall 0 \leqslant r \leqslant k-1,$$

而且其中的每个特征值的代数重数均为 1.

证明　当 $k=1$ 时, 结论显然成立. 以下假设 $k \geqslant 2$.

假设 A 的 k 个两两互异的模长为 $\rho(A)$ 的特征根是

$$\lambda_p =: e^{i\theta_r} \cdot \rho(A) \quad (0 \leqslant r \leqslant k-1, \ 0 = \theta_0 < \theta_1 < \cdots < \theta_{k-1} < 2\pi).$$

注意到 $\rho(A)$ 的代数重数是 1, 而实矩阵 A 的非实数的特征根成对共轭出现, 因此必有

$$\theta_1 + \theta_{k-1} \equiv 0 \ (\mathrm{mod}\ 2\pi), \ \theta_2 + \theta_{k-2} \equiv 0 \ (\mathrm{mod}\ 2\pi), \ \cdots.$$

在引理 4.5.17 中, 命 $B = A$, $\lambda = \lambda_p$, 得到

$$A = B = D_p \cdot (e^{i\theta_p} A) \cdot D_p^{-1}, \ \text{i.e.}, A \overset{s}{\sim} e^{i\theta_p} A, \ \forall 0 \leqslant p \leqslant k-1. \tag{28}$$

(a) 对于 A 的任一特征根 μ, 如果

$$C =: \mathrm{diag}\{ J_{m_1}(\mu), \cdots, J_{m_s}(\mu) \}$$

是 A 的 Jordan 标准形中的一个主子式, 则由 Jordan 标准形的唯一性以及 (28) 可知,

$$\mathrm{diag}\{ J_{m_1}(e^{i\theta_p}\mu), \cdots, J_{m_s}(e^{i\theta_p}\mu) \}$$

也是 J 的一个主子式.

(b) 将前面的 μ 取成 $e^{i\theta_q}\rho(A)$; 取 C 为 J 中所有以 μ 为特征根的 Jordan 子块的汇; 取 $p = k - q$. (1) 中得到的是

$$C =: \mathrm{diag}\{ J_{m_1}(e^{i(\theta_{k-q}+\theta_q)}\rho(A)), \cdots, J_{m_s}(e^{i(\theta_{k-q}+\theta_q)}\rho(A)) \}$$
$$= \mathrm{diag}\{ J_{m_1}(\rho(A)), \cdots, J_{m_s}(\rho(A)) \}.$$

但是根据定理 4.5.16, $\rho(A)$ 在 A 中的代数重数为 1, 于是, $s = 1$ 且 $m_1 = 1$, 即 A 的具有最大模的特征根代数重数为 1.

(c) $\forall 0 \leqslant p, q \leqslant k-1$, 有 $A \overset{s}{\sim} e^{i\theta_p} A \overset{s}{\sim} e^{i(\theta_p+\theta_q)}A$. 特别地, $e^{m\theta_1 i}\rho(A)$ 是 A 的模长最大的特征根 ($\forall m \in \mathbb{N}$). 若命

$$\mathcal{S} = \{\theta_i \mid 0 \leqslant i \leqslant k-1\},$$

则有 $\{1\theta_1, 2\theta_1, \cdots, (k+1)\theta_1\} \subseteq \mathcal{S}$. 注意到 $\mathcal{S}$ 只含有 k 个元素, 必存在满足 $1 \leqslant p \leqslant k, e^{p\theta_1}=1$ 的最小正整数 p, 即 e^{θ_1} 是多项式 x^p-1 的原根. 对于任一 $\theta_t \in \mathcal{S}$, 存在正整数 q 使得 $q\theta_1 \leqslant \theta_t < (q+1)\theta_1$, 因此由 $A \overset{s}{\sim} e^{i(\theta_t+q\theta_1)}A \overset{s}{\sim} e^{i(\theta_t-q\theta_1)}A$ 可得

$$0 \leqslant \theta_t - q\theta_1 < \theta_1, \quad \theta_t - q\theta_1 \in \mathcal{S},$$

必有 $\theta_t = q\theta_1$; 而由于 e^{θ_1} 是多项式 x^p-1 的原根, $\mathcal{S}$ 含有 k 个元素, 所以 $k=p$; 最后再根据假设

$$0 = \theta_0 < \theta_1 < \cdots < \theta_{k-1} < 2\pi$$

得到 $\theta_1 = e^{i\frac{2\pi}{k}}$, 而 $\theta_v = (\theta_1)^v = e^{i\frac{2v\pi}{k}}$. $\qquad\square$

定理 4.5.16 和定理 4.5.19 是关于非负不可约矩阵的深刻结果, 由此得到不可约非负矩阵的重要特性. 例如, 对于一个不可约的非负矩阵 $A \neq 0$, 如果它有 k 个特征根模长是 $\rho(A)$ 且 $k > 1$, 则 A 的主对角线元素必须全部为零.

事实上, 如果 A 有一个主对角线元素不是零, 则有 $\mathrm{tr}\,(A) > 0$; 另一方面, 根据定理 4.5.19(1), 有

$$\mathrm{tr}\,(A) = e^{\frac{2\pi i}{k}}\,\mathrm{tr}\,(A),$$

故 $e^{\frac{2\pi i}{k}} = 1$, 产生矛盾.

定理 4.5.16 与定理 4.5.19 是非负矩阵理论中的两个基本定理, 类似于 Jordan 标准形定理在相似理论上所起的作用.

以下是定理 4.5.19 的另一种版本.

定理 4.5.20 (Frobenius) 假设非负矩阵 A 不可约、非零且恰有 k 个模长是 $\rho(A)$ 的特征根. 则有

(1) 模长是 $\rho(A)$ 的特征根为 $\rho(A)e^{\frac{2\pi i}{k}}$, $1 \leqslant i \leqslant k$.

(2) A 置换相似于如下形式的一个矩阵

$$\begin{pmatrix} 0 & A_{12} & 0 & \cdots & 0 & \cdots & 0 \\ 0 & 0 & A_{23} & \cdots & 0 & \cdots & 0 \\ \vdots & \vdots & \vdots & \ddots & \vdots & \ddots & \vdots \\ 0 & 0 & 0 & \cdots & A_{k-2,\,k-1} & \cdots & 0 \\ 0 & 0 & 0 & \cdots & 0 & \cdots & A_{k-1,\,k} \\ A_{k1} & 0 & 0 & \cdots & 0 & \cdots & 0 \end{pmatrix},$$

其中主对角线上的零块矩阵皆为方阵, 而 $A_{ij} \neq 0$.

如果非负矩阵 A 不可约、非零且 A 只有一个特征根模长为 $\rho(A)$, 则称 A 为 (置换)**本原矩阵**. 根据 Wielandt 的一个定理, 一个非负矩阵 A_n 是本原的, 当且仅当 $A^{n^2-2n+2} > 0$.

习题与扩展内容

习题 1   试计算非负矩阵 A 的所有特征根, 其中

$$A = \begin{pmatrix} 0 & 1 & 1 \\ 1 & 0 & 1 \\ 1 & 1 & 0 \end{pmatrix}.$$

习题 2   假设 A 是非负矩阵.

(1) 求证: A 不可约, 当且仅当存在多项式 $p(x)$ 使得 $p(A)$ 的每个元素都不为零.

(2) 假设存在 d 次多项式 $p(x)$, 使得矩阵 $p(A)$ 的每个元素都不为零, 求证: $(E+A)^k > 0$, $\forall k \geqslant d$.

(3) 假设 A 的最小多项式的次数是 m. 试证明: 非负矩阵 A 不可约当且仅当 $(E+A)^{m-1} > 0$.

习题 3   假设 $A \neq 0$ 是不可约的非负矩阵. 假设 A 的模长为 $\rho(A)$ 的特征值有 k 个, 其中 $k > 1$.

(1) 如果 A^m 的特征根有 $\rho(A)$ (k 重根), 求证: $k \mid m$. 此时, A 一定可约.

(2) 试给出 A^m 不可约的一个必要条件.

习题 4   假设 $A \in M_n(\mathbb{R})$; 如果条件 $a_{ij} < 0 (\forall i \neq j)$ 成立, 且 A 的实特征根均大于零, 则称 A 为一个 **M- 矩阵**. 以下假设 A 是一个 M- 矩阵, 并记 $\mu = \max\limits_{1 \leqslant k \leqslant n} a_{kk}$.

(1) 构造一个二阶和三阶的 M-矩阵;

(2) 试说明 $\mu > 0$;

(3) 求证: $B =: \mu E - A$ 是非负矩阵且 $\rho(B)$ 是 B 的特征根;

(4) 求证: $\mu > \rho(B)$;

(5) 求证: $A^{-1} = \dfrac{1}{\mu} \sum\limits_{k=0}^{\infty} \dfrac{1}{\mu^k} B^k$, 从而 A 是一个单调矩阵;

(6) 试构造一个不是 M-矩阵的单调矩阵.

习题 5   假设 A 不可约, 而且并非所有行元素模长的和都是同一个数. 求证: $\rho(A) < \|A\|_\infty$.

习题 6   假设 $A \in M_n(\mathbb{R})$.

(1) 对于 $A = \begin{pmatrix} 0 & -1 & 1 \\ 0 & 0 & 1 \\ 0 & -1 & 0 \end{pmatrix}$, 试计算 A^2 以及 A^2 的特征根;

(2) 求证: A^2 的负特征根的代数重数与几何重数均为偶数;

(3) 若 $A^2 \leqslant 0$, 求证 A^2 可约;

(4) 若 $n > 2$ 且 A^2 至少有 $n^2 - n + 2$ 个负元素, 则 A^2 至少有一个正元素.

习题 7 假设 $A \neq 0$ 且是不可约的非负矩阵. 求证:

(1) 若存在非负向量 $\alpha \neq 0$ 以及正数 k 使得 $A\alpha \leqslant k\alpha$, 则 $\alpha > 0$.

(2) A 的任一非负特征向量都是正向量, 且为 A 的右 Perron 向量的一个正倍数.

习题 8 如果 A 幂等, 自然有 $\lim\limits_{k \to \infty} A^k = A$; 如果 A 非负幂等且不可约, 求证: A 是 1 秩正矩阵.

习题 9 假设 A 是非负矩阵.

(1) 求证: $\forall \epsilon > 0$, $A + \epsilon E$ 是本原矩阵;

(2) 求证: A 是一些非负本原矩阵的极限.

4.6 随机矩阵的基本性质

随机矩阵 (又叫 Markov 矩阵) 是非负数字方阵, 其每列中所有数的和为 1. 此时称 A^{T} 为**行随机矩阵**. 同时为行、列随机矩阵的叫作双随机矩阵. 列随机矩阵已经出现在性质 4.5.14(2) 的证明中, 那里实际上给出了从具有左 (或右) 正特征向量

$$(u_1, \cdots, u_n) \quad (\text{或 } (u_1, \cdots, u_n)^{\mathrm{T}})$$

的任一非零的非负矩阵 A 出发构造一个列 (或行) 随机矩阵的一般简单程序:

令 $D = \mathrm{diag}\{u_1, \cdots, u_n\}$, 则 $\dfrac{1}{\rho(A)} DAD^{-1}$ 是一个列随机矩阵.

现将列随机矩阵 A 最重要的性质总结如下.

命题 4.6.1 假设 A 是列随机矩阵. 则

(1) 1 是 A 的特征值, 而相应的一个特征向量为非负向量;

(2) A 的其他特征值 λ 满足 $|\lambda| \leqslant 1$;

(3) 如果还存在 r 使得 A^r 是正矩阵, 则所有这些其余的 λ 使得 $|\lambda| < 1$.

证明 这些结论是非负矩阵诸多性质的特殊情形, 请读者自行证明 (从性质 4.5.1 开始). 当然也可以使用圆盘定理得到部分结果, 如下所述.

矩阵 A^{T} 有一个显然的特征向量 $(1, \cdots, 1)^{\mathrm{T}}$, 相应特征值为 1, 因此, 1 是 A 的特征值. 根据 Gerschgorin 圆盘定理 I (列版), 可知 A 的其他特征值 λ 满足 $|\lambda| \leqslant 1$.

如果 A 还是不可约的, 根据定理 4.5.16 (Perron-Frobenius), 可知 A 有正特征向量; 如果 A 可约, 则有置换矩阵 P 使得 $P^{\mathrm{T}}AP = \begin{pmatrix} B & C \\ 0 & D \end{pmatrix}$, 其中 B 和 D 都是不空的方阵. 注意到 $P^{\mathrm{T}}AP$ 还是列随机矩阵, 因此, B 是一个低阶的列随机矩阵. 根据归纳法的假设, B 有非负特征向量 α_1 属于特征值 1. 命 $\alpha = \begin{pmatrix} \alpha_1 \\ 0 \end{pmatrix}$, 则 α 是 $P^{\mathrm{T}}AP$ 的属于特征值 1 的非负特征向量. 此时, $P\alpha$ 是 A 的属于特征值 1 的非负特征向量. 这就证明了 (1) 与 (2).

(3) 注意到两个同阶的列随机矩阵的乘积还是列随机矩阵, 所以 A^r 是正矩阵, 因此是不可约矩阵, 同时它也是列随机矩阵. 因而, 结论由定理 4.5.3 马上得到. □

易见置换矩阵是双随机矩阵; 反过来, 则有双随机矩阵的 (关于一些置换矩阵的) 质心分解式.

定理 4.6.2 (Birkhoff)   如果矩阵 $A \in M_n(\mathbb{F})$ 是一个双随机矩阵, 则存在正实数 t_k 以及置换矩阵 P_k 使得 $A = \sum_{k=1}^{N} t_k P_k$, $\sum_{k=1}^{N} t_k = 1$, 其中 $N \leqslant n^2 - n + 1$.

通常为了证明这一刻画, 需要紧凸集 (凸几何) 的一些技巧. 若希望采用更初等的方法, 则需要论证: 如果 A 不是置换阵, 则有 $1, \cdots, n$ 的一个排列 $i_1, \cdots, i_n$, 使得所有 $a_{k\,i_k} \neq 0$; 如果 A 中有一个元素为 1, 则用归纳法完成论证. 一般情形, 有如下引理.

引理 4.6.3   假设矩阵 $A \in M_n(\mathbb{F})$ 是一个双随机矩阵, 但不是置换矩阵, 则有 $1, \cdots, n$ 的一个排列 $i_1, \cdots, i_n$, 使得所有 $a_{k\,i_k} \neq 0$.

证明   如果 A 有一个位置是 1, 则根据归纳假设完成论证. 故在以下假设 A 中元素均不为 1.

现在假设 $a_{i_1 j_1} \neq 0$, 则有 $j_2 \neq j_1$, 使得 $a_{i_1 j_2} \neq 0$. 根据假设, 有 $i_2 \neq i_1$, 使得 $a_{i_2 j_2} \neq 0$. 根据假设, 有 $j_3 \neq j_2$, 使得 $a_{i_2 j_3} \neq 0$. 如果还有 $j_3 \neq j_1$, 则有 $i_3 \neq i_2$, 使得 $a_{i_3 j_3} \neq 0$; 如果还有 $i_3 \neq i_1$, 则继续这一过程; 如果有 $a_{i_3 j_1} \neq 0$, 则停下来得到

$$\begin{pmatrix} a_{i_1 j_1} & a_{i_1 j_2} & \\ & a_{i_2 j_2} & a_{i_2 j_3} \\ a_{i_3 j_1} & & a_{i_3 j_3} \end{pmatrix}.$$

而如果 $a_{i_3 j_1} = 0$, 则继续前述讨论; 有限步后, 行指标或者列指标就会出现重复; 不妨假设列指标先于行指标出现重复, 且第一个重复出现在 $j_{r+1} = j_1$, 即 $i_1, \cdots, i_r$ 与 $j_1, \cdots, j_r$ 中均无重复数, 而且

$$a_{i_t j_t} \neq 0, \quad a_{i_t j_{t+1}} \neq 0, \quad \forall t = 1, \cdots, r.$$

如下构造矩阵 B:

$$b_{i_t j_t} = 1, \quad b_{i_t j_{t+1}} = -1, \quad \forall t = 1, \cdots, r.$$

则对于 $c = \min\limits_{1 \leqslant t \leqslant r} \{a_{i_t j_t}, a_{i_t j_{t+1}}\}$, 矩阵 $A + cB$ 与 $A - cB$ 均为随机矩阵, 而且至少有一个包含的零元素的个数比 A 少; 此外二者均没有增加新的非零元位置. 根据归纳假设, 完成论证. □

定理 4.6.2 的证明 如果 A 是置换矩阵, 则取 $N = 1$; 如果不是, 根据引理 4.6.3, 存在 $1, \cdots, n$ 的一个排列 $i_1, \cdots, i_n$, 使得所有 $a_{k i_k} \neq 0$. 构造置换矩阵 P_1 使得 $P_1(k, i_k) = 1$, $\forall k$. 命 $a_1 = \min\limits_{1 \leqslant k \leqslant n} a_{k i_k}$, 则有 $0 < a_1 < 1$, 此时命

$$A_1 = \frac{1}{1 - a_1}(A - a_1 P_1),$$

则可验证 A_1 是双随机矩阵, 且它比 A 至少少了一处 0. 注意到

$$A = (1 - a_1)A_1 + a_1 P_1;$$

对于 A_1 用数学归纳法迭代完成论证; 注意到 A_1 要么是一个置换矩阵, 要么有 $a_2 \in (0, 1)$、置换矩阵 P_2 以及双随机矩阵 A_2 使得

$$A_1 = (1 - a_2)A_2 + a_2 P_2.$$

注意到每一步至少减了一个位置的 0, 所以至多 $n^2 + n$ 步后, 得到一个置换矩阵; 因此 $N \leqslant n^2 - n + 1$. □

根据上述证明过程, 可知定理 4.6.2 的充分性也是在某种意义下成立的, 即有如下结论.

定理 4.6.2′ (Birkhoff) 矩阵 $A \in M_n(\mathbb{F})$ 是一个双随机矩阵, 当且仅当 A 是一些置换矩阵的质心 (center of mass).

注记 在文献 [9, Lemma 8.7.1] 中, 作者有一个 noble try: 用更为初等的方法给出 Birkhoff 定理的论证; 但是注意到文献 [9, Lemma 8.7.1] 的论证出现了无法弥补的瑕疵; 这里的引理 4.6.3 可以看作是对于文献 [9, Lemma 8.7.1] 的一种修正. 注意到在文献 [9, Lemma 8.7.1] 的第一版中, 作者采用的论证是凸几何的方法.

随机矩阵是统计学的宠儿, 在搜索领域也有不凡的表现; 详细可以自行查索. 我们以一个 MaxMin 原理结束本书, 旨在表明, 矩阵理论在工程、经济、互联网、人工智能; 最优化与运筹、科学计算、控制论等诸多理论或应用领域十分有用.

命题 4.6.4 $\left(\text{关于 Raigh 商 } \dfrac{X^{\mathrm{T}}AX}{X^{\mathrm{T}}X}\right)$ 假设 A 为 n 阶实对称矩阵.

(1) 假设 λ 为 A 的最大特征值, 而 μ 为 A 的最小特征值. 则有

$$\sup_{0 \neq X \in \mathbb{R}^n} \frac{X^{\mathrm{T}}AX}{X^{\mathrm{T}}X} = \max_{\|X\|_2 = 1, X \in \mathbb{R}^n} X^{\mathrm{T}}AX = \lambda,$$

$$\inf_{0\neq X\in\mathbb{R}^n}\frac{X^{\mathrm{T}}AX}{X^{\mathrm{T}}X}=\min_{\|X\|_2=1,X\in\mathbb{R}^n}X^{\mathrm{T}}AX=\mu.$$

(2) (MaxMin 原理) 假设 λ_2 是 A 的第二小的特征值. 对于任意的非零向量 Z, 则有

$$\lambda_2\geqslant\min\{X^{\mathrm{T}}AX\,|\,0\neq X,\|X\|_2=1,\,X^{\mathrm{T}}Z=0\},$$

$$\lambda_2=\max_{0\neq Z}\{\min\{X^{\mathrm{T}}AX\,|\,0\neq X,\|X\|_2=1,\,X^{\mathrm{T}}Z=0\}\}.$$

证明 (1) 问题归结为证明 $\displaystyle\max_{1=\|X\|_2,X\in\mathbb{R}^n}X^{\mathrm{T}}AX=\lambda$. 不妨假设正交矩阵 P 使得 $P^{\mathrm{T}}AP=\mathrm{diag}\{\lambda_1,\cdots,\lambda_n\}$. 对于单位实向量 X, 显然 $Y=PX$ 也是单位实向量, 且有

$$X^{\mathrm{T}}AX=Y^{\mathrm{T}}\mathrm{diag}\{\lambda,\cdots,\lambda_n\}Y=\lambda_1y_1^2+\cdots+\mu y_n^2\leqslant\lambda.$$

因此, 对于任意单位实向量 α, 恒有 $\mu\leqslant\alpha^{\mathrm{T}}A\alpha\leqslant\lambda$.

(2) 由于 $\lambda_1\neq\lambda_2$, 所以 A 有属于特征值 λ_2 的单位特征向量 Z 使得 $\lambda_2=Z^{\mathrm{T}}AZ$, 其中 Z 与属于 λ_1 的特征向量 X_0 正交. 由此即得 MaxMin 原理.   □

习题与扩展内容

习题 1 试将定理 4.6.2 推广到 Hermite 矩阵情形.

习题 2 用 Δ_n 表示代数 $M_n(\mathbb{F})$ 中这样的矩阵 A 的全体:

$$\sum_{k=1}^n a_{ik}=\sum_{k=1}^n a_{jk},\ \forall 1\leqslant i,j\leqslant n.$$

(1) 求证: Δ_n 是 $M_n(\mathbb{R})$ 的子代数;

(2) 求 $\dim_{\mathbb{F}}\Delta_n$.

习题 3 用 $\mathfrak{M}_n$ 表示 $M_n(\mathbb{R})$ 中所有列随机矩阵的集合. 验证: $\mathfrak{M}_n$ 是度量空间 $M_n(\mathbb{R})$ 的一个凸子集: $\forall 0\leqslant r\leqslant 1$, 若 $A,B\in\mathfrak{M}_n$, 则有

$$rA+(1-r)A\in\mathfrak{M}_n.$$

习题 4 对于行随机矩阵 M, 验证

$$\|M\alpha\|_\infty\leqslant\|\alpha\|,\quad\forall\alpha\in\mathbb{C}^n,$$

从而有 $\rho(M)\leqslant 1$, 直接说明为什么 $\rho(M)=1$.

习题 5 假设 $\|-\|$ 是 $\mathbb{R}^n$ 上的一个置换不变的范数. 求证: 对于任意双随机矩阵 A, 恒有 $\|A\|=1$.

习题 6 假设 A 是一个双随机的对称半正定矩阵.

(1) 求证: $\sqrt{A} \cdot e = e$, 即 $\sqrt{A}$ 每一行元素之和是 1;

(2) 验证: 当 $n = 2$ 时, $\sqrt{A}$ 是非负矩阵. 一般情形是否对呢?

习题 7 求证: 如果双随机矩阵 A 可约, 则 A 置换相似于一个准对角阵 $\text{diag}\{A_1, \cdots, A_v\}$, 其中 A_v 不可约且为双随机矩阵.

习题 8 假设 $A \neq 0$ 且是一个不可约的非负矩阵. 试从 A 出发, 分别构造一个列、行随机矩阵 M.

习题 9 假设 $A^{\text{T}} = A \neq 0$, 且是一个不可约的 n 阶非负矩阵. 试使用 Perron-Frobenius 定理, 从 A 出发构造一个 n 阶的双边随机矩阵 M.

第 5 章　应用关键词

在互联网时代, 矩阵的应用广泛而又深刻; 可以参见由英国剑桥出版公司 (Wellesley-Cambridge Press) 出版的系列丛书, 该系列丛书的应用范围覆盖了信号处理、偏微分方程、科学计算, 甚至还包括了 GPS; 网络地址是
http://www.wellesleycambridge.com

除了最小二乘法等传统的广泛应用之外, 奇异值分解、广义逆以及矩阵函数在最优化理论、现代控制理论、图像处理 (图像压缩与降噪)、数据挖掘与分析等领域的应用方兴未艾. 在这个智能化手机流行、知识和信息呈爆炸式扩散和增长的时代, 似乎应该更强调 "授人以渔" 而不是 "授人以鱼". 因此, 我们收集了部分常见应用关键词, 以方便读者加以搜寻、阅读. 特别是, 借助于维基百科, 可以便利地搜索到有关内容的基本事实, 也可以查找到进一步的相关参考文献.

5.1　在数学以及其他学科分支中的应用

雅可比 (Jacobi) 矩阵与雅可比行列式

积分方程与微分方程的求解 (特征值与特征向量、Hermite 矩阵)

线性规划的求解

整数规划中的 0-1 规划

随机性决策问题

图与网络优化问题

博弈论和对策论

希尔密码 (Hill cipher, 1929; 可逆矩阵)

投入产出数学模型 (经济学; 线性方程组)

求花费总和最少 (经济学; 行列式)

人口流动模型 (人文统计; 矩阵的高次幂)

生物种群的繁殖模型 (生物学; 矩阵的高次幂)

污染水平预测 (特征值与特征向量)

电阻电路的计算 (resistance and circuit)

文献管理 (矩阵与转置)

自治方程求解 (控制论; 矩阵函数与 Jordan 标准形)

5.2 矩阵的奇异值分解

任意矩阵 $A_{m \times n}$ 都有一个奇异值分解: $A = UDV$, 其中的 $D = \begin{pmatrix} \Lambda & 0 \\ 0 & 0 \end{pmatrix}$, 而将 $\Lambda = \mathrm{diag}\{\sigma_1, \cdots, \sigma_r, 0, \cdots, 0\}$ 中的奇异值 $\sigma_1, \cdots, \sigma_r$ 从大到小排列. 在实际应用中, 不妨假设其中的前 k 个奇异值 σ_i 较大, 从而忽略掉后面的 $r - k$ 个奇异值; 而 U 则忽略掉后面的 $m - k$ 列, V 则忽略掉后面的 $n - k$ 行. 这种降维的思路被广泛应用于图像压缩和信号降噪, 而且在实际运算中, 奇异值分解已经实现了并行化算法. 以下是常见的关键词:

矩阵广义逆 (Moore-Penrose 广义逆) 的求解

最小二乘法 (the least square sum method)

图像压缩 (image compression)

信号降噪 (signal noise reduction)

图像处理 (image processing)

图像锐化 (image sharpening)

谱聚类 (spectral clustering, SC)

潜在语义索引 (LSI)

自然语言处理

主成分分析 (principal component analysis, PCA): 一种常用的数据分析方法; 通过线性变换将原始数据编号为一组各维度线性无关的表示, 可用于提取数据的主要特征, 也可用于数据的降维.

推荐算法: 将用户和喜好对应的矩阵做特征分解, 进而得到隐含的用户需求来做推荐.

5.3 非负矩阵的分解

参考文献: Lee D D, Seung H S. Learning the parts of objects by non-negative matrix factorization. Nature, 1999, 401(6755): 788-791.

图像分析

文本聚类

语音处理

盲源分离

雷达信号识别

序列特征分析

文献数据挖掘

5.4   矩阵的广义逆

流量矩阵估计 (traffic matrix estimation)
电阻距离计算
OFDM 系统中的信道估计
动态模态分解

参 考 文 献

[1] 蓝以中. 高等代数简明教程 (上、下册). 北京: 北京大学出版社, 2002.

[2] 李乔, 张晓东. 矩阵论十讲. 2 版. 合肥: 中国科学技术大学出版社, 2015.

[3] 李庆扬, 王能超, 易大义. 数值分析. 5 版. 北京: 清华大学出版社, 2008.

[4] 武同锁, 林鹄. 高等代数的解题方法与技巧. 上海: 上海交通大学出版社, 2016.

[5] 夏道行, 吴卓人, 严绍宗, 舒五昌. 实变函数论与泛函分析 (下册). 2 版. 北京: 高等教育出版社, 2010.

[6] 徐仲, 张凯院, 陆全, 冷国伟. 矩阵论简明教程. 3 版. 北京: 科学出版社, 2014.

[7] 余家荣. 复变函数. 5 版. 北京: 高等教育出版社, 2014.

[8] 张跃辉. 矩阵理论与应用. 北京: 科学出版社, 2011.

[9] Horn R A, Johnson C R. Matrix Analysis. 2nd ed. Cambridge: Cambridge University Press, 2013.

[10] Serre D. Matrices: Theory and Applications. GTM 216. New York/Berlin/Heidelberg: Springer, 2002.

[11] Strang G. Linear Algebra and Its Applications. 4th ed. California: Brooks Cole Cengage, 2006.

部分习题提示与解答 †

2.4

习题 6* (1) 求证 A_n 是 Hermite 矩阵, 当且仅当 $\operatorname{tr}(A^2) = \operatorname{tr}(A^\star A)$.
(2) 对于两个同阶 Hermite 矩阵 A, B, 求证

$$AB = BA \Longleftrightarrow \operatorname{tr}(AB)^2 = \operatorname{tr}(A^2 B^2).$$

提示 (1) 使用 Schur 引理, 归结为 A 是上三角矩阵情形. 注意到

$$\operatorname{Re}(c + di)^2 = c^2 - d^2 \leqslant c^2 + d^2,$$

且等式成立当且仅当 $d = 0$, 所以由

$$\sum_{i=1}^{n} a_{ii}^2 = \sum_{i=1}^{n} |a_{ii}|^2 + \sum_{1 \leqslant i < j \leqslant n} |a_{ij}|^2$$

得到 $a_{ij} = 0$, 且 a_{ii} 是实数. 因此有

$$U^\star AU = \operatorname{diag}\{a_{11}, \cdots, \alpha_{nn}\},$$

A 是 Hermite 矩阵.

(2) 根据 (1), AB 是 Hermite 阵, 当且仅当 $\operatorname{tr}(AB)^2 = \operatorname{tr}(BA^2 B)$. 使用正规矩阵基本定理; 问题归结为 B 是一个实对角阵, 而 D 是 Hermite 矩阵的情形, 有 $\operatorname{tr}(BDB) = \operatorname{tr}(DB^2)$; 这是显然成立的: 对应 (i, i) 位置元素全部相等都是 $b_{ii}^2 d_{ii}$.

2.5

习题 2* 假设 $A, B \in \mathbb{F}^{m \times n}$. 求证: A 与 B 酉等价, 当且仅当分块矩阵 $\begin{pmatrix} 0 & A \\ A^\star & 0 \end{pmatrix}$ 与分块矩阵 $\begin{pmatrix} 0 & B \\ B^\star & 0 \end{pmatrix}$ 酉相似.

提示 根据奇异值分解, 两个同型矩阵酉等价, 当且仅当

$$|x^2 E - AA^\star| = |x^2 E - BB^\star|;$$

两个正规矩阵相似, 当且仅当 $|yE - N_1| = |yE - N_2|$, 而

$$\det\left[xE - \begin{pmatrix} 0 & A \\ A^\star & 0 \end{pmatrix}\right] = \det(x^2 E - AA^\star).$$

---

† 习题解答中对部分习题做了推广, 以帮助读者开阔眼界与思路.

由此即得结论.

习题 3 矩阵 $C \in \mathbb{C}^{m \times n}$ 的**列空间** $L(C)$ 是指 C 的列向量生成的线性子空间

$$L(C) =: L(C(1), \cdots, C(n)) \leqslant \mathbb{C}^m;$$

一个方阵 A 叫作 **EP-阵**, 是指 A 与 $A^\star$ 的列空间相同.

(1) 求证: 正规矩阵与可逆矩阵均为 EP-阵;

(2) 求证: r 秩方阵 A 是一个 EP-阵当且仅当存在酉阵 Q 和 r 阶可逆阵 B 使得

$$A = Q \begin{pmatrix} B & 0 \\ 0 & 0 \end{pmatrix} Q^\star.$$

提示 (i) 对于可逆阵 P, 由于 C 的列向量组与 CP 的列向量组等价, 所以有 $L(CP) = L(C)$; 而 $L(A) = L(B) \iff L(PA) = L(PB)$, 对于任意可逆矩阵 P (或者一个可逆矩阵 P) 成立.

由此即得 (2) 的充分性.

(ii) (2) 的必要性可以使用奇异值分解: 假设酉阵 $U = (U_1, V_1)$ 与 $V = (V_1, V_2)$ 使得

$$A = (U_1, U_2) \begin{pmatrix} \Lambda_r & 0 \\ 0 & 0 \end{pmatrix} \begin{pmatrix} V_1^\star \\ V_2^\star \end{pmatrix} = U_1 \Lambda_r V_1^\star.$$

根据假设, $L(U_1 \varepsilon_1, \cdots, U_1 \varepsilon_r) = L(A) = L(A^\star) = L(V_1 \varepsilon_1, \cdots, V_1 \varepsilon_r)$, 因此有酉阵 Q_r 使得

$$U_1 = (U_1 \varepsilon_1, \cdots, U_1 \varepsilon_r) = (V_1 \varepsilon_1, \cdots, V_1 \varepsilon_r) Q_r = V_1 Q_r.$$

因此有 $V_1 = U_1 Q_r^\star$. 最后得到

$$A = U_1 \Lambda_r V_1^\star = U_1 (\Lambda_r Q_r) U_1^\star = U \begin{pmatrix} \Lambda_r Q_r & 0 \\ 0 & 0 \end{pmatrix} U^\star,$$

其中 $\Lambda_r Q_r$ 是 r 阶可逆矩阵.

习题 4 假设 $\sigma_1, \cdots, \sigma_n$ 是 A_n 的奇异值. 求证: $\sigma_1, \sigma_1, \cdots, \sigma_n, \sigma_n$ 是分块矩阵 $\begin{pmatrix} 0 & A \\ A^{\mathrm{T}} & 0 \end{pmatrix}$ 的奇异值.

提示 $[\det(x^2 E - AA^\star)]^2 = \det \left(x^2 E - \begin{pmatrix} 0 & A \\ A^{\mathrm{T}} & 0 \end{pmatrix} \begin{pmatrix} 0 & A^\star \\ (A^\star)^{\mathrm{T}} & 0 \end{pmatrix} \right).$

2.7

习题 3* 假设 $m \leqslant n$, $A \in \mathbb{F}^{m \times n}$. 求证:

(1) A 有如下的分解式 (也作**极分解**): $A = PU$, 其中 $UU^\star = E$, 而 $P = (AA^\star)^{\frac{1}{2}}$ 是一个 Hermite 半正定阵. (提示: 可采用奇异值分解的证法.)

(2) 当 $r(A) = m$ 时, U 唯一确定.

(试与复数 z 的极坐标表示: $z = |a|e^{i\theta}$ 相比较; 注意当 $r(A) = m$ 时, P 是一个 Hermite 正定的方阵, 而 $UU^\star = E$, $e^{i\theta}(e^{i\theta})^\star = 1$.)

提示 当 $m \leqslant n$ 时, 根据奇异值分解, 可以假设

$$A = [U \cdot \Lambda_m U^{-1}] \cdot [U(E_m, O_{n-m})V] =: PW, \quad WW^\star = E_m.$$

习题 5[*] 假设 A_n 有极分解 $A = PU$. 求证: A 是正规矩阵当且仅当 $PU = UP$.

提示 假设 A 的奇异值分解为 UDV, 则极分解为

$$A = (UDU^\star)(UV) =: PW,$$

而

$$AA^\star = A^\star A \Longleftrightarrow UD^2U^\star = V^\star D^2 V \Longleftrightarrow UDU^\star = V^\star DV$$

$$\Longleftrightarrow VUD = DVU \Longleftrightarrow PW = WP.$$

如上的 W 与 P. 这里用到了定理 2.7.3(1) 的唯一性.

习题 6 假设 $A_i = P_iU_i$ 是极分解. 求证: A_1 与 A_2 酉等价当且仅当 P_1 与 P_2 酉相似.

提示 充分性: P_1 与 P_2 酉相似, 说明 A_1 与 A_2 的奇异值相同, 所以 A_1 与 A_2 酉等价; 反之亦然.

习题 7 假设 $n, p, q \in \mathbb{N}$, 并假设 $p \leqslant q, A \in \mathbb{F}^{p \times n}, B \in \mathbb{F}^{q \times n}$. 求证: $A^\star A = B^\star B$ 当且仅当存在 $Q \in \mathbb{F}^{q \times p}$ 使得 $Q^\star Q = E_p, B = QA$.

提示 对 $A^\star$ 与 $B^\star$ 使用奇异值分解, 得到相同的左侧酉阵 U.

3.3

习题 4 求证: 欧氏空间中任一正交变换 σ 都可以分解为若干个镜面反射之积.

提示 假设 $_{\mathbb{R}}V$ 是一个欧氏空间, 而 $[-, -]$ 是相应内积. 对于正交变换 σ 以及一个 σ-子空间 W, 注意到 $\sigma(W^\perp) \subseteq W^\perp$, 所以 σ 是 $W^\perp$ 上的一个正交变换.

对于任意一个单位向量 α_1, 记 $\beta_1 =: \sigma(\alpha_1)$. 如果 $\beta_1 = \alpha_1$, 则根据归纳假设, $\sigma|_{L(\alpha_1)^\perp}$ 是有限个镜面反射之积, 从而 σ 也是; 如果 $\beta_1 \neq \alpha_1$, 则有镜面反射 τ 使得 $\tau(\alpha_1) = \beta_1$. 此时, $(\tau^{-1}\sigma)(\alpha_1) = \alpha_1$, 因此 $\tau^{-1}\sigma$ 在 $L(\alpha_1)^\perp$ 上是有限个镜面反射之积, 从而 σ 在 V 上也是有限个镜面反射之积.

3.4

习题 1 假设矩阵 $\begin{pmatrix} A & B \\ 0 & D \end{pmatrix}$ 相似于对角阵. 求证: A 和 D 均相似于对角阵.

提示 参见文献 [7, 例 4.7]. 其论证用到了范德蒙德行列式. 注意其矩阵版本.

习题 2 利用习题 1 的结论证明: A 相似于对角矩阵, 当且仅当分块矩阵 $\begin{pmatrix} A & A \\ A & A \end{pmatrix}$ 相似于对角阵.

提示

$$\begin{pmatrix} E & 0 \\ -E & E \end{pmatrix} \begin{pmatrix} A & A \\ A & A \end{pmatrix} \begin{pmatrix} E & 0 \\ E & E \end{pmatrix} = \begin{pmatrix} 2A & A \\ 0 & 0 \end{pmatrix} =: B.$$

$\Longleftarrow$ 由习题的矩阵版得到.

$\Longrightarrow$ 如果 A 相似于对角阵 Λ, 则 A 有 n 个线性无关的特征向量 α_i. 命

$$\beta_i = \begin{pmatrix} \alpha_i \\ 0 \end{pmatrix}, \quad \gamma_i = \begin{pmatrix} \alpha_i \\ -2\alpha_i \end{pmatrix} \quad (i = 1, 2, \cdots, n),$$

则 $2n$ 个向量 β_i, γ_j 线性无关, 而且都是 B 的特征向量. 因此, B 相似于对角阵 $\mathrm{diag}\{\Lambda, 0\}$.

习题 3 对于 $\sigma \in \mathrm{End}_{\mathbb{C}}(V)$, 求证: σ 在某个基下的矩阵是对角阵, 当且仅当 V 的每个 σ-子空间都有一个 σ-子空间直和补.

提示 参见文献 [7, 例 4.8].

3.6

习题 1* 假设 V 是数域 $\mathbb{F}$ 上的 n 维线性空间, 而 σ 是 V 上的线性变换, 且 σ 的特征多项式的根全部属于 $\mathbb{F}$. 利用 $\mathbb{F}[x]$ 中的中国剩余定理证明:

(1) σ 有唯一的如下分解式 $\sigma = \tau + \eta$, 其中 $\tau\eta = \eta\tau$, τ 的最小多项式无重根且根全在 $\mathbb{F}$ 中, 而 η 幂零;

(2) 存在 $\mathbb{F}[x]$ 中常数项为零的多项式 $f(x)$, 使得 $\tau = f(\sigma)$.

提示 参见文献 [7, 例 4.56].

习题 3 假设 σ 是 n 维酉空间 $_{\mathbb{C}}V$ 上的线性变换. 求证: σ 使得

$$[\sigma(\alpha), \beta] = [\alpha, \sigma(\beta)], \quad \forall \alpha, \beta \in V \tag{29}$$

成立, 当且仅当对于任意二维 σ-子空间 W, $\sigma|_W$ 必在 W 的某一组标准正交基下矩阵是实对角阵.

提示与证明 (1) 取定 $_{\mathbb{C}}V$ 的一个标准正交基 $\alpha_1, \cdots, \alpha_n$, 并假设

$$\sigma(\alpha_1, \cdots, \alpha_n) = (\alpha_1, \cdots, \alpha_n)A.$$

则可验证, 条件 (29) 等价于 $A = A^\star$, 即 A 为一个 Hermite 矩阵; 而 Hermite 矩阵酉相似于一个实对角阵, 且属于不同特征值的特征向量正交.

(2) 如果条件 (29) 成立, 则直接推导出: A 的特征根都是实数.

$\Longrightarrow$ 假设条件 (29) 成立, 并假设 $\sigma(W) \subseteq W$, 其中 W 是 V 的一个二维子空间. 假设 W 有标准正交基 η_1, η_2, 并假设 $\sigma(\eta_1, \eta_2) = (\eta_1, \eta_2)B$. 根据假设, 有 $B = B^\star$. 因此存在二阶酉阵 $U \in M_2(\mathbb{C})$ 使得

$$U^{-1}BU = \mathrm{diag}\{\lambda_1, \lambda_2\} \in M_2(\mathbb{R}).$$

令 $(\delta_1, \delta_2) = (\eta_1, \eta_2)U$, 则 δ_1, δ_2 是 W 的一个标准正交基, 而且

$$\sigma(\delta_1, \delta_2) = (\delta_1, \delta_2)\begin{pmatrix} \lambda_1 & 0 \\ 0 & \lambda_2 \end{pmatrix}, \quad \begin{pmatrix} \lambda_1 & 0 \\ 0 & \lambda_2 \end{pmatrix} \in M_2(\mathbb{R}).$$

$\Longleftarrow$ 假设 λ_1 是 A 的任意一个特征根. 详查 Schur 引理的论证过程, 可知存在酉阵 U_1, 使得

$$U_1^{-1}AU_1 = \begin{pmatrix} B_{11} & B_{12} & \cdots & B_{1,t-1} & B_{1t} \\ 0 & B_{22} & \cdots & B_{2,t-1} & B_{2t} \\ \vdots & \ddots & \ddots & \vdots & \vdots \\ 0 & 0 & \cdots & B_{t-1,t-1} & B_{t-1,t} \\ 0 & 0 & \cdots & 0 & B_{tt} \end{pmatrix} =: C,$$

其中 B_{ii} 是对角线元素为 λ_i 的上三角阵, 而 $\lambda_i \neq \lambda_j$. 命

$$(\beta_1, \cdots, \beta_n) = (\alpha_1, \cdots, \alpha_n)U_1,$$

则 $\beta_1, \cdots, \beta_n$ 是 V 的另一个标准正交基, 而且 σ 在这个基下的矩阵是上三角矩阵 C, 即

$$\sigma(\beta_1, \cdots, \beta_n) = (\beta_1, \cdots, \beta_n)C.$$

如果 $t \geqslant 2$, 则对于任意 $t \geqslant i \geqslant 2$, 取 A 的属于 λ_i 的单位特征向量 β; 取 $W =: L(\beta_1, \beta)$, 则 W 是二维 σ-子空间, 且 $\sigma|_W$ 在这个基下的矩阵是对角阵 $\mathrm{diag}\{\lambda_1, \lambda_i\}$; 根据假设可知, $\mathrm{diag}\{\lambda_1, \lambda_i\}$ 相似于一个实对角阵, 因此 λ_1 与 $\lambda_i (i \neq 1)$ 都是实数. 此时, 对于 W 的任一标准正交基 δ_1, δ_2, $\sigma|_W$ 在此标准正交基下的矩阵是一个二阶 Hermite 矩阵. 因此根据提示 (1), 有

$$\lambda_1[\beta_1, \beta] = [\sigma(\beta_1), \beta] = [\beta_1, \sigma(\beta)] = \lambda_i[\beta_1, \beta],$$

从而 $[\beta_1, \beta] = 0$, 即 σ 的属于不同特征值的特征向量正交.

如果 $t = 1$, 则 $L(\beta_1, \beta_2)$ 是一个二维 σ-子空间. 根据如前的理由, λ_1 也是一个实数. 这就证明了, 在欲证的充分性条件之下, σ 的特征根都是实数.

为了说明 (29) 成立, 只需要说明: σ 有 n 个彼此正交的特征向量; 而由于 σ 的属于不同特征值的特征向量正交, 只需要说明每个特征值的代数重数与几何重数相等. 根据根子空间分解定理, 易知几何重数不超过代数重数: 如果 λ_1 的几何重数

(即特征子空间 V_{λ_1} 的维数) 小于代数重数 r, 则命 $\tau = \sigma - \lambda_1 I_V$. 此时, $r \geqslant 2$, 且有 $2 \leqslant s \leqslant r$, 以及 $\alpha \in \ker(\tau^s)$, 使得 $\tau^{s-1}(\alpha) \neq 0$. 此时, 构造二维 τ- 子空间

$$W =: L(\tau^{s-1}(\alpha), \tau^{s-2}(\alpha));$$

$\tau|_W$ 在基 $\tau^{s-1}(\alpha), \tau^{s-2}(\alpha)$ 之下的矩阵是如下的 Jordan 块矩阵

$$\begin{pmatrix} 0 & 1 \\ 0 & 0 \end{pmatrix},$$

从而 $\tau|_W$ 在 W 的任一基下矩阵不可能是对角阵, 与假设矛盾. $\qquad\square$

3.7

习题 1 假设 $A, B \in V =: M_n(\mathbb{F})$. 考虑线性变换 $\sigma : V \to V$, $X \mapsto AX$ 与 $\tau : V \to V$, $X \mapsto XB$.

(1) 求证: $\sigma\tau = \tau\sigma$.

(2) 验证: $\sigma\tau$ 在基

$$E_{11}, E_{12}, \cdots, E_{1n}, \cdots, E_{n1}, \cdots, E_{nn}$$

之下的矩阵为 $A \otimes B^{\mathrm{T}}$. (如果坚持列优先, 则为 $B^{\mathrm{T}} \otimes A$.)

(3)* 求证: τ 在某个基下的矩阵为对角阵, 当且仅当 B 在 $\mathbb{F}$ 上相似于对角阵.

(4) 假设 A, B 在 $\mathbb{F}$ 上均相似于对角阵. 求证: $\sigma\tau$ 在某个基下的矩阵为对角阵.

(5) 试利用 (2) 的结果, 求 $\sigma\tau$ 在基

$$E_{11}, E_{21}, \cdots, E_{n1}, E_{12}, \cdots, E_{n2}, \cdots, E_{1n}, \cdots, E_{nn}$$

之下的矩阵.

(6) 考虑 $\sigma\tau$ 的特征多项式与最小多项式.

提示 (1) 与 (2): 直接验证可以得到; 其中一般情形基本等同于 $n = 2$ 情形.

(3) 由 (2) 的计算结果可知, τ 在基

$$E_{1\,1}, E_{1\,2}, \cdots, E_{1\,n}, \cdots, E_{n\,1}, \cdots, E_{n\,n}$$

之下的矩阵为准对角阵

$$C =: \mathrm{diag}\{B^{\mathrm{T}}, \cdots, B^{\mathrm{T}}\} \in M_{n^2}(\mathbb{C}).$$

$\Longrightarrow$ 由 3.4 节的习题 1 (矩阵版) 得到.

$\Longleftarrow$ 如果 $P^{-1}B^{\mathrm{T}}P = \Lambda$, 则 $Q =: \mathrm{diag}\{P, \cdots, P\}$ 使得

$$Q^{-1}CQ = \mathrm{diag}\{\Lambda, \cdots, \Lambda\}.$$

(4) 如果 σ 在某个基下矩阵是对角阵, 则

$$V = V_{\lambda_1} \oplus \cdots \oplus V_{\lambda_r},$$

其中 V_{λ_i} 是 σ-子空间, 而 $\lambda_1, \cdots, \lambda_r$ 是 σ 的全部两两互异特征根. 利用条件 $\sigma\tau = \tau\sigma$ 可以直接验证

$$\tau(V_{\lambda_i}) \subseteq V_{\lambda_i},$$

即 V_{λ_i} 是 τ-子空间. 由于假设了 τ 在 V 上相似于对角阵, 根据 3.4 节的习题 1, 可知 τ 限制在 τ-子空间 V_{λ_i} 上也相似于对角阵; 假设 $\alpha_{i1}, \cdots, \alpha_{is_i}$ 是 V_{λ_i} 的一个基, 且使得 $\tau(\alpha_{ij}) = \mu_{ij}\alpha_{ij}$, 则

$$\alpha_{11}, \cdots, \alpha_{1s_1}, \cdots, \alpha_{r1}, \cdots, \alpha_{rs_r}$$

是 V 的一个基, 而 $\tau\sigma$ 在这个基下的矩阵是

$$\text{diag}\{\lambda_1\mu_{11}, \cdots, \lambda_1\mu_{1s_1}, \cdots, \lambda_r\mu_{r1}, \cdots, \lambda_r\mu_{rs_r}\}.$$

由此综合起来即得: $\sigma\tau$ 也可相似对角化.

(5) $P^{-1}(A \otimes B^{\mathrm{T}})P$, 其中 P 是两个基之间的过渡矩阵.

(6) 一般结论: 若 $\lambda_1, \cdots, \lambda_m$ 是 A_m 的全部特征根族, 而 $\mu_1, \cdots, \mu_n$ 是 B_n 的全部特征根族, 则 $\lambda_i\mu_j$ 是 $A \otimes B$ 的特征根族. 由此当然立即证得: 若 A 的特征多项式为 $f(x) = \prod_{i=1}^{m}(x - \lambda_i)$, B 的特征多项式为 $g(x) = \prod_{i=1}^{n}(x - \mu_i)$, 则 $A \otimes B$ 的特征多项式是 $g(x) = \prod_{i=1}^{m}\prod_{j=1}^{n}(x - \lambda_i\mu_j)$.

另一种思路: 任取 σ 的一个特征根 λ_1, 即 A 的一个特征根 λ_1, 则已知 $W =: V_{\lambda_1}$ 既是 σ-子空间, 又是 τ- 子空间; 根据 3.7 节的结论, τ, σ 分别诱导出商空间 $\overline{V} =: V/W$ 上的两个线性变换 $\overline{\tau}, \overline{\sigma}$; 由于 $\overline{\sigma} \cdot \overline{\tau} = \overline{\tau} \cdot \overline{\sigma}$, 且有 $0 \leqslant \dim \overline{V} < \dim V$, 提示: 我们可以用归纳法加以研讨.

当 $\dim V = 1$ 时, 存在 $a \in \mathbb{F}$, 使得 σ 形为

$$\sigma : x \mapsto ax, \quad \forall x \in \mathbb{F}.$$

因此, σ 的最小多项式与特征多项式均为 $x - a$. 同理, τ 的最小多项式与特征多项式均为 $x - a$. 此时, $\sigma\tau$ 形为

$$\sigma\tau : x \mapsto ax, \quad \forall x \in \mathbb{F}.$$

因此, $\sigma\tau$ 的特征多项式与最小多项式均为 $x - ab$.

习题 4   假设矩阵 $A \in \mathbb{F}^{m \times n}, B \in \mathbb{F}^{u \times v}, C \in \mathbb{F}^{n \times s}, D \in \mathbb{F}^{v \times t}$ 已经给定.

(1) 试验证: $(A \otimes B) \cdot (C \otimes D) = (AC) \otimes (BD)$;

(2) 假设 $P \in M_m(\mathbb{F}), Q \in M_n(\mathbb{F})$ 均为可逆矩阵, 验证: $P \otimes Q$ 可逆且有

$$(P \otimes Q)^{-1} = P^{-1} \otimes Q^{-1}.$$

提示   (1) 可以直接使用矩阵定义验证, 也可由习题 2 进行验证: 考虑

$$\mathbb{F}^{s \times t} \xrightarrow{\sigma_C} \mathbb{F}^{n \times t} \xrightarrow{\sigma_A} \mathbb{F}^{m \times t} \xrightarrow{\tau_D} \mathbb{F}^{m \times v} \xrightarrow{\tau_B} \mathbb{F}^{m \times u},$$

故

$$X_{s \times t} \mapsto CX \mapsto ACX \mapsto ACXD^{\mathrm{T}} \mapsto (AC)X(BD)^{\mathrm{T}};$$

$$\tau_{BD}\sigma_{AC} = (\tau_B \tau_D)(\sigma_A \sigma_C) = \tau_B \tau_D \sigma_A \sigma_C.$$

根据习题 2 得知, 左侧对应的矩阵是 $(AC) \otimes (BD)$; 右侧的线性变换在基

$$E_{11}, E_{12}, \cdots, E_{1t}, \cdots, E_{s1}, \cdots, E_{st}$$

以及

$$E_{11}, E_{12}, \cdots, E_{1u}, \cdots, E_{m1}, \cdots, E_{mu}$$

下的矩阵是

$$(E_m \otimes B)(E_m \otimes D)(A \otimes E_t)(C \otimes E_t).$$

而易于根据矩阵的张量积定义直接验证

$$(E_m \otimes D_{v \times t})(A_{m \times n} \otimes E_t) = (A_{m \times n} \otimes E_v)(E_n \otimes D_{v \times t}) = A \otimes D.$$

因此, 经过中间两项的一次换位, 即可得到

$$(E_m \otimes B)(E_m \otimes D)(A \otimes E_t)(C \otimes E_t) = (A \otimes B)(C \otimes D),$$

最终得到

$$(A \otimes B) \cdot (C \otimes D) = (AC) \otimes (BD).$$

第 4 章

习题 1 (Sierpinski 定理)   求证: 对于连续的凸函数 $f(x)$, 有

$$f(tx_1 + (1-t)x_2) \leqslant tf(x_1) + (1-t)f(x_2), \quad \forall t \in [0,1].$$

提示   以下内容取自 William F, Donoghue J R. Distributions and Fourier Transforms. New York: Academic Press Inc., 1969.

(1) 对于形为 $\dfrac{p}{2^n}$ 的有理数 t, 用归纳法验证结论成立: 不妨假设 $1 < p < 2^n$, $p + q = 2^{n+1}$. 则有 $q = 2^n + r$. 因此

$$z = \frac{p}{2^{n+1}}x_1 + \frac{q}{2^{n+1}}x_2 = \frac{1}{2}\left[\frac{p}{2^n}x_1 + \frac{r}{2^n}x_2 + x_2\right];$$

故

$$f(z) \leqslant \frac{1}{2}\left[f\left(\frac{p}{2^n}x_1 + \frac{r}{2^n}x_2\right) + f(x_2)\right],$$

根据归纳假设, 已经有了

$$f\left(\frac{p}{2^n}x_1 + \frac{r}{2^n}x_2\right) \leqslant \frac{p}{2^n}x_1 + \frac{r}{2^n}f(x_2),$$

因此有

$$f\left[\frac{p}{2^{n+1}}x_1 + \frac{q}{2^{n+1}}x_2\right] \leqslant \frac{p}{2^{n+1}}f(x_1) + \frac{q}{2^{n+1}}f(x_2).$$

(2) 根据 $f(x)$ 的连续性, 即知一般结论也成立.   □

4.1

习题 4* 　求证: A 是正交矩阵且 $\det(A) = 1$, 当且仅当存在反对称实矩阵 S, 使得 $A = e^S$.

提示 $\Longleftarrow$ 　根据例 4.1.6 可知, 如果 $A = e^S$, 则有 $A^{\mathrm{T}} = e^{-S}$. 由于反对称实阵是正规矩阵, 所以它可以相似对角化; 再由例 4.1.6, 得 $e^S \cdot e^{-S} = e^{S-S} = E$. 另一方面, $\det(e^S) = e^{\mathrm{tr}(S)} = 1$.

$\Longrightarrow$ 　假设 A 是正交矩阵且 $\det(A) = 1$, 则有正交矩阵 U 使得

$$U^{-1}AU = \mathrm{diag}\{E_r, S_\pi, \cdots, S_\pi, S_{\theta_1}, \cdots, S_{\theta_t}\} \triangleq B,$$

其中

$$S_\pi = \begin{pmatrix} -1 & 0 \\ 0 & -1 \end{pmatrix}, \quad S_{\theta_k} = \begin{pmatrix} \cos\theta_k & -\sin\theta_k \\ \sin\theta_k & \cos\theta_k \end{pmatrix} \quad (\theta_k \neq l\pi).$$

如果对于 B, 可以找到反对称实阵 C, 使得 $B = e^C$, 则有 $A = Ue^CU^{-1} = e^{UCU^{\mathrm{T}}}$, 其中 UCU^{T} 也是反对称实阵.

进一步地, 如果对于此分块矩阵 B 中的每个块 S_θ, 可以找到反对称实阵 D_θ, 使得 $S_\theta = e^{D_\theta}$, 则可命

$$S = \mathrm{diag}\{0_r, D_\pi, \cdots, D_\pi, D_{\theta_1}, \cdots, D_{\theta_t}\}.$$

此 S 显然是一个反对称实阵, 且使得

$$e^S = \mathrm{diag}\left\{e^{0_r}, e^{D_\pi}, \cdots, e^{D_\pi}, e^{D_{\theta_1}}, \cdots, e^{D_{\theta_t}}\right\} = B.$$

这就完成了论证.

最后, 对于前述 S_θ, 寻找合适的反对称实阵 D_θ, 使得 $S_\theta = e^{D_\theta}$. 为此目的, 考虑二阶反对称实阵 $D_\theta = \begin{pmatrix} 0 & -\theta \\ \theta & 0 \end{pmatrix}$. 其特征值为 $i\theta, -i\theta$, 相应特征向量为 α_1, α_2, 其中

$$\alpha_1^{\mathrm{T}} = (i, 1), \quad \alpha_2^{\mathrm{T}} = (-i, 1).$$

命 $V = \frac{1}{\sqrt{2}}(\alpha_1, \alpha_2)$. 易见 V 是一个酉阵, 且有

$$V^{-1}DV = \begin{pmatrix} i\theta & 0 \\ 0 & -i\theta \end{pmatrix} \triangleq J.$$

因此

$$e^{D_\theta} = Ve^J V^{-1} = V \begin{pmatrix} e^{i\theta} & 0 \\ 0 & e^{-i\theta} \end{pmatrix} \overline{V}^{\mathrm{T}} = \begin{pmatrix} \cos\theta & -\sin\theta \\ \sin\theta & \cos\theta \end{pmatrix} = S_\theta,$$

其中用到了欧拉公式

$$e^{i\theta} = \cos\theta + i\sin\theta, \quad \forall \theta \in \mathbb{R}. \qquad \square$$

4.2

习题 2　假设 $\alpha \in \mathbb{F}^{n\times 1}$. 求证: $\lim\limits_{p\to\infty} \|\alpha\|_p = \|\alpha\|_\infty$.

提示　不妨假设 $\|\alpha\|_\infty = |(1)\alpha|$. 则有

$$|(1)\alpha| \leqslant \|\alpha\|_p \leqslant |(1)\alpha| \cdot \sqrt[p]{n}.$$

两边对于 p 取极限即得

$$|(1)\alpha| \leqslant \lim\limits_{p\to\infty} \|\alpha\|_p \leqslant |(1)\alpha| \cdot \lim\limits_{p\to\infty} \sqrt[p]{n} = |(1)\alpha|,$$

因此有

$$\lim\limits_{p\to\infty} \|\alpha\|_p = |(1)\alpha| = \|\alpha\|_\infty.$$

习题 7　假设 $\|-\|$ 是 $M_n(\mathbb{C})$ 上酉不变的矩阵范数. 求证: *存在 $\mathbb{R}^n$ 上的范数 N 使得 $\|A\| = N(s_A)$, 其中 $s_A \in \mathbb{R}^n$, $s_A(1),\cdots,s_A(n)$ 是 A 的奇异值全体.*

提示　使用奇异值分解, 并定义向量范数 N 如下:

$$N((k_1,\cdots,k_n)^{\mathrm{T}}) = \|\mathrm{diag}\{k_1,\cdots,k_n\}\|.$$

习题 9*　(Corach-Porta-Recht 不等式)　对于 $A \in M_n(\mathbb{C})$ 以及正定 Hermite 矩阵 H, 求证

$$\|HAH\|_2 \leqslant \frac{1}{2}\|H^2 A + AH^2\|_2.$$

提示与解答　首先, 注意到一个题外事实: 对于任一对角阵 D, 矩阵 $D^2 B + BD^2 - 2DBD$ 的 (i,j) 位置元素是 $(d_i - d_j)^2 b_{ij}$, 很有意思.

对于正定的 Hermite 矩阵 H, 存在酉阵 U 以及对角正方阵 D, 使得

$$U^{\mathrm{T}}HU = D = \mathrm{diag}\{\lambda_1,\cdots,\lambda_n\}.$$

由于 $\|-\|_2$ 是一个酉不变的矩阵范数, 问题归结为验证

$$\|DBD\|_2 \leqslant \frac{1}{2}\|D^2 B + BD^2\|_2;$$

而若命 $C = DBD$, 问题归结为验证

$$\|C\|_2 \leqslant \frac{1}{2}\|DCD^{-1} + D^{-1}CD\|_2, \quad \forall C \in M_n(\mathbb{C}). \tag{30}$$

证法 1　另外, 注意到 $D = \prod_{i=1}^n D_i$, 其中的 n 个 D_i 都是第 I 型初等矩阵, 而且

$$P_{12}^{-1}\begin{pmatrix} d & 0 \\ 0 & 1 \end{pmatrix}P_{12} = P_{12}\begin{pmatrix} d & 0 \\ 0 & 1 \end{pmatrix}P_{12} = \begin{pmatrix} 1 & 0 \\ 0 & d \end{pmatrix}.$$

如果能够证明: 对于 $d > 0$, 当 $D = \mathrm{diag}\{d, E_{n-1}\}$ 时, (△) 成立, 则由范数的三角不等式以及归纳法完成证明.

下设 $D = \mathrm{diag}\{d, 1, \cdots, 0\}$, 并记 $t = [d + 1/d]/2$. 则有 $t \geqslant 1$ (这等价于不等式 $(d-1)^2 \geqslant 0$), 且若 $C = \begin{pmatrix} c_{11} & \alpha^\star \\ \beta & C_1 \end{pmatrix}$, 则有

$$\frac{1}{2}(DCD^{-1} + D^{-1}CD) = \begin{pmatrix} c_{11} & t\alpha^\star \\ t\beta & C_1 \end{pmatrix}.$$

记

$$\sigma(s) = \begin{pmatrix} c_{11} & s\alpha^\star \\ s\beta & C_1 \end{pmatrix} = \begin{pmatrix} c_{11} & 0 \\ 0 & C_1 \end{pmatrix} + s\begin{pmatrix} 0 & \alpha^\star \\ \beta & 0 \end{pmatrix},$$

则映射 $\sigma : s \mapsto \sigma(s)$ 是仿射的, 从而 $N(s) =: \|\sigma(s)\|_2$ 在 $\mathbb{R}^+$ 上是凸函数 (上凹), 即

$$N\left(\frac{s_1 + s_2}{2}\right) \leqslant \frac{1}{2}[N(s_1) + N(s_2)], \quad \forall s_i \in \mathbb{R}^+.$$

亦即如下的矩阵范数不等式

$$\|2A + (s_1 + s_2)B\| \leqslant \|A + s_1 B\| + \|A + s_2 B\|.$$

注意到

$$\sigma(s) \cdot \begin{pmatrix} 1 \\ 0 \end{pmatrix} = \begin{pmatrix} c_{11} \\ s\beta \end{pmatrix}, \quad \sigma(s) \cdot \begin{pmatrix} 0 \\ \delta \end{pmatrix} = \begin{pmatrix} s\alpha^\star\delta \\ C_1\delta \end{pmatrix}, \quad \forall\delta \in \mathbb{F}^{n-1}.$$

根据诱导出的矩阵函数的原始定义以及 $\|A\|_2 = \sqrt{A^\star A}$, 分别可得

$$N(s) \geqslant \max\{|c_{11}|, \|C_1\|_2\} = \|\sigma(0)\|_2 = N(0),$$

它说明凸函数 $N(s)$ 是 $[0, \infty)$ 上的单调增函数. 最后根据 $t \geqslant 1$, 得到 $N(t) \geqslant N(1)$, 即 (30) 式.

证法 2　在下文中, 记 $\tilde{C} = \frac{1}{2}(DCD^{-1} + D^{-1}CD)$, $\forall C \in M_n(\mathbb{C})$, 其中若 $C = (c_{ij})$, 则有 $\tilde{c}_{ij} = \frac{1}{2}\left(\frac{\lambda_i}{\lambda_j} + \frac{\lambda_j}{\lambda_i}\right)c_{ij}$; 注意到 $\frac{1}{2}\left(\frac{\lambda_i}{\lambda_j} + \frac{\lambda_j}{\lambda_i}\right) \geqslant 1$, 因此有 $v \in \mathbb{C}^n$ 使

得 $\|v\|_2 = 1, \|C\|_2 = \|Cv\|_2$, 从而得到

$$\|C\|_2 = \|Cv\| \leqslant \| \; |\tilde{C}| \cdot |v| \; \|_2 \leqslant \| \; |\tilde{C}| \; \|_2.$$

证法 3 (1) 构造 Hermite 矩阵 $\tilde{A} = \begin{pmatrix} 0 & A \\ A^\star & 0 \end{pmatrix}$. 根据公式 $\|A\|_2 = \sqrt{\rho(A^\star A)}$, 易得 $\|A\|_2 = \|\tilde{A}\|_2$.

(2) 构造 $\tilde{H} = \begin{pmatrix} H & 0 \\ 0 & H \end{pmatrix}$, 并计算 $\tilde{H}\tilde{A}\tilde{H}, \tilde{H}^2\tilde{A} + \tilde{A}\tilde{H}^2$, 使用 (1) 中的结果, 归结为进一步假设 A 也是 Hermite 矩阵的情形.

(3) 在假设 A, H 均为 Hermite 阵, 且 H 是正定阵的前提下, 归结为验证

$$2\rho(A) \leqslant \rho(HAH^{-1} + H^{-1}AH).$$

事实上, 可以假设特征向量 α 使得 $(HAH^{-1})\alpha = \lambda\alpha$, 其中 $|\lambda| = \rho(HAH^{-1}) = \rho(A)$; 注意到 λ 是实数, 则有 $\lambda\alpha^\star = \alpha^\star(H^{-1}AH)$, 从而有

$$2\rho(A) = |2\lambda| = \left| \frac{\alpha^\star(HAH^{-1} + H^{-1}AH)\alpha}{\alpha^\star\alpha} \right| \leqslant \rho(HAH^{-1} + H^{-1}AH). \qquad \square$$

习题 10* 假设 $\|-\|$ 是一个酉不变的矩阵范数. 求证: 对于正规矩阵 A 与一个 Hermite 矩阵 B, 有 $\|AB\| = \|BA\|$.

提示与解答 (1) 对于酉不变的矩阵范数 $\|-\|$, 使用奇异值分解证明: $\|C\| = \|C^\star\|, \forall C \in M_n(\mathbb{C})$.

(2) 假设 A_n 有极分解 $A = PU$, 其中 P 是一个 Hermite 半正定阵, 而 U 是一个酉阵. 根据 2.7 节习题 5. 可知, 方阵 A 是正规矩阵当且仅当 $PU = UP$. 从而有

$$\|AB\| = \|UPB\| = \|PB\| = \|(PB)^\star\| = \|BP\| = \|BPU\| = \|BA\|.$$

习题 12 对于由向量范数 $\|-\|$ 诱导出的矩阵范数, 定义非零矩阵 $A \in M_n(\mathbb{C})$ 的条件数为

$$\mathfrak{k}(A) = \begin{cases} \|A\|\|A^{-1}\|, & r(A) = n, \\ \infty, & r(A) \leqslant n-1. \end{cases} \tag{31}$$

试求证

$$\mathfrak{k}(A) = \frac{\max\{\|Av\| \mid \|v\| = 1\}}{\min\{\|Av\| \mid \|v\| = 1\}}.$$

提示与解答 当 $r(A) \leqslant n-1$ 时, 显然等式成立. 以下假设 A 可逆. 只需要验证

$$1 = \|A^{-1}\| \cdot \min_{\|v\|=1} \|Av\|.$$

事实上, 若假设 $\min\limits_{\|v\|=1}\|Av\| = \|Av_0\|$, 其中 $\|v_0\| = 1$, 则有

$$1 = \|v_0\| = \|A^{-1}Av_0\| \leqslant \|A^{-1}\| \cdot \|Av_0\| = \|A^{-1}\| \cdot \min\limits_{\|v\|=1}\|Av\|.$$

另一方面, 可假设 $k = \|A^{-1}\| = \|A^{-1}v_1\|$, 其中 $\|v_1\| = 1$, 再命 $w = \dfrac{1}{k}A^{-1}v_1$, 则有 $\|w\| = 1$, 因此有

$$\|A^{-1}\| \cdot \min\limits_{\|v\|=1}\|Av\| = k \cdot \min\limits_{\|v\|=1}\|Av\| \leqslant k \cdot \|Aw\| = k \cdot \left\|\dfrac{1}{k}AA^{-1}v_1\right\| = 1.$$

习题 13　(1) 对于向量范数 $\|-\|$, 定义其对偶

$$\|\alpha\|^D =: \max\limits_{\|\beta\|=1}|\beta^\star\alpha|.$$

验证: $\|-\|^D$ 是一个向量范数, 并说明 $\|\alpha\|^D = \max\limits_{\|\beta\|=1}\mathrm{Re}\,(\beta^\star\alpha)$.

(2) 对于矩阵范数 $\|-\|$, 定义其对偶为 $\|A\|^D =: \max\limits_{\|B\|=1}\mathrm{Re}\,[\mathrm{tr}\,(B^\star A)]$. 验证 $\|A\|^D$ 是矩阵范数.

(3) 对于由向量范数诱导出的矩阵范数 $\|-\|$ 以及 1 秩矩阵 $\alpha\beta^\star$, 求证

$$\|\alpha\beta^\star\| = \|\alpha\| \cdot \|\beta\|^D.$$

提示与解答　(1) $\|\alpha\|^D =: \max\limits_{\|\beta\|=1}|\beta^\star\alpha| = \max\limits_{\|\beta\|=1}\max\limits_{|c|=1}\mathrm{Re}\,\overline{c}(\beta^\star\alpha)$

$$= \max\limits_{\|\beta\|=1}\max\limits_{|c|=1}\mathrm{Re}\,((c\beta)^\star\alpha)$$
$$= \max\limits_{|c|=1}\max\limits_{\|\frac{1}{c}\beta\|=1}\mathrm{Re}\,(\beta^\star\alpha)$$
$$= \max\limits_{\|\beta\|=1}\mathrm{Re}\,(\beta^\star\alpha).$$

(3) 根据 (1) 的推理过程, 可知还有 $\max\limits_{\|\beta\|=1}|\alpha^\star\beta| = \max\limits_{\|\beta\|=1}|\beta^\star\alpha| = \|\alpha\|^D$. 对于 $\alpha\beta^\star \neq 0$, 据此可得

$$\|\alpha\beta^\star\| = \max\limits_{\|\delta\|=1}\|(\alpha\beta^\star)\delta\| = \max\limits_{\|\delta\|=1}(|\beta^\star\delta| \cdot \|\alpha\|) = \|\alpha\| \cdot \max\limits_{\|\delta\|=1}|\beta^\star\delta| = \|\alpha\| \cdot \|\beta\|^D.$$

4.6

习题 9　假设 $A^{\mathrm{T}} = A \neq 0$, 且是一个不可约的 n 阶非负矩阵. 试使用 Perron-Frobenius 定理, 从 A 出发构造一个 n 阶的双边随机矩阵 M.

提示　假设 α 分别是 A 的右 Perron 向量, 则 α 也是 A 的左 Perron 向量. 命 $M = \dfrac{1}{n\rho(A)}C^{\mathrm{T}}AC$, 其中 $C = (\alpha,\cdots,\alpha) \in M_n(\mathbb{R})$, 则 M 为一个双随机矩阵.

索　　引